2023

Mittlerer Schulabschluss

Original-Prüfungsaufgaben und Training

Realschule · Gesamtschule EK · Sekundarschule
Nordrhein-Westfalen

Mathematik 10. Klasse

LÖSUNGEN

STARK

19. neu bearbeitete und ergänzte Auflage
www.stark-verlag.de

Inhalt

Wegen des Corona-Virus wurden 2020 die Zentralen Prüfungen in Klasse 10 ersetzt durch Prüfungsarbeiten, die dezentral von den Lehrkräften erstellt wurden. Für 2020 können daher keine Original-Aufgaben und Lösungen dazu abgedruckt werden.

Sobald die Original-Prüfungsaufgaben 2022 freigegeben sind, kannst du die Lösungen als PDF auf der Plattform MyStark herunterladen. Den Zugangscode findest du auf der Umschlaginnenseite.

Autoren:
Training: Christoph Borr, Karl-Heinz Kuhlmann, Wolfgang Matschke, Marc Möllers, Dietmar Steiner
Lösungen der Prüfungsaufgaben: Wolfgang Matschke, Marc Möllers

Vorwort

Liebe Schülerin, lieber Schüler,

dies ist der Lösungsband zu dem Band *Mittlerer Schulabschluss 2023, Nordrhein-Westfalen, Mathematik 10. Klasse, Realschule, Gesamtschule EK, Sekundarschule* (Best.-Nr. C05100). Er enthält zu allen Aufgaben von unseren Autoren ausgearbeitete Lösungen, die jeden Rechenschritt ausführlich erklären. Zahlreiche Skizzen zur Veranschaulichung helfen dir beim Nachvollziehen von Sachverhalten.

Versuche stets, jede Aufgabe zunächst selbstständig zu lösen, und dann deine Lösung mit den Lösungen im Buch zu vergleichen. Nur was du dir selbst erarbeitet hast, bleibt im Gedächtnis und du lernst dazu. Halte dich deswegen konsequent daran, jede Aufgabe zunächst selbst zu rechnen. Hast du eine Aufgabe nicht richtig gelöst, ist es besonders wichtig, diese zu einem späteren Zeitpunkt noch einmal durchzurechnen.

Durch das Üben wirst du dich sicher fühlen und kannst beruhigt in die Prüfung gehen.

Wir wünschen dir viel Erfolg!

Lösungen der Beispiele aus der Checkliste für den Prüfungsteil 1 ohne Hilfsmittel (Hinweise und Tipps S. V im Buch):

Lösungen	**Hinweise und Tipps**
$23\,956 - 12\,723 - 5\,827 = 5\,406$ $1{,}4 \cdot 15 = 21$ $\frac{6}{10} + 2{,}3 = 0{,}6 + 2{,}3 = 2{,}9$ $\frac{12}{15} : \frac{6}{25} = \frac{12}{15} \cdot \frac{25}{6} = \frac{10}{3}$	Schreibe die Zahlen stellenweise untereinander und subtrahiere schriftlich. Berechne zunächst ohne Komma ($14 \cdot 15 = 210$) und setze dann das Komma passend: 21,0 Wandle den Bruch in eine Dezimalzahl um. Dividiere, indem du mit dem Kehrbruch multiplizierst.
$12 + 8 \cdot 5 = 12 + 40 = 52$ $1{,}5 \cdot (4+6) - 17 = 1{,}5 \cdot 10 - 17 = 15 - 17 = -2$	Beachte die Vorfahrtregel: Klammer vor Punkt- vor Strichrechnung
$2\text{ m} = 2\,000\text{ mm}$; $2{,}3\text{ m}^2 = 23\,000\text{ cm}^2$; $4\text{ m}^3 = 4\,000\ \ell$; $4{,}5\text{ t} = 4\,500\text{ kg}$; $4\text{ d} = 96\text{ h}$	Beachte die Umrechnungszahlen von Größen.
$10^{-1} < 20\,\% < \frac{3}{5} < \sqrt{2} < 2 < 1{,}5^2$ $0{,}1 < 0{,}2 < 0{,}6 < 1{,}41 < 2 < 2{,}25$	Wandle alles in Dezimalbrüche um.
20 % von 30 € sind 6 €. 3 kg von 12 kg sind 25 %.	Berechne den Prozentwert P: $P = \frac{G \cdot p}{100}$ *Oder:* 10 % von 30 € sind 3 €, 20 % also 6 €. Berechne den Prozentsatz p: $p = \frac{P \cdot 100}{G}$ *Oder:* 3 von $12 = \frac{3}{12} = \frac{1}{4} = 25\,\%$
Ein Quadrat mit Seitenlänge $a = 4{,}5$ cm hat einen Umfang von $u = 18$ cm. Ein Rechteck mit $A = 48\text{ cm}^2$ könnte z. B. die Seiten $a = 6$ cm und $b = 8$ cm haben *oder* $a = 3$ cm und $b = 16$ cm *oder …*	Beim Quadrat gilt: $u = 4 \cdot a$ Beim Rechteck gilt: $A = a \cdot b$ Das Produkt der beiden Seitenlängen muss 48 cm^2 ergeben.
Ein Aquarium mit $a = 3$ dm, $b = 4$ dm, $c = 5$ dm hat ein Volumen von $60\ \ell$. $V = 3\text{ dm} \cdot 4\text{ dm} \cdot 5\text{ dm} = 60\text{ dm}^3 = 60\ \ell$	Beim Quader gilt: $V = a \cdot b \cdot c$ Beachte: $1\text{ dm}^3 = 1\ \ell$
x: 2, 4, 5, 6, 10 y: 60, 30, 24, 20, 12	Bei einer antiproportionalen Zuordnung sind die Wertepaare produktgleich (hier 120).
$a^2 + b^2 = c^2 \Rightarrow a^2 = c^2 - b^2$ $a = \sqrt{(10\text{ cm})^2 - (8\text{ cm})^2} = \sqrt{36\text{ cm}^2} = 6\text{ cm}$	Es gilt der Lehrsatz des Pythagoras.
$P(\text{schwarz}) = \frac{2}{5}$ Mit Zurücklegen: $P(\text{weiß; weiß}) = \frac{3}{5} \cdot \frac{3}{5} = \frac{9}{25}$ Ohne Zurücklegen: $P(\text{weiß; weiß}) = \frac{3}{5} \cdot \frac{2}{4} = \frac{6}{20} = \frac{3}{10}$	Beachte die Laplace-Regel: $P = \frac{\text{Anzahl der günstigen Ergebnisse}}{\text{Anzahl aller Ergebnisse}}$ Wende die Produktregel an.

Training Grundwissen

1 Wiederholung 5. – 9. Klasse

1

$u = 2\cdot\ell + 2\cdot b$

$2b = u - 2\ell$ | 30 cm für u eingesetzt | : 2

$b = 15\text{ cm} - \ell$

2

a) $1{,}5x + 2y$

b) $x\cdot y - (x - y)$

c) $(2y - x) - \dfrac{0{,}5x}{(x - y)}$

3

a) $T(2) = 3\cdot 2^2 - 2\cdot 2 + 5$
$T(2) = 13$

$T(-1) = 3\cdot(-1)^2 - 2\cdot(-1) + 5$
$T(-1) = 10$

$T\left(\frac{1}{2}\right) = 3\cdot\left(\frac{1}{2}\right)^2 - 2\cdot\left(\frac{1}{2}\right) + 5$
$T\left(\frac{1}{2}\right) = \frac{19}{4}$

b) $T(2) = 2^3 + 2\cdot 2^2 - 7$
$T(2) = 9$

$T(-1) = (-1)^3 + 2\cdot(-1)^2 - 7$
$T(-1) = -6$

$T\left(\frac{1}{2}\right) = \left(\frac{1}{2}\right)^3 + 2\cdot\left(\frac{1}{2}\right)^2 - 7$
$T\left(\frac{1}{2}\right) = \frac{1}{8} + \frac{1}{2} - 7 = -\frac{51}{8}$

c) $T(2) = -2\cdot 2^2 + 3\cdot 2 - 1$
$T(2) = -3$

$T(-1) = -2\cdot(-1)^2 + 3\cdot(-1) - 1$
$T(-1) = -6$

$T\left(\frac{1}{2}\right) = -2\cdot\left(\frac{1}{2}\right)^2 + 3\cdot\frac{1}{2} - 1$
$T\left(\frac{1}{2}\right) = -\frac{1}{2} + \frac{3}{2} - 1 = 0$

4

a) $T(1; -1) = 3\cdot 1 + \frac{-1}{4} - 5(1 - 2{,}5)$ | 1 für x und –1 für y einsetzen

$T(1; -1) = 3\cdot - \frac{1}{4} + 7{,}5$

$T(1; -1) = 10{,}25$

b) $T(1; -1) = 2{,}7\cdot 1 - (1 + 1) : (-1) - 1$ | 1 für x und –1 für y einsetzen

$T(1; -1) = 2{,}7 + 2 - 1$

$T(1; -1) = 3{,}7$

5

a) $2x - 3{,}5$

b) $-3a - 4{,}325$

c) $-x + \frac{3}{2} - \frac{10}{3} - \frac{1}{6} = -x + \frac{3\cdot 3 - 10\cdot 2 - 1}{6} = -x - 2$

d) $-2{,}4a - 11{,}18$

6

a) $-5x$

b) $-\frac{2}{3}a - \frac{1}{6}a - \frac{10}{3}a = -\frac{4}{6}a - \frac{1}{6}a - \frac{20}{6}a = -\frac{25}{6}a$

c) $-2x^2 + \frac{3}{5}x^2 = -\frac{10}{5}x^2 + \frac{3}{5}x^2 = -\frac{7}{5}x^2$

d) $-ab + a - 5$

---

7 a) $-2x+4,5y+6x-4y=4x+0,5y$ b) $-2x+4,6y-3,4x-4y=-5,4x+0,6y$

---

8 a) $5a-3a-b=2a-b$ b) $5a+3a+2b=8a+2b$

---

9 a) $6x-10y+24y-21x=-15x+14y$ b) $27a-12a+6b+12c+3b-3c=15a+9b+9c$

c) $3x-15y-3x+6y+15=-9y+15$ d) $133a-224a+126b+105b=-91a+231b$

---

10 a) $x+x^2$ b) $\frac{1}{2}x^2+x+x^2=\frac{3}{2}x^2+x$

c) $x^2+1,2x^2+0,4x=2,2x^2+0,4x$ d) $x^2+0,1x+0,1x^2=1,1x^2+0,1x$

---

11 a) $15x-y-6$

b) $51a^2-14,1ab-0,9ab-2,25b^2=51a^2-15ab-2,25b^2$

c) $(-2x+y)\cdot(-2y)=4xy-2y^2$

d) $21u^2+\cancel{28uv}-\cancel{42u}-\cancel{28uv}+12v^2-\cancel{56v}+\cancel{42u}+\cancel{56v}=21u^2+12v^2$

---

12 a) $x^2-6xy+9y^2$ (2. binomische Formel)

b) $16x^2+24xy+9y^2$ (1. binomische Formel)

c) $6,25x^2-y^2$ (3. binomische Formel)

d) $0,25a^2-5ab+25b^2$ (2. binomische Formel)

e) $\frac{1}{9}r^2+\frac{2}{15}rs+\frac{1}{25}s^2$ (1. binomische Formel)

f) $\frac{64}{9}u^2-\frac{9}{16}v^2$ (3. binomische Formel)

---

13 a) $16a^2-9b^2$ b) $56,25a^2-4b^2$ c) $\frac{1}{16}-x^2$

d) $4x^2-4x+1$ e) $\frac{4}{9}a^2+\frac{4}{3}ab+b^2$ f) $\frac{a^2b^2}{9}+\frac{2a^2b}{7}+\frac{9a^2}{49}$

---

14 a) $x^2-2x+1-1+2x-x^2=0$

b) $(5a+3b)\cdot(5a-3b)\cdot(-1)-(49a^2-56ab+16b^2)+(7b-56a)\cdot b$
$=-25a^2+\cancel{9b^2}-49a^2+\cancel{56ab}-\cancel{16b^2}+\cancel{7b^2}-\cancel{56ab}=-74a^2$

c) $a^2-(3+2b)^2+(3+b)\cdot 4b=a^2-9-\cancel{12b}-\cancel{4b^2}+\cancel{12b}+\cancel{4b^2}=a^2-9=(a+3)\cdot(a-3)$

d) $(x^4+2x^2+1)\cdot(x^4-2x^2+1)=x^8-2x^6+x^4+2x^6-4x^4+2x^2+x^4-2x^2+1=x^8-2x^4+1$

---

15 a) $\frac{7}{2}\cdot\frac{2}{7}=1$ | Statt durch $3,5=\frac{7}{2}$ zu dividieren, wird mit $\frac{2}{7}$ multipliziert.

b) $0,7\cdot 0,7=0,49$

c) $3,2\cdot 1,3+6,8\cdot 1,3=1,3\cdot(3,2+6,8)=1,3\cdot 10=13$

---

16 a) $13+3=16$ b) $0+17,4=17,4$ c) $1+2=3$

---

17 a) $-8ab+16ab=8ab$

b) $\frac{a^2}{2a}-\frac{-a\cdot(-1)}{2}-\frac{a}{2}=\frac{a}{2}-\frac{a}{2}-\frac{a}{2}=-\frac{a}{2}$

---

18 a) $6ab+6ab=12ab$

b) $-5c+2+c-\frac{c}{4}-\frac{c^2}{2}:\left(c\cdot\frac{c}{1}\right)=-4c-\frac{c}{4}+2-\frac{c^2}{2}:c^2=-4c-\frac{c}{4}+2-\frac{1}{2}=-\frac{17}{4}c+\frac{3}{2}$

c) $7b-7b+\frac{b}{2}=\frac{b}{2}$

d) $4a-b+16b+\left[\left(4a\cdot\frac{a^2}{1}\right):(-a^2)\right]\cdot 15b=4a+15b+[4a^3:(-a^2)]\cdot 15b=4a+15b-60ab$

---

19 a) $9\cdot(3x-2y-6z)$

b) $13a\cdot(2x^2-3ax+13a^2)$

c) $x^2yz^2\cdot(xy^3+5z-7x^2y^2z^2)$

d) $-7r^2t^3\cdot(3r^3t^3+5t+4r)$

---

20 a) $(u+3w)\cdot(u+3w)=(u+3w)^2$

b) $(x-4)\cdot(x-4)=(x-4)^2$

c) $(2x+y)\cdot(2x+y)=(2x+y)^2$

d) $(6x-5y)\cdot(6x-5y)=(6x-5y)^2$

---

21 a) $5\cdot(4x^2-9y^2)=5(2x+3y)\cdot(2x-3y)$

b) $\frac{1}{10}\cdot(36x^2-49y^2)=\frac{1}{10}\cdot(6x+7y)\cdot(6x-7y)$

c) $6\cdot(a^2+2ab+b^2)=6\cdot(a+b)^2$

d) $7\cdot\left(x^2-x+\frac{1}{4}\right)=7\cdot\left(x^2-2\cdot x\cdot\frac{1}{2}+\left(\frac{1}{2}\right)^2\right)$

$=7\cdot\left(x-\frac{1}{2}\right)^2$

---

22 a) nicht definiert für $15a+3b=0$; es muss gelten: $a\neq-\frac{b}{5}$

$\frac{3(6a+b)}{3(5a+b)}=\frac{6a+b}{5a+b}$ Der gemeinsame Faktor ist 3.

b) nicht definiert für $5x-9y=0$; es muss gelten: $x\neq\frac{9}{5}y$

$\frac{5\cdot(3x-5y)}{5x-9y}$ Kein gemeinsamer Faktor in Zähler und Nenner.

c) nicht definiert für $a=0$; es muss gelten: $a\neq 0$

$\frac{a\cdot(a-b)}{a\cdot a}=\frac{a-b}{a}$ Der gemeinsame Faktor ist a.

d) nicht definiert für $3a^3-4a^4=0$; es muss gelten: $a\neq 0$ und $a\neq\frac{3}{4}$

$\frac{a^2\cdot(2a+1)}{a^2\cdot(3a-4a^2)}=\frac{2a+1}{3a-4a^2}$ Der gemeinsame Faktor ist a^2.

---

23 a) $\frac{4(a+b)}{3(a+b)}=\frac{4}{3}$

b) $\frac{11(2a+b)}{7(2a+b)}=\frac{11}{7}$

c) $\frac{2(a+2b-3c)}{3(a+2b-3c)}=\frac{2}{3}$

d) $\frac{a(2a+5b+c)}{b(2a+5b+c)}=\frac{a}{b}$

---

24 a) HN: $24x^2$

$$\frac{6x(1-3x^2)}{24x^2}-\frac{12(x^2-6)}{24x^2}+\frac{3x^2(7+6x)}{24x^2}-\frac{8\cdot 9}{24x^2}$$
$$=\frac{6x-18x^3-12x^2+72+21x^2+18x^3-72}{24x^2}$$
$$=\frac{9x^2+6x}{24x^2}=\frac{3x(3x+2)}{3\cdot 8\cdot x^2}=\frac{3x+2}{8x}$$

b) HN: $36a^4$

$$\frac{9\cdot(1-a^2)\cdot a}{36a^4}-\frac{a^3(9-2a)}{36a^4}+\frac{4a^2\cdot(3+a^2)}{36a^4}-\frac{3a(4a+3)}{36a^4}$$
$$=\frac{9a-9a^3-9a^3+2a^4+12a^2+4a^4-12a^2-9a}{36a^4}$$
$$=\frac{6a^4-18a^3}{36a^4}=\frac{6a^3(a-3)}{6\cdot 6\cdot a^3\cdot a}=\frac{a-3}{6a}$$

c) HN: $20a^2b^2$

$$\frac{ab^2(9a-7)}{20a^2b^2}+\frac{2b(ab-5a)}{20a^2b^2}-\frac{5a(4a^2-3b)}{20a^2b^2}-\frac{4a^2(b^2-5a)}{20a^2b^2}$$
$$=\frac{9a^2b^2-7ab^2+2ab^2-10ab-20a^3+15ab-4a^2b^2+20a^3}{20a^2b^2}$$
$$=\frac{5a^2b^2-5ab^2+5ab}{20a^2b^2}=\frac{5ab(ab-b+1)}{5\cdot 4\cdot a\cdot a\cdot b\cdot b}=\frac{ab-b+1}{4ab}$$

---

25 a) $\frac{3\cdot x\cdot x\cdot y\cdot 2\cdot 2\cdot a\cdot b}{2\cdot a\cdot b\cdot b\cdot 5\cdot x\cdot y}=\frac{3\cdot 2\cdot x}{5\cdot b}=\frac{6x}{5b}$

b) $-\frac{18a^3\cdot b\cdot 11\cdot 11\cdot a}{11c^2\cdot 18\cdot 3\cdot b}=-\frac{11a^4}{3c^2}$

c) $-\frac{4x^2\cdot 6y^2\cdot y\cdot z}{9y^2\cdot 5\cdot x^2\cdot x}=-\frac{8yz}{15x}$

---

26 a) $\frac{15a}{8b}\cdot\frac{10b}{9a^2}=\frac{5\cdot 5}{4\cdot 3a}=\frac{25}{12a}$

b) $\frac{18x^2}{5y}\cdot\frac{20y^2}{27x}=\frac{2\cdot x\cdot 4\cdot y}{3}=\frac{8xy}{3}$

c) $\frac{0,3a^3b^2}{4c^2}\cdot\frac{0,8b^2}{9a^2c^2}=\frac{0,24a\cdot b^4}{4\cdot 9\cdot c^4}=\frac{0,06ab^4}{9c^4}$

d) $\frac{11\cdot x^2\cdot y^4}{7\cdot 3\cdot z^3}\cdot\frac{6\cdot x^2}{11\cdot 5\cdot y^2\cdot z}=\frac{11\cdot 3\cdot 2\cdot x^4\cdot y^4}{7\cdot 3\cdot 11\cdot 5\cdot y^2\cdot z^4}=\frac{2x^4y^2}{35z^4}$

e) $\frac{x+y}{x-y}\cdot\frac{(x+y)\cdot(x-y)}{x}=\frac{(x+y)^2}{x}$

f) $\frac{(2x+3y)\cdot(2x-3y)}{3x+2y}\cdot\frac{3\cdot(2y+3x)}{2\cdot(2x-3y)\cdot(-1)}=-\frac{3\cdot(2x+3y)}{2}$

---

27 a)
$$\begin{aligned} 3x-17&=19 &&|+17\\ 3x&=36 &&|:3\\ x&=12\\ \mathbb{L}&=\{12\} \end{aligned}$$

b)
$$\begin{aligned} \frac{9}{25}&=\frac{x}{75} &&|\cdot 75\\ \frac{9\cdot 75}{25}&=\frac{x\cdot 75}{75}\\ 9\cdot 3&=x\\ x&=27\\ \mathbb{L}&=\{27\} \end{aligned}$$

---

28 a)
$$\begin{aligned} 2(x+24)&=100 &&\text{Klammer auflösen}\\ 2x+48&=100 &&|-48\\ 2x&=52 &&|:2\\ x&=26\\ \mathbb{L}&=\{26\} \end{aligned}$$

b)
$$\begin{aligned} \frac{3}{2}(x+4)&=-12 &&\text{Klammer auflösen}\\ \frac{3}{2}x+6&=-12 &&|-6\\ \frac{3}{2}x&=-18 &&|\cdot\frac{2}{3}\\ x&=-12\\ \mathbb{L}&=\{-12\} \end{aligned}$$

---

29 a)
$$\begin{aligned} 2x-8&>12 &&|+8\\ 2x&>20 &&|:2\\ x&>10\\ \mathbb{L}&=\{x\mid x>10\} \end{aligned}$$

b)
$$\begin{aligned} 1-x&>-2 &&|-1\\ -x&>-3 &&|\cdot(-1)\,!\\ x&<3\\ \mathbb{L}&=\{x\mid x<3\} \end{aligned}$$

c)
$$\begin{aligned} 5-8x&<x-7 &&|-5-x\\ -9x&<-12 &&|:(-9)\,!\\ x&>\frac{12}{9}\\ x&>\frac{4}{3}\\ \mathbb{L}&=\left\{x\,\middle|\,x>\frac{4}{3}\right\} \end{aligned}$$

d)
$$\begin{aligned} 5{,}4\cdot(2x-1{,}8)&<2{,}7\cdot(3x-1{,}9)\\ 10{,}8x-9{,}72&<8{,}1x-5{,}13 &&|+9{,}72-8{,}1x\\ 2{,}7x&<4{,}59 &&|:2{,}7\\ x&<1{,}7\\ \mathbb{L}&=\{x\mid x<1{,}7\} \end{aligned}$$

e)
$$\begin{aligned} \frac{2}{5}x-1&<\frac{3}{5} &&|+1\\ \frac{2}{5}x&<\frac{8}{5} &&|\cdot\frac{5}{2}\\ x&<4\\ \mathbb{L}&=\{x\mid x<4\} \end{aligned}$$

f)
$$\begin{aligned} -11x+(17-3x)\cdot 3&<7-\frac{2}{5}\cdot\left(50x-3\frac{4}{7}\right)\\ -11x+51-9x&<7-20x+\frac{10}{7}\\ -20x+51&<-20x+\frac{59}{7} &&|+20x-\frac{59}{7}\\ \frac{298}{7}&<0 \end{aligned}$$

Dies ist eine falsche Aussage, deshalb ist die Ungleichung für keine reelle Zahl erfüllt:
$\mathbb{L}=\varnothing$ oder $\mathbb{L}=\{\,\}$

---

30 a)
$$\begin{aligned} x+\frac{3}{4}&\geq -2{,}75 &&|-0{,}75\\ x&\geq -3{,}5\\ \mathbb{L}&=\{x\mid x\geq -3{,}5\} \end{aligned}$$

b)
$$\begin{aligned} 1-x&\geq 16-16x &&|+16x-1\\ 15x&\geq 15 &&|:15\\ x&\geq 1\\ \mathbb{L}&=\{x\mid x\geq 1\} \end{aligned}$$

c) $0{,}1x - 14{,}6 \geq 5{,}4 - 0{,}1x \quad |+0{,}1x + 14{,}6$

$0{,}2x \geq 20 \quad |:0{,}2$

$x \geq 100$

$\mathbb{L} = \{x \mid x \geq 100\}$

d) $(x-2)\cdot x - (x+3)(x+2) \leq 0$

$x^2 - 2x - (x^2 + 2x + 3x + 6) \leq 0$

$x^2 - 2x - x^2 - 5x - 6 \leq 0$

$-7x - 6 \leq 0 \quad |+6$

$-7x \leq 6 \quad |:(-7)\,!$

$x \geq \frac{6}{7}$

$\mathbb{L} = \left\{x \,\middle|\, x \geq \frac{6}{7}\right\}$

---

31 Menge in kg: y
Preis in €: x

$y = \frac{25\text{ kg}}{40\text{ €}} \cdot x$

$y = \frac{25\text{ kg}}{40\text{ €}} \cdot 16\text{ €}$

$y = 10\text{ kg}$

---

32 Da Durchschnittsgeschwindigkeit v und Fahrzeit t bei gleicher Wegstrecke s indirekt proportional sind, führt eine Verdoppelung von v zu einer Halbierung von t: $t = 2{,}5\text{ h}$.

oder: $s = v_1 \cdot t_1$ und $s = v_2 \cdot t_2$:

$v_1 \cdot t_1 = v_2 \cdot t_2$

$50\,\frac{\text{km}}{\text{h}} \cdot 5\text{ h} = 100\,\frac{\text{km}}{\text{h}} \cdot t_2$

$t_2 = \frac{250\text{ km}}{100\,\frac{\text{km}}{\text{h}}}$

$t_2 = 2{,}5\text{ h}$

---

33 a) Jahresverbrauch von 200 kWh:

A: $\text{Preis}_A = 94{,}00\text{ €} + 29\,\frac{\text{Cent}}{\text{kWh}} \cdot 200\text{ kWh} = 94{,}00\text{ €} + 0{,}29\,\frac{\text{€}}{\text{kWh}} \cdot 200\text{ kWh} = 152\text{ €}$

B: $\text{Preis}_B = 79{,}00\text{ €} + 33\,\frac{\text{Cent}}{\text{kWh}} \cdot 200\text{ kWh} = 79{,}00\text{ €} + 0{,}33\,\frac{\text{€}}{\text{kWh}} \cdot 200\text{ kWh} = 145\text{ €}$

Jahresverbrauch von 1 500 kWh:

A: $\text{Preis}_A = 94{,}00\text{ €} + 29\,\frac{\text{Cent}}{\text{kWh}} \cdot 1\,500\text{ kWh} = 94{,}00\text{ €} + 0{,}29\,\frac{\text{€}}{\text{kWh}} \cdot 1\,500\text{ kWh} = 529\text{ €}$

B: $\text{Preis}_B = 79{,}00\text{ €} + 33\,\frac{\text{Cent}}{\text{kWh}} \cdot 1\,500\text{ kWh} = 79{,}00\text{ €} + 0{,}33\,\frac{\text{€}}{\text{kWh}} \cdot 1\,500\text{ kWh} = 574\text{ €}$

Bei einem Jahresverbrauch von 200 kWh ist Anbieter B, bei einem Jahresverbrauch von 1 500 kWh ist Anbieter A günstiger.

b) Jahresverbrauch von 3 200 kWh:

A: $\text{Preis}_A = 129{,}00\text{ €} + 26\,\frac{\text{Cent}}{\text{kWh}} \cdot 3\,200\text{ kWh} = 129{,}00\text{ €} + 0{,}26\,\frac{\text{€}}{\text{kWh}} \cdot 3\,200\text{ kWh} = 961\text{ €}$

B: $\text{Preis}_B = 145{,}00\text{ €} + 24\,\frac{\text{Cent}}{\text{kWh}} \cdot 3\,200\text{ kWh} = 145{,}00\text{ €} + 0{,}24\,\frac{\text{€}}{\text{kWh}} \cdot 3\,200\text{ kWh} = 913\text{ €}$

Die Familie wird sich für Anbieter B entscheiden.

c) Der zu zahlende Betrag y in Abhängigkeit von der Jahresabnahme x im Tarif H_0 lässt sich für die beiden Anbieter durch die folgenden Gleichungen darstellen:

A: $y = 0{,}29\frac{€}{kWh} \cdot x + 94{,}00\ €$

B: $y = 0{,}33\frac{€}{kWh} \cdot x + 79{,}00\ €$

Wir ermitteln zunächst die Jahresabnahme x, für die bei beiden Anbietern der gleiche Betrag zu zahlen ist:

$$0{,}29\frac{€}{kWh} \cdot x + 94{,}00\ € = 0{,}33\frac{€}{kWh} \cdot x + 79{,}00\ € \quad \left| -0{,}29\frac{€}{kWh} \cdot x - 79{,}00\ €\right.$$

$$0{,}04\frac{€}{kWh} \cdot x = 15{,}00\ € \quad \left| :0{,}04\frac{€}{kWh}\right.$$

$$x = 375\ kWh$$

D. h.: Bei einem Jahresverbrauch von 375 kWh sind beide Anbieter gleich günstig.
Für einen Jahresverbrauch von 375 kWh erhält man:

A: $y = 0{,}29\frac{€}{kWh} \cdot 375\ kWh + 94{,}00\ € = 202{,}75\ €$

B: $y = 0{,}33\frac{€}{kWh} \cdot 375\ kWh + 79{,}00\ € = 202{,}75\ €$

Für einen etwas höheren Jahresverbrauch, z. B. x = 380 kWh, erhält man:

A: $y = 0{,}29\frac{€}{kWh} \cdot 380\ kWh + 94{,}00\ € = 204{,}20\ €$

B: $y = 0{,}33\frac{€}{kWh} \cdot 380\ kWh + 79{,}00\ € = 204{,}40\ €$

D. h.: Im Tarif H_0 ist ab einem Jahresverbrauch von 375 kWh der Anbieter A günstiger.

34

G	320	**150**	240	300
P	80	30	**12**	**360**
p %	**25 %**	20 %	5 %	120 %

35 a) $25\ \% \mathrel{\hat{=}} 30\ B$

$1\ \% \mathrel{\hat{=}} \frac{30\ B}{25} = 1{,}2\ B$

$100\ \% \mathrel{\hat{=}} 1{,}2\ B \cdot 100 = 120\ B$

oder: $G = \frac{P}{p} \cdot 100$

$G = \frac{30\ B}{25} \cdot 100$

$G = 120\ B$

b) $10\ \% \mathrel{\hat{=}} 16\ kg$

$1\ \% \mathrel{\hat{=}} \frac{16\ kg}{10} = 1{,}6\ kg$

$25\ \% \mathrel{\hat{=}} 1{,}6\ kg \cdot 25 = 40\ kg$

c) $\frac{160\ €}{100\ \%} \cdot 102\ \% = 163{,}20\ €$

d) Gegeben: G = 2 000 m
P = 20 m

$p = \frac{P \cdot 100}{G}$

$p = \frac{20\ m \cdot 100}{2\,000\ m}$

$p\ \% = 1\ \%$

36 a) $p = \frac{750\ € \cdot 100}{600\ €}$

$p\ \% = 125\ \%$

b) $100\ \% \mathrel{\hat{=}} 60\ €$

$1\ \% \mathrel{\hat{=}} \frac{60\ €}{100} = 0{,}6\ €$

$20\ \% \mathrel{\hat{=}} 0{,}6\ € \cdot 20 = 12\ €$

Preis: $60\ € - 12\ € = 48\ €$

37 Gegeben: $G = 360°$ ($\hat{=} 100\ \%$)
$P = 72°$
Gesucht: $p\ \%$

$$p = \frac{72° \cdot 100}{360°}$$

$p\ \% = 20\ \%$

---

38 $\text{Rest} = 150\ € - \frac{1}{3} \cdot 150\ € = 100\ €$

Sparschwein: 50 % vom Rest sind $100\ € \cdot \frac{50}{100} = 50\ €$

---

39 Gegeben: $G = 1\,300\ €$
$p\ \% = 2\ \%$
Gesucht: P

$$P = \frac{1\,300\ € \cdot 2}{100}$$

$P = 26\ €$

---

40 Gesamteinlage $G = 325\,000\ € + 275\,000\ € + 250\,000\ € = 850\,000\ €$

Prozentuale Anteile der drei Teilhaber an der Gesamteinlage:

Teilhaber 1: $p_1 = \frac{325\,000\ € \cdot 100}{850\,000\ €}$, $p_1\ \% \approx 38{,}24\ \%$

Teilhaber 2: $p_2 = \frac{275\,000\ € \cdot 100}{850\,000\ €}$, $p_2\ \% \approx 32{,}35\ \%$

Teilhaber 3: $p_3 = \frac{250\,000\ € \cdot 100}{850\,000\ €}$, $p_3\ \% \approx 29{,}41\ \%$

15 % vom Jahresgewinn:

$$P = \frac{212\,000\ € \cdot 15}{100}$$

$P = 31\,800\ €$

$\text{Rest} = 212\,000\ € - 3 \cdot 31\,800\ € = 116\,600\ €$

Aufteilung des Restes entsprechend der prozentualen Anteile:

Teilhaber 1: $P_1 = \frac{116\,600\ € \cdot 38{,}24}{100} \approx 44\,587{,}84\ €$

Teilhaber 2: $P_2 = \frac{116\,600\ € \cdot 32{,}35}{100} \approx 37\,720{,}10\ €$

Teilhaber 3: $P_3 = \frac{116\,600\ € \cdot 29{,}41}{100} \approx 34\,292{,}06\ €$

a) Kreisdiagramm: Mittelpunktswinkel der drei Sektoren entsprechend der prozentualen Anteilen
$360° \hat{=} 100\ \% \hat{=} 850\,000\ €$

Teilhaber 1: $\frac{360° \cdot 38{,}24}{100} \approx 137{,}66°$

Teilhaber 2: $\frac{360° \cdot 32{,}35}{100} \approx 116{,}46°$

Teilhaber 3: $\frac{360° \cdot 29{,}41}{100} \approx 105{,}88°$

Prozentualer Anteil der drei Teilhaber an der Gesamteinlage von 850 000 €.

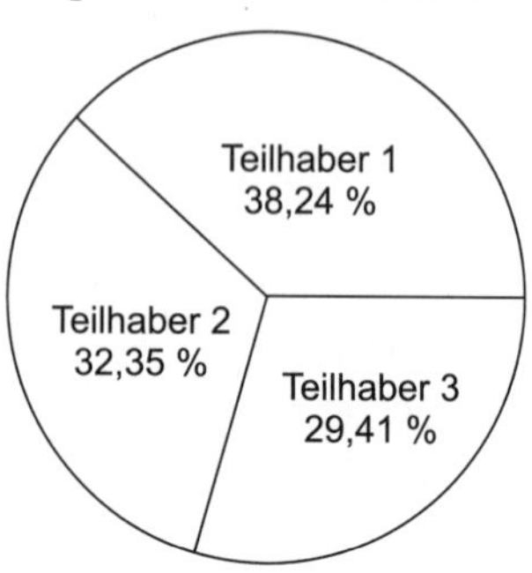

b) Gewinn für Teilhaber 2:
$G = \text{Jahresgewinn} + \text{Anteil}$
$G = 31\,800\text{ €} + 37\,720{,}10\text{ €}$
$G = 69\,520{,}10\text{ €}$

---

41 a) 1. Zinsen berechnen
$$Z = \frac{16\,000\text{ €} \cdot 3{,}75 \cdot 147}{100 \cdot 360}$$
$Z = 245\text{ €}$ Zinsen
2. Rückzahlung: $16000 + 245 = 16245\text{ €}$

b) $$Z = \frac{4\,500\text{ €} \cdot 8{,}5 \cdot 7}{100 \cdot 12}$$
$Z \approx 223{,}13\text{ €}$

c) $$K = \frac{350\text{ €} \cdot 100 \cdot 12}{2 \cdot 7}$$
$K = 30000\text{ €}$

d) $2\,000\text{ €} - 1\,600\text{ €} = 400\text{ €}$ Zinsen
$$p = \frac{400 \cdot 100 \cdot 12}{1\,600 \cdot 4}$$
$p\,\% = 75\,\%$ (hoch!) Geschwisterliebe!

e) $$t = \frac{289{,}85 \cdot 100 \cdot 360}{5\,580 \cdot 8{,}5}$$
$t = 220\text{ d}$

---

42 a) $$K = \frac{6\,000\text{ €} \cdot 100 \cdot 12}{5 \cdot 10}$$
$K = 144\,000\text{ €}$

b) Angela: $$p = \frac{50 \cdot 100 \cdot 12}{6\,000 \cdot 4} = 2{,}5$$
$p\,\% = 2{,}5\,\%$

Joanna: $$p = \frac{48 \cdot 100 \cdot 360}{6\,000 \cdot 100} = 2{,}88$$
$p\,\% = 2{,}88\,\%$

c) $$p = \frac{0{,}2 \cdot 100 \cdot 360}{5 \cdot 1}$$
$p\,\% = 1\,440\,\%$
1 440 % Zinssatz ist mehr als Wucherei!

d) $$t = \frac{130{,}90 \cdot 100 \cdot 360}{2\,520 \cdot 8{,}5}$$
$t = 220\text{ d}$

e) $$K = \frac{1{,}54\text{ €} \cdot 100 \cdot 12}{4 \cdot 7}$$
$K = 66\text{ €}$

---

43 Die Formel in Zelle B6 lautet: **=B5*(1+$B$2)**
Entsprechend lautet die durch Kopieren erhaltene Formel in Zelle B15: **=B14*(1+$B$2)**
Das Gleichheitszeichen steht für die Verwendung einer Funktion. Das Zeichen „*" steht für eine Multiplikation. B14 steht für das Kapital nach 9 Jahren. (**1+$B$2**) ist der Zinsfaktor und steht für (100 % + p %). Das Dollarzeichen $ (hier bei **$B$2**) bewirkt, dass dieser Zellbezug beim Kopieren der Formel unverändert bleibt (siehe Kapitel Werkzeuge: absolute Zellbezüge) und damit die Kapitalberechnung immer mit dem in Zelle B2 eingegebenen (veränderlichen) Zinssatz erfolgt.

---

44 $K_0 = 50000\text{ €};\ p\,\% = 6{,}75\,\%;\ t = 5$ Jahre

a) Zinsen pro Jahr:
$$Z = \frac{50\,000\text{ €} \cdot 6{,}75}{100} = 3\,375\text{ €}$$
Zinsen nach fünf Jahren:
$Z = 5 \cdot 3\,375\text{ €} = 16\,875\text{ €}$

b) $K_0 = 50\,000$ €; $Z_1 = 3\,375$ €
$K_1 = 53\,375$ €; $Z_2 \approx 3\,602{,}81$ €
$K_2 = 56\,977{,}81$ €; $Z_3 \approx 3\,846{,}00$ €
$K_3 = 60\,823{,}81$ €; $Z_4 \approx 4\,105{,}61$ €
$K_4 = 64\,929{,}42$ €; $Z_5 \approx 4\,382{,}74$ €
$K_5 = 69\,312{,}16$ €

oder: Wachstumsformel:
$K_t = K_0 \cdot q^t$
$K_t = 50\,000\text{ €} \cdot (1+0{,}0675)^t$
$K_5 = 50\,000\text{ €} \cdot (1{,}0675)^5$
$K_5 \approx 69\,312{,}16$ €

Zinsen nach 5 Jahren:
$Z = Z_1 + Z_2 + Z_3 + Z_4 + Z_5$ oder: $Z = K_5 - K_0$
$Z = 19\,312{,}16$ € $Z = 19\,312{,}16$ €

Sein Guthaben ist auf 69 312,16 € angestiegen.
Er hat damit 19 312,16 € Zinsen „verdient".

45 a)

Jahr	Startkapital in €	Einzahlung in €	Zinsen in €	Guthaben in €
1	0	3 000	120	3 120
2	3 120	3 000	244,80	6 364,80
3	6 364,80	3 000	374,59	9 739,39
4	9 739,39	3 000	509,58	13 248,97

Hinweis: Die Werte sind ggf. gerundet.

Am Ende des 4. Jahres beträgt das Guthaben 13 248,97 €.

b) $\text{Rest} = \text{Guthaben} - 2 \cdot \text{Preis}_{\text{Erwachsene}} - 1 \cdot \text{Preis}_{\text{Kind}}$

$\text{Rest} = 13\,248{,}97\text{ €} - 2 \cdot 4\,800\text{ €} - 4\,800\text{ €} \cdot \frac{70\ \%}{100\ \%}$

$\text{Rest} = 13\,248{,}97\text{ €} - 9\,600\text{ €} - 3\,360\text{ €}$

$\text{Rest} = 288{,}97$ €

In der Reisekasse verbleiben noch 288,97 €.

46 André: fester Zinssatz $p = 4{,}25$

Jahr	Startkapital in €	Zinssatz in %	Zinsen in €	Guthaben in €
1	2 300	4,25	97,75	2 397,75
2	2 397,75	4,25	101,90	2 499,65
3	2 499,65	4,25	106,24	2 605,89
4	2 605,89	4,25	110,75	2 716,64
5	2 716,64	4,25	115,46	2 832,10

Hinweis: Die Werte sind ggf. gerundet.

Andrea: variabler Zinssatz

Jahr	Startkapital in €	Zinssatz in %	Zinsen in €	Guthaben in €
1	2 300	3,25	74,75	2 374,75
2	2 374,75	3,70	87,87	2 462,62
3	2 462,62	4,25	104,66	2 567,28
4	2 567,28	4,50	115,53	2 682,81
5	2 682,81	5,00	134,14	2 816,95

Hinweis: Die Werte sind ggf. gerundet.

André hat sein Geld besser angelegt. Sein Guthaben beträgt nach 5 Jahren um 15,15 € mehr als das von Andrea.
Führt man die Tabellenrechnung für das Guthaben von André weiter, so ergibt sich:
Nach 17 Jahren hat sich das Startkapital von André verdoppelt; sein Guthaben beträgt dann 4 666,82 €.

47
a) $1{,}23\text{ m} = 1\,230\text{ mm}$
b) $17\text{ cm} = 170\text{ mm}$
c) $0{,}3568\text{ km} = 3\,568\text{ dm}$
d) $437{,}5\text{ m} = 0{,}4375\text{ km}$
e) $2{,}72\text{ dm} = 27{,}2\text{ cm}$
f) $0{,}0052\text{ m} = 5{,}2\text{ mm}$
g) $2\,019\text{ mm} = 2{,}019\text{ m}$
h) $127{,}6\text{ dm} = 12{,}76\text{ m}$

48
a) $0,01\ \text{km}^2 = 10\,000\ \text{m}^2$
b) $6,906\ \text{dm}^2 = 69\,060\ \text{mm}^2$
c) $9,7\ \text{mm}^2 = 0,097\ \text{cm}^2$
d) $626\ \text{m}^2 = 0,0626\ \text{ha}$
e) $0,023\ \text{m}^2 = 23\,000\ \text{mm}^2$
f) $0,0027\ \text{ha} = 27\ \text{m}^2$
g) $17\,665\ \text{cm}^2 = 1,7665\ \text{m}^2$
h) $3\,027\ \text{a} = 302\,700\ \text{m}^2$

49
a) $0,063\ \text{m}^3 = 63\ \text{dm}^3 = 63\ \ell$
b) $3\ m\ell = 0,003\ \ell = 0,003\ \text{dm}^3$
c) $12\,829\ \text{cm}^3 = 12,829\ \text{dm}^3 = 0,012829\ \text{m}^3$
d) $1,024\ \text{m}^3 = 1\,024\ \text{dm}^3$
e) $825,6\ \text{dm}^3 = 0,8256\ \text{m}^3$
f) $3,2\ \text{cm}^3 = 0,0032\ \text{dm}^3$

50
a) $3,25\ \text{h} = 3\frac{1}{4}\ \text{h} = 195\ \text{min}$
b) $6\ \text{d}\ 7\ \text{h} = 6 \cdot 24\ \text{h} + 7\ \text{h} = 151\ \text{h}$
c) $7,6\ \text{min} = 7 \cdot 60\ \text{s} + 0,6 \cdot 60\ \text{s} = 420\ \text{s} + 36\ \text{s} = 456\ \text{s}$
d) $2\ \text{h}24\ \text{min} = (2 \cdot 60 + 24)\ \text{min} = 144\ \text{min} = 144 \cdot 60\text{s} = 8\,640\ \text{s}$
e) $17\ \text{h}12\ \text{min} = (17 \cdot 60 + 12)\ \text{min} = 1\,032\ \text{min}$
f) $37\,653\ \text{s} = 36\,000\ \text{s} + 1\,653\ \text{s} = 10\ \text{h} + \frac{1\,653}{3\,600}\ \text{h} = (10 + 0,46)\ \text{h} = 10,46\ \text{h}$
g) $8\,280\ \text{s} = \frac{8\,280}{3\,600}\ \text{h} = 2,3\ \text{h}$
h) $187\,200\ \text{s} = \frac{187\,200}{3\,600}\ \text{h} = 52\ \text{h}$

51
a) $23\ \text{g} = 0,023\ \text{kg}$
b) $0,0672\ \text{kg} = 67,2\ \text{g}$
c) $738\ \text{g} = 0,738\ \text{kg}$
d) $6,7\ \text{kg} = 0,0067\ \text{t}$
e) $327\,865\ \text{mg} = 0,327865\ \text{kg}$
f) $0,032\ \text{t} = 32\ \text{kg}$
g) $52,3\ \text{g} = 52\,300\ \text{mg}$
h) $72,5\ \text{kg} = 0,0725\ \text{t}$

52
a)
$$A = \frac{1}{2} \cdot c \cdot h_c$$
$$A = \frac{1}{2} \cdot 7\ \text{cm} \cdot 2,8\ \text{cm}$$
$$A = 9,8\ \text{cm}^2$$

b)
$$A = \frac{1}{2} \cdot a \cdot h_a \quad |\cdot 2 \quad |:a$$
$$h_a = \frac{2A}{a}$$
$$h_a = \frac{2 \cdot 9,8\ \text{cm}^2}{5\ \text{cm}}$$
$$h_a = 3,92\ \text{cm}$$

53
a)
$$\alpha + \beta + \gamma = 180^\circ$$
$$\gamma = 180^\circ - \alpha - \beta$$
$$\gamma = 180^\circ - 58^\circ - 47^\circ$$
$$\gamma = 75^\circ$$

b) Nein.
Wenn α und β stumpfe Winkel sind, dann ist $\alpha > 90^\circ$ und $\beta > 90^\circ$. Damit wäre die Winkelsumme im Dreieck $\alpha + \beta + \gamma > 180^\circ$.

54
a) Bedingung 1: $\ell = 2b$
Bedingung 2: $u = 2\ell + 2b = 42\ \text{cm} \quad |:2$
$$\ell + b = 21\ \text{cm}$$
$$2b + b = 21\ \text{cm}$$
$$3b = 21\ \text{cm} \quad |:3$$
$$b = 7\ \text{cm}$$
$$\ell = 2 \cdot 7\ \text{cm}$$
$$\ell = 14\ \text{cm}$$

b)
$$A = \ell \cdot b$$
$$A = 14\ \text{cm} \cdot 7\ \text{cm}$$
$$A = 98\ \text{cm}^2$$

---

55 a) $\left.\begin{array}{l} u = 4 \cdot a \\ u = 44\text{ cm} \end{array}\right\}$ $\begin{array}{ll} 4a = 44\text{ cm} & |:4 \\ a = 11\text{ cm} \end{array}$

$A = a^2$
$A = (11\text{ cm})^2$
$A = 121\text{ cm}^2$

b) $\left.\begin{array}{l} A = 90{,}25\text{ cm}^2 \\ A = a^2 \end{array}\right\}$ $\begin{array}{l} a^2 = 90{,}25\text{ cm}^2 \\ a = \sqrt{90{,}25\text{ cm}^2} \\ a = 9{,}5\text{ cm} \end{array}$

$u = 4 \cdot a$
$u = 4 \cdot 9{,}5\text{ cm}$
$u = 38\text{ cm}$

---

56 a) $A = a \cdot h_a \quad |:a$

$h_a = \frac{A}{a}$

$h_a = \frac{20\text{ cm}^2}{5\text{ cm}}$

$h_a = 4\text{ cm}$

b) $u = 2a + 2b$
$u = 2 \cdot 5\text{ cm} + 2 \cdot 4{,}5\text{ cm}$
$u = 19\text{ cm}$

---

57 a) $A = \frac{a+c}{2} \cdot h$

$A = \frac{7\text{ cm} + 3\text{ cm}}{2} \cdot 2{,}5\text{ cm}$

$A = 12{,}5\text{ cm}^2$

b) $\left.\begin{array}{l} A = 24\text{ cm}^2 \\ A = \frac{a+c}{2} \cdot h \end{array}\right\}$ $\frac{a+c}{2} \cdot h = 24\text{ cm}^2$

$\frac{8\text{ cm} + c}{2} \cdot 4\text{ cm} = 24\text{ cm}^2 \quad \left| \cdot \frac{1}{2} \right. \quad |:\text{cm}$

$8\text{ cm} + c = 12\text{ cm} \quad |-8\text{ cm}$

$c = 4\text{ cm}$

---

58 a) $3^5 \cdot 3^2 \cdot 3^4 = 3^{5+2+4} = 3^{11}$

$(-2)^3 \cdot (-2)^2 \cdot (-2)^3 = (-2)^{3+2+3} = (-2)^8 = 2^8$

$(x+2)^3 \cdot (x^2 + 4x + 4) = (x+2)^3 \cdot (x+2)^2 = (x+2)^5$

$(x+1)^2 \cdot (x-1) \cdot (x^2 - 1) = (x+1)^2 \cdot (x-1) \cdot (x+1)(x-1) = (x+1)^3 \cdot (x-1)^2$

b) $\frac{x^{17}}{x^{12}} = x^{17-12} = x^5$

$\frac{(x+1)^3}{x^2 + 2x + 1} = \frac{(x+1)^3}{(x+1)^2} = (x+1)^{3-2} = (x+1)^1 = x+1$

$\frac{51x^5y^{14}z^9}{17x^7y^9z^7} = 3x^{5-7} \cdot y^{14-9} \cdot z^{9-7} = 3x^{-2} \cdot y^5 \cdot z^2 = \frac{3y^5z^2}{x^2}$

$\frac{32xy^3}{2^4x^4y} \cdot \frac{64x^5y^2}{2^5 \cdot x \cdot y^4} = \frac{32}{16} \cdot \frac{64}{32} \cdot x^{1+5-4-1} \cdot y^{3+2-1-4} = 2 \cdot 2 \cdot x^1 \cdot y^0 = 4x$

c) $(-3)^4 \cdot (2)^4 \cdot (6)^4 \cdot (-9)^4 = [(-3) \cdot 2 \cdot 6 \cdot (-9)]^4 = (324)^4$

$(x-3)^2 \cdot (3-x)^2 = (x-3)^2 \cdot [-(x-3)]^2 = [-(x-3) \cdot (x-3)]^2 = [-(x-3)^2]^2 = (x-3)^4$

$(a+b)^2 \cdot (a-b)^2 = [(a+b) \cdot (a-b)]^2 = \left(a^2 - b^2\right)^2 = a^4 - 2a^2b^2 + b^4$

$\left(\frac{x^2y^3}{3}\right)^4 \cdot \left(\frac{6}{xy}\right)^4 = \left(\frac{x^2y^3 \cdot 6}{3 \cdot xy}\right)^4 = (2xy^2)^4 = 2^4x^4y^8 = 16x^4y^8$

d) $\frac{(x^2y)^4}{(xy^2)^4} = \left(\frac{x^2y}{xy^2}\right)^4 = \left(\frac{x}{y}\right)^4 = \frac{x^4}{y^4}$

$\frac{(64a^2b^3)^3}{(8b^2a)^3} = \left(\frac{64a^2b^3}{8b^2a}\right)^3 = (8ab)^3 = 8^3a^3b^3 = 512a^3b^3$

$\frac{(x^2-xy)^{k-2}}{(2x-2y)^{k-2}} = \left(\frac{x^2-xy}{2x-2y}\right)^{k-2} = \left(\frac{x(x-y)}{2(x-y)}\right)^{k-2} = \left(\frac{x}{2}\right)^{k-2}$

e) $(2^{-3})^5 = 2^{-15}$

$(2a^3b^2)^4 \cdot (5ab^3)^3 = 2^4a^{12}b^8 \cdot 5^3a^3b^9 = 16 \cdot 125 \cdot a^{15} \cdot b^{17} = 2\,000 \cdot a^{15} \cdot b^{17}$

$\left(\frac{a^2b^{-1}c^3}{a^3b^2c^{-2}}\right)^2 = \left(a^{-1} \cdot b^{-3} \cdot c^5\right)^2 = a^{-2} \cdot b^{-6} \cdot c^{10} = \frac{c^{10}}{a^2 \cdot b^6}$

$\left(\frac{x^2y^{-3}}{xz^{-2}}\right)^{-2} : \left(\frac{y^3z^{-4}}{x^3y^2}\right)^2 = \frac{x^{-4}y^6}{x^{-2}z^4} : \frac{y^6z^{-8}}{x^6y^4} = \frac{x^{-4}y^6}{x^{-2}z^4} \cdot \frac{x^6y^4}{y^6z^{-8}} = \frac{x^{-4}y^6x^6y^4}{x^{-2}z^4y^6z^{-8}} = \frac{x^2y^{10}}{x^{-2}y^6z^{-4}} = x^4y^4z^4 = (xyz)^4$

---

59 a) $375\,000\,000\,000\,000\,000 = 3{,}75 \cdot 10^{17}$
$180\,000\,000\,000\,000 = 1{,}8 \cdot 10^{14}$
$0{,}000\,000\,000\,123 = 1{,}23 \cdot 10^{-10}$
$0{,}000\,001\,7 = 1{,}7 \cdot 10^{-6}$

b) Durchmesser der Milchstraße:

$d = \frac{8 \cdot 10^{17}}{9{,}46 \cdot 10^{12}}$ LJ

$d = 8{,}5 \cdot 10^4$ LJ

c) Da das Raumschiff mit ein Drittel Lichtgeschwindigkeit fliegt, benötigt es dreimal so lang wie das Licht, also $3 \cdot 4{,}17$ Jahre $= 12{,}51$ Jahre.

---

60 a) $x^4 = 256$
$x_{1/2} = \pm\sqrt[4]{256}$
$x_1 = 4;\ x_2 = -4$

b) $x^2 = 625$
$x_{1/2} = \pm\sqrt{625}$
$x_1 = 25;\ x_2 = -25$

c) $x^3 = 343$
$x = \sqrt[3]{343}$
$x = 7$

d) $x^3 = -216$
$x = -6$

e) $(x-2)^3 = 27$
$x - 2 = \sqrt[3]{27}$
$x - 2 = 3$
$x = 5$

f) $(x+3)^2 = 81$
$x_{1/2} + 3 = \pm\sqrt{81}$
$x_{1/2} + 3 = \pm 9$
$x_1 = 6;\ x_2 = -12$

---

2 Lineare Funktionen – Lineare Gleichungssysteme

61 a) $y = 3x$

x	−4	−3	−2	−1	0	1	2	3	4
y	−12	−9	−6	−3	0	3	6	9	12

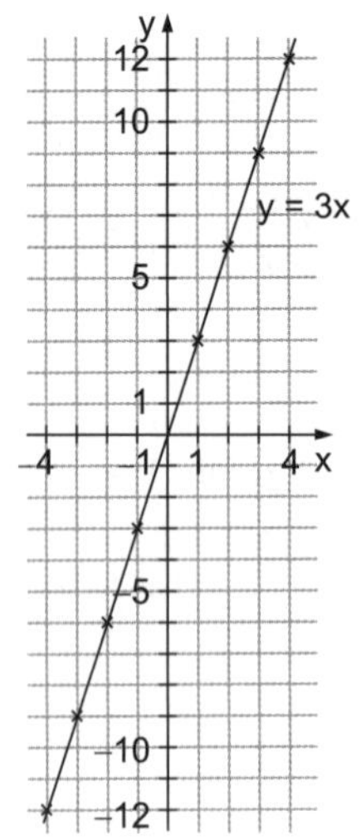

b) $y = -\frac{1}{3}x$

x	−4	−3	−2	−1	0	1	2	3	4
y	1,33	1	0,67	0,33	0	−0,33	−0,67	−1	−1,33

Hinweis: Die Werte sind ggf. gerundet.

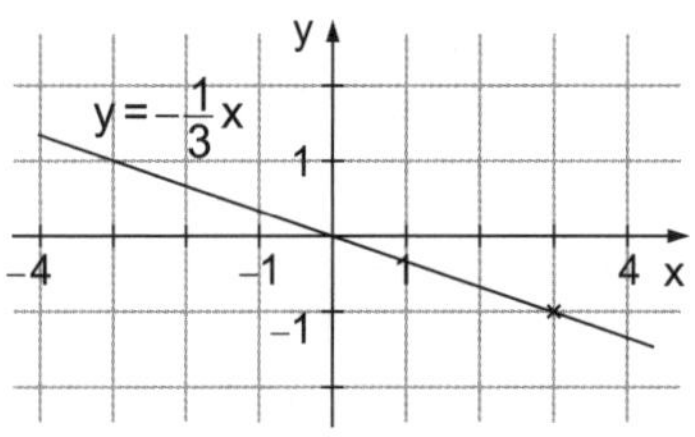

c) $3x - 4y = 0 \quad \Leftrightarrow \quad y = \frac{3}{4}x$

x	−4	−3	−2	−1	0	1	2	3	4
y	−3	−2,25	−1,5	−0,75	0	0,75	1,5	2,25	3

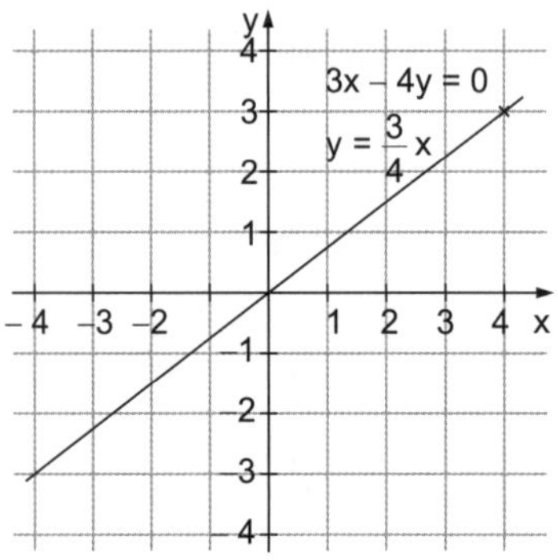

d) $y = |x| \begin{cases} y = +x & \text{für } x > 0 \\ y = 0 & \text{für } x = 0 \\ y = -x & \text{für } x < 0 \end{cases}$

x	−4	−3	−2	−1	0	1	2	3	4
y	4	3	2	1	0	1	2	3	4

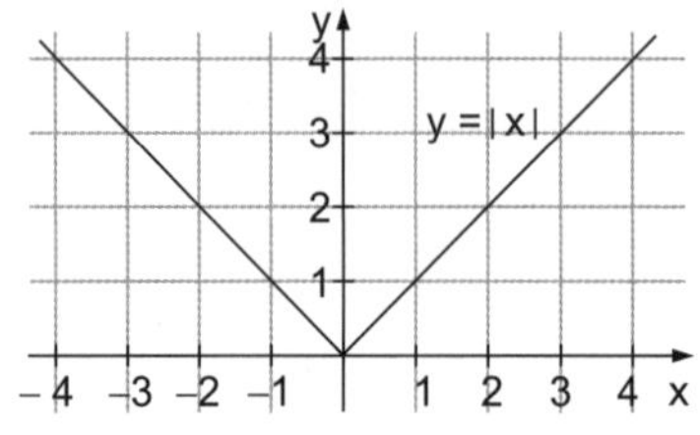

62 g: $y = \frac{3}{2}x$ Setze die Koordinaten der Punkte in die Funktionsgleichung von g ein:

A(6 | 9)
$9 = \frac{3}{2} \cdot 6$
$9 = 9$ (w)
A liegt auf g.

B(−5 | −7,5)
$-7{,}5 = \frac{3}{2} \cdot (-5)$
$-7{,}5 = -7{,}5$ (w)
B liegt auf g.

C(4 | −6)
$-6 = \frac{3}{2} \cdot 4$
$-6 = 6$ (f)
C liegt nicht auf g.

D(−4 | −6)
$-6 = \frac{3}{2} \cdot (-4)$
$-6 = -6$ (w)
D liegt auf g.

E(0,5 | 0,75)
$0{,}75 = \frac{3}{2} \cdot 0{,}5$
$0{,}75 = 0{,}75$ (w)
E liegt auf g.

---

63 Setze die Koordinaten der Punkte in die Funktionsgleichung $y = m \cdot x$ ein und berechnen die Steigung m:

a) P(−4,5 | 3)
$3 = m \cdot (-4{,}5)$
$m = -\frac{2}{3}$
$g_1: y = -\frac{2}{3}x$

b) Q(6|4,5)
$4{,}5 = m \cdot 6$
$m = \frac{3}{4}$
$g_2: y = \frac{3}{4}x$

---

64 **Obstkauf**

Wertetabelle:

x Menge in kg	1	2	3	4	5
y Preis in €	2,30	4,60	6,90	9,20	11,50

Der zugehörige Graph hat die Steigung $m = 2{,}3$ und die Funktionsgleichung $y = 2{,}3 \cdot x$.
Der Faktor m gibt an, wie viel Euro die Äpfel pro Kilogramm kosten:
$m = \frac{2{,}30\ €}{1\ kg}$

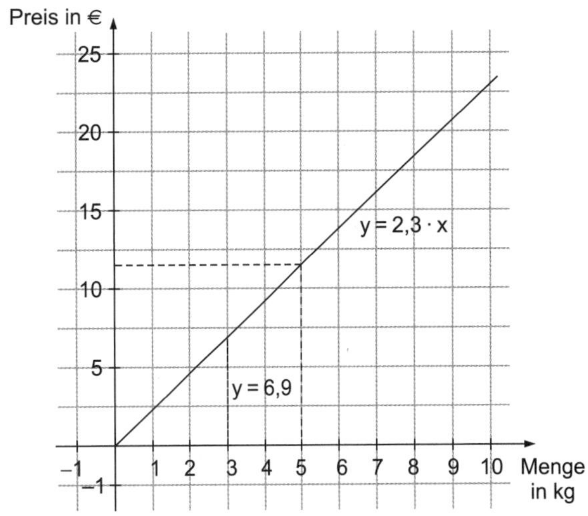

---

65 **Taxifahrt**

a) Es liegt eine lineare Funktion der Form $y = m \cdot x + t$ vor.
Die Grundgebühr beträgt $t = 4{,}00$ €.
Die Kosten pro Kilometer betragen $m = 2{,}45\ \frac{€}{km}$.
Gesamtkosten $= 2{,}45\ \frac{€}{km} \cdot 3{,}8\ km + 4{,}00\ € = 13{,}31\ €$

b) Der Fahrpreis für die Strecke in Teilaufgabe a beträgt 13,40 €.
Der Preis muss immer auf volle 10 Cent aufgerundet werden.

c) $\text{Gesamtkosten} = 2{,}45\,\frac{€}{\text{km}} \cdot 5\text{ km} + 1{,}85\,\frac{€}{\text{km}} \cdot 6{,}8\text{ km} + 4{,}00\text{ €} = 28{,}83\text{ €}$

Der Fahrpreis beträgt 28,90 € (da auf volle 10 Cent aufgerundet werden muss).

d) $9{,}60\text{ €} = 2{,}45\,\frac{€}{\text{km}} \cdot x + 4{,}00\text{ €} \quad |-4{,}00\text{ €}$

$5{,}60\text{ €} = 2{,}45\,\frac{€}{\text{km}} \cdot x \quad |:2{,}45\,\frac{€}{\text{km}}$

$x \approx 2{,}28\text{ km}$

Das Ergebnis ist nicht eindeutig, da auch bei einer minimal anderen Wegstrecke, z. B. 2,25 km, ein Gesamtpreis von 9,60 € fällig wird ($2{,}45\,\frac{€}{\text{km}} \cdot 2{,}25\text{ km} + 4{,}00\text{ €} \approx 9{,}51\text{ €} \rightarrow$ Gesamtpreis 9,60 €).

e) Kilometerpreis in der Nacht = m_n

$20{,}00\text{ €} = m_n \cdot 8\text{ km} + 4{,}00\text{ €} \quad |-4{,}00\text{ €}$

$16{,}00\text{ €} = m_n \cdot 8\text{ km} \quad |:8\text{ km}$

$m_n = 2{,}00\,\frac{€}{\text{km}}$

Der Nachttarif beträgt 2,00 € pro Kilometer.

---

66 Setze die Steigung m und die Koordinaten der Punkte in die Funktionsgleichung $y = m \cdot x + t$ ein und berechne den Achsenabschnitt t.

a) $-3 = -\frac{1}{2} \cdot 2 + t \;\Rightarrow\; t = -2$

$g\colon y = -\frac{1}{2}x - 2$

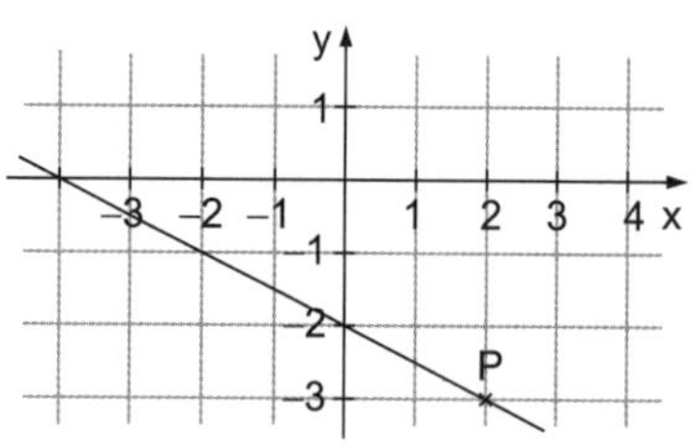

b) $1 = \frac{4}{3} \cdot (-3) + t \;\Rightarrow\; t = 5$

$g\colon y = \frac{4}{3}x + 5$

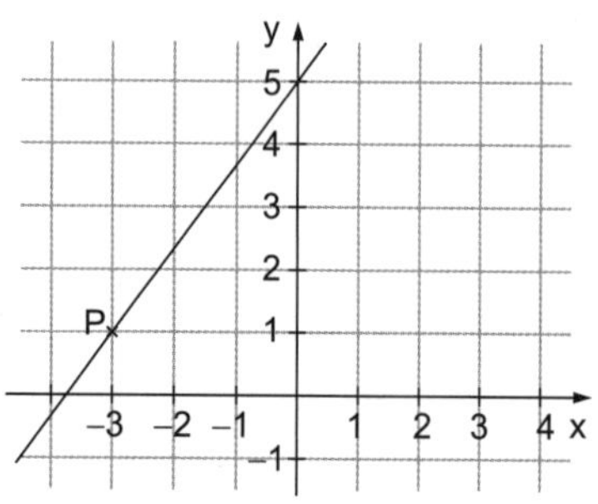

---

67 Setze die Koordinaten der Punkte jeweils in die Funktionsgleichung ein:

a) $-7 = 2 \cdot (-2) - 3$

$-7 = -7\ (w)$

P liegt auf g.

b) $-1 = -\frac{3}{2} \cdot 2 + 3$

$-1 = 0\ (f)$

P liegt nicht auf g.

---

68 a) Schnittpunkt S mit der x-Achse: $y = 0$

$0 = -\frac{3}{2}x + 3 \quad \left| +\frac{3}{2}x \quad \left| \cdot \frac{2}{3} \right.\right.$

$x = 2$

$S(2|0)$

Steigungsdreieck:

$m = -\frac{3}{2} = \frac{-3}{2} \qquad \Delta x = 2 \text{ und } \Delta y = -3$

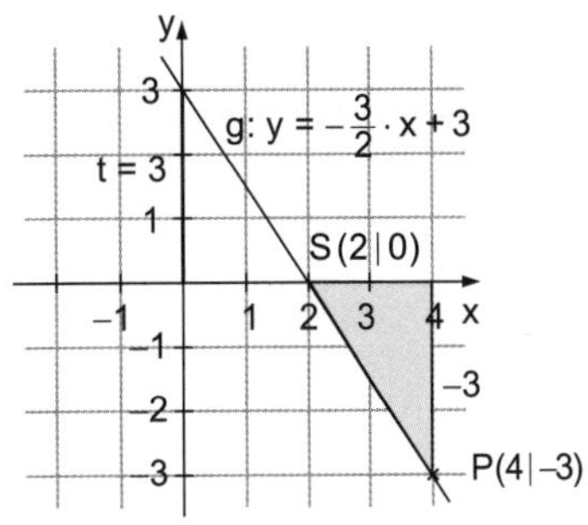

b) y-Achsenabschnitt: $t = 3$

Geradenpunkt: $x = 4$ (beliebig)

$y = -\frac{3}{2} \cdot 4 + 3$

$y = -3 \Rightarrow P(4|-3) \in g$

---

69 a) Berechnung von Steigungsfaktor m:

$m = \frac{y_B - y_A}{x_B - x_A} \quad \left| \begin{array}{l} A(-4|-2) \\ B(6|8) \end{array} \right.$

$m = \frac{8-(-2)}{6-(-4)}$

$m = \frac{10}{10}$

$m = 1$

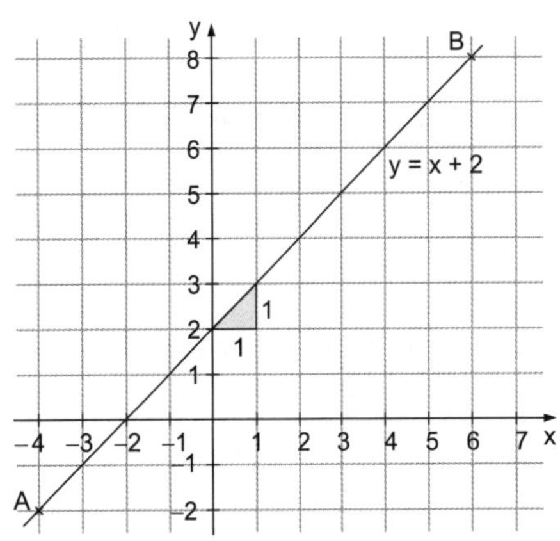

Berechnung von y-Achsenabschnitt t:

$y = mx + t \quad |m = 1;\ B(6|8)$

$8 = 1 \cdot 6 + t \quad |-6$

$t = 2$

Aufstellen der Funktionsgleichung:

$y = mx + t \quad |m = 1;\ t = 2$

$y = x + 2$

Alternative Lösungsmöglichkeit:

I. $y = mx + t \quad |A(-4|-2)$

II. $y = mx + t \quad |B(6|8)$

Koordinaten einsetzen

I'. $-2 = -4m + t \quad |\cdot(-1)$

II'. $8 = 6m + t$

Gleiche Faktoren mit unterschiedlichen Vorzeichen vor einer Variablen erzeugen (hier: t)

I''. $2 = 4m - t$

II'. $8 = 6m + t$

Additionsverfahren:

$10 = 10m \quad |:10$

$m = 1$

Nach m auflösen

Einsetzen in (I''):

$2 = 4m - t \quad |m = 1$

$2 = 4 \cdot 1 - t \quad |+t-2$

$t = 4 - 2$

$t = 2$

Ab hier verläuft der Lösungsweg analog zu oben.

b) Berechnung von Steigungsfaktor m:

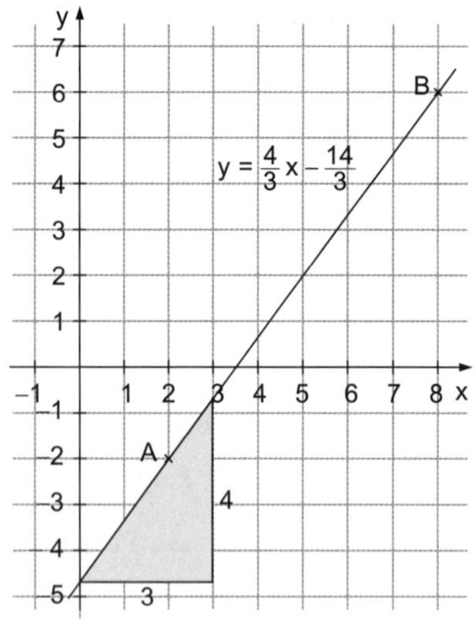

$m = \frac{y_B - y_A}{x_B - x_A}$ | A(2 | −2) B(8 | 6)

$m = \frac{6-(-2)}{8-2}$

$m = \frac{8}{6}$

$m = \frac{4}{3}$

Berechnung von y-Achsenabschnitt t:

$y = mx + t$ | $m = \frac{4}{3}$; A(2 | −2)

$-2 = \frac{4}{3} \cdot 2 + t$ | ·3

$-6 = 8 + 3t$ | −8

$3t = -14$ | :3

$t = -\frac{14}{3}$

Aufstellen der Funktionsgleichung:

$y = mx + t$ | $m = \frac{4}{3}$; $t = -\frac{14}{3}$

$y = \frac{4}{3} - \frac{14}{3}$

Alternative Lösungsmöglichkeit:

I. $y = mx + t$ | A(2 | −2)
II. $y = mx + t$ | B(8 | 6)

Koordinaten einsetzen

I'. $-2 = 2m + t$ | ·(−1)
II'. $6 = 8m + t$

Gleiche Faktoren mit unterschiedlichen Vorzeichen vor einer Variablen erzeugen (hier: t)

I''. $2 = -2m - t$
II'. $6 = 8m + t$

Additionsverfahren:

$8 = 6m$ | :6

Nach m auflösen

$m = \frac{4}{3}$

Einsetzen in (II'):

$6 = 8m + t$ | $m = \frac{4}{3}$

$6 = 8 \cdot \frac{4}{3} + t$

$6 = \frac{32}{3} + t$ | $-\frac{32}{3}$

$t = \frac{18}{3} - \frac{32}{3}$

$t = -\frac{14}{3}$

Ab hier verläuft der Lösungsweg analog zu oben.

70 a) Die Formel in Zelle B5 lautet: **=A5*$B$1**
Die Formel in Zelle B11 lautet: **=A11*$B$1**

Begründung:
Das Gleichheitszeichen steht für die Verwendung einer Funktion. A5 bzw. A11 beschreibt die Variable x (hier: $x=0$ bzw. $x=60$). Das Zeichen „*“ steht für eine Multiplikation. Das Dollarzeichen $ (hier bei **$B$1**) bewirkt, dass ein Zellbezug beim Kopieren der Formel unverändert bleibt (siehe Kapitel Werkzeuge: absolute Zellbezüge) und damit die Berechnung von y immer mit dem in Zelle B1 eingegebenen Wert für die Steigung erfolgt.

b)
- Der Wert in Zelle B1 muss verändert werden.
- Die Formel in Zelle B15 lautet: **=A15*$B$1+$B$2**
  Begründung:
  Das Gleichheitszeichen steht für die Verwendung einer Funktion. A15 beschreibt die Variable x (hier: $x=9$). Das Zeichen „*“ steht für eine Multiplikation. Das Dollarzeichen $ (hier bei **$B$1** und **$B$2**) bewirkt, dass ein Zellbezug beim Kopieren der Formel unverändert bleibt (siehe Kapitel Werkzeuge: absolute Zellbezüge) und damit die Berechnung des Preises immer mit den in Zelle B1 (Steigung m) und B2 (Achsenabschnitt t) eingegeben Werten erfolgt.

---

71 **Der Wasserdruck**

a) Es liegt eine lineare Funktion vom Typ $y=m\cdot x+t$ vor.
x = Tauchtiefe (in m)
y = Druck (in bar)

$$m=\frac{1\text{ bar}}{10\text{ m}}=0{,}1\frac{\text{bar}}{\text{m}}$$

$t=1\text{ bar}$

Damit lautet die Funktionsgleichung hier: $y=0{,}1\frac{\text{bar}}{\text{m}}\cdot x+1\text{ bar}$

b) Gegeben: Tauchtiefe: $x=3{,}60\text{ m}$
Funktionsgleichung: $y=0{,}1\frac{\text{bar}}{\text{m}}\cdot x+1\text{ bar}$
Gesucht: Druck: y
Lösung:

$$y=0{,}1\frac{\text{bar}}{\text{m}}\cdot 3{,}60\text{ m}+1\text{ bar}=1{,}36\text{ bar}$$

In 3,60 m Tiefe beträgt der Druck 1,36 bar.

c) Gegeben: Druck: $y=23{,}45\text{ bar}$
Funktionsgleichung: $y=0{,}1\frac{\text{bar}}{\text{m}}\cdot x+1\text{ bar}$
Gesucht: Tauchtiefe: x
Lösung:

$$23{,}45\text{ bar}=0{,}1\frac{\text{bar}}{\text{m}}\cdot x+1\text{ bar}\qquad |-1\text{ bar}$$
$$22{,}45\text{ bar}=0{,}1\frac{\text{bar}}{\text{m}}\cdot x\qquad |:0{,}1\frac{\text{bar}}{\text{m}}$$
$$x=224{,}5\text{ m}$$

Das Taucherteam befindet sich in einer Tiefe von 224,5 m.

d) Gegeben: Tauchtiefe: $x=11\,034\text{ m}$
Durchmesser: $d=25\text{ cm}$ bzw. Radius: $r=12{,}5\text{ cm}$
Gesucht: Gewicht der Wassersäule das in dieser Tiefe auf dem Bullauge lastet.

Lösung:

$A = \pi \cdot \left(\frac{d}{2}\right)^2$ oder $A = \pi \cdot r^2$

$A = \pi \cdot (12{,}5 \text{ cm})^2$

$A \approx 490{,}87 \text{ cm}^2$

Das Gewicht einer Wassersäule mit einer Fläche von 1 cm^2 steigt um 100 g = 0,1 kg pro Meter Tiefe.

Funktionsgleichung: $y = 0{,}1\frac{\text{kg}}{\text{m}} \cdot x$

Das Gewicht einer Wassersäule mit einer Fläche von 1 cm^2 beträgt in 11 034 m Tiefe demnach:

$0{,}1\frac{\text{kg}}{\text{m}} \cdot 11\,034 \text{ m} = 1\,103{,}4 \text{ kg}$

Gewicht auf dem Bullauge (mit Flächeninhalt $A \approx 490{,}87 \text{ cm}^2$):

$490{,}87 \cdot 1\,103{,}4 \text{ kg} = 541\,625{,}958 \text{ kg}$

In 11 034 m Tiefe beträgt das Gewicht der Wassersäule auf dem Bullauge rund 541 626 kg oder 541,626 t.

---

72 Sauna-Sanduhr

a) Zu Beginn des Saunagangs ist die Zeit $x = 0$.

Also war die Füllstandshöhe der Uhr bei $y = -\frac{3}{5} \cdot 0 + 9 = 9$, also 9 cm.

b) Nach 6 Minuten:

Setze $x = 6$:

$y = -\frac{3}{5} \cdot 6 + 9 = 5{,}4$

Der Sand steht also noch 5,4 cm hoch im oberen Teil der Sanduhr.

c) Die Uhr läuft so lange, bis kein Sand mehr im oberen Teil ist. Mathematisch bedeutet das, dass die Füllstandshöhe $y = 0$ ist.

$0 = -\frac{3}{5} \cdot x + 9 \quad | -9$

$-9 = -\frac{3}{5} \cdot x \quad | : \left(-\frac{3}{5}\right)$

$15 = x$

Die Sanduhr läuft also insgesamt 15 Minuten.

Alternativ:

Der Füllstand in der Sanduhr verliert pro Minute 0,6 cm an Höhe $\left(m = -\frac{3}{5}\right)$.

Für die insgesamt 9 cm Sand werden demnach $9 : 0{,}6 = 15$, also 15 Minuten benötigt.

d) Im unteren Teil steht der Sand 5,5 cm hoch, demnach im oberen Teil 9 cm – 5,5 cm = 3,5 cm, also $y = 3{,}5$:

$3{,}5 = -\frac{3}{5} \cdot x + 9 \quad | -9$

$-5{,}5 = -\frac{3}{5} \cdot x \quad | : \left(-\frac{3}{5}\right)$

$9\frac{1}{6} = x$

Die Uhr läuft also schon über 9 Minuten (9 min 10 s)

e) Es gibt verschiedene Möglichkeiten um die „Laufzeit" der Uhr zu verdoppeln:
- doppelt so viel Sand (18 cm) einfüllen
- die Engstelle der Uhr so verändern, dass pro Minute nur halb so viel durchrieseln kann $\left(m = -\frac{3}{10}\right)$

73 a)
$$\begin{array}{lrcl} \text{I.} & 3x - 4y &=& 16 \\ \text{II.} & 5x + 2y &=& 44 \quad |\cdot 2 \\ \hline \text{I.} & 3x - 4y &=& 16 \\ \text{II}'. & 10x + 4y &=& 88 \end{array}$$

Additionsverfahren:

$$\begin{aligned} 13x &= 104 \quad |:13 \\ x &= 8 \end{aligned}$$

In die Gleichung I einsetzen:

$$\begin{aligned} 3\cdot 8 - 4y &= 16 \quad |-24 \\ -4y &= -8 \quad |:(-4) \\ y &= 2 \end{aligned}$$

$\mathbb{L} = \{(8\,|\,2)\}$

b)
$$\begin{array}{lrcl} \text{I.} & 2x - 3y &=& -15 \\ \text{II.} & x - 1{,}5y &=& 1{,}5 \quad |\cdot(-2) \\ \hline \text{I.} & 2x - 3y &=& -15 \\ \text{II}'. & -2x + 3y &=& -3 \end{array}$$

Additionsverfahren:

$0 = -18$

Da dies eine falsche Aussage ist, hat das Gleichungssystem keine Lösung: $\mathbb{L} = \emptyset$

Da das Gleichungssystem keine Lösung hat, müssen die beiden durch die Gleichungen beschriebenen Geraden parallel sein. Löst man beide Gleichungen des Systems nach y auf, so erhält man:

$$2x - 3y = -15 \Rightarrow y = \frac{2}{3}x + 5 \quad (g_1)$$

$$x - 1{,}5y = 1{,}5 \Rightarrow y = \frac{2}{3}x - 1 \quad (g_2)$$

g_1 und g_2 haben die gleiche Steigung $m = \frac{2}{3}$, aber verschiedene y-Achsenabschnitte ($t_1 = 5$; $t_2 = -1$), sind also parallel.

c)
$$\begin{array}{lrcl} \text{I.} & 2x - 4y &=& -10 \quad |-2x \quad |:(-4) \\ \text{II.} & y &=& 2x - 4 \\ \hline \text{I}'. & y &=& \frac{1}{2}x + \frac{5}{2} \\ \text{II.} & y &=& 2x - 4 \end{array}$$

Da die 2. Gleichung nach y aufgelöst vorliegt, lösen wir die 1. Gleichung ebenfalls nach y auf.

Gleichsetzungsverfahren:

$$\begin{aligned} 2x - 4 &= \frac{1}{2}x + \frac{5}{2} \quad \left|-\frac{1}{2}x + 4\right. \\ \frac{3}{2}x &= \frac{13}{2} \quad \left|\cdot\frac{2}{3}\right. \\ x &= \frac{13}{3} \end{aligned}$$

Einsetzen in II:

$$y = 2\cdot\frac{13}{3} - 4$$

$$y = \frac{26}{3} - \frac{12}{3}$$

$$y = \frac{14}{3}$$

$$\mathbb{L} = \left\{\left(\frac{13}{3}\,\middle|\,\frac{14}{3}\right)\right\}$$

74 Fahrzeit des ersten Autos bis zum Treffpunkt: x
Weg des ersten Autos von Ort A bis zum Treffpunkt: y

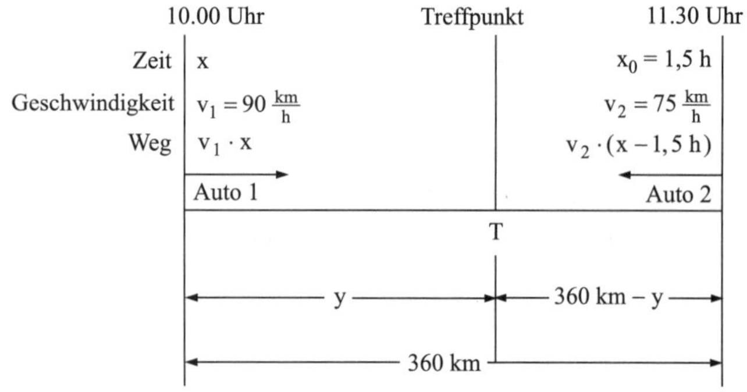

Aus der Zeichnung kann man die von beiden Autos bis zum Treffpunkt zurückgelegten Wege ablesen:

Auto 1: $y = 90\,\frac{km}{h} \cdot x$

Auto 2: $360\text{ km} - y = 75\,\frac{km}{h} \cdot (x - 1{,}5\text{ h})$

Dies ist ein lineares Gleichungssystem für die beiden Variablen x und y.
Löse die zweite Gleichung ebenfalls nach y auf:

$$\text{I. } y = 90\,\frac{km}{h} \cdot x$$
$$\text{II. } y = -75\,\frac{km}{h} \cdot x + 472{,}5\text{ km}$$

Gleichsetzungsverfahren:

$$90\,\frac{km}{h} \cdot x = -75\,\frac{km}{h} \cdot x + 472{,}5\text{ km} \quad \Big|\ +75\,\frac{km}{h} \cdot x$$
$$165\,\frac{km}{h} \cdot x = 472{,}5\text{ km} \quad \Big|\ :165\,\frac{km}{h}$$
$$x \approx 2{,}86\text{ h} \mathrel{\hat{=}} 2\text{ h } 52\text{ min}$$

Eingesetzt in Gleichung I:

$$y = 90\,\frac{km}{h} \cdot 2{,}86\text{ h}$$
$$y = 257{,}4\text{ km}$$

Um 12.52 Uhr und 257,4 km von A entfernt begegnen sich beide Fahrzeuge. Der Fahrer des zweiten Autos hat in 1 h 22 min (von 11.30 Uhr bis 12.52 Uhr) 102,6 km bis zum Treffpunkt zurückgelegt.

---

75 a)

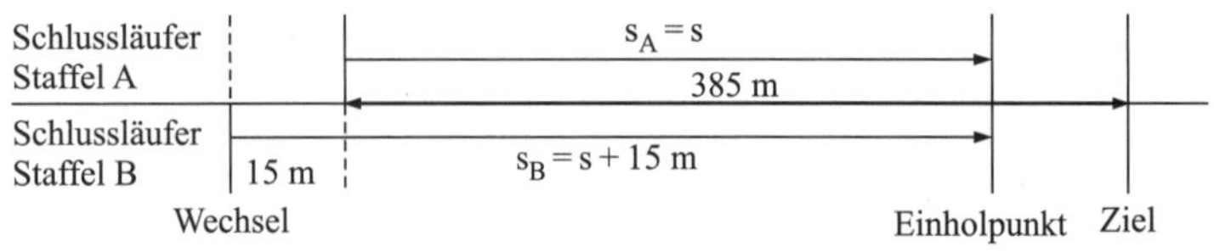

Die von beiden Schlussläufern vom Wechsel der Staffel B bis zum Einholpunkt zurückgelegten Wege können aus der Zeichnung abgelesen werden. Wenn der Läufer A vom Wechsel der Staffel B bis zum Einholpunkt t Sekunden benötigt, dann legt der Läufer B in diesen t Sekunden einen 15 m längeren Weg zurück.

$$\text{I: } s = \frac{400\text{ m}}{47{,}8\text{ s}} \cdot t \quad \text{(Staffel A)}$$
$$\text{II: } s + 15\text{ m} = \frac{400\text{ m}}{45{,}7\text{ s}} \cdot t \quad \text{(Staffel B)}$$

Einsetzen der Gleichung I in Gleichung II ergibt:

$$\frac{400\text{ m}}{47{,}8\text{ s}} \cdot t + 15\text{ m} = \frac{400\text{ m}}{45{,}7\text{ s}} \cdot t \quad \Big|\cdot 47{,}8\text{ s} \cdot 45{,}7\text{ s}$$
$$400\text{ m} \cdot t \cdot 45{,}7\text{ s} + 15\text{ m} \cdot 47{,}8\text{ s} \cdot 45{,}7\text{ s} = 400\text{ m} \cdot t \cdot 47{,}8\text{ s} \quad \Big|:400\text{ m}$$
$$45{,}7\text{ s} \cdot t + \frac{15\text{ m} \cdot 47{,}8\text{ s} \cdot 45{,}7\text{ s}}{400\text{ m}} = 47{,}8\text{ s} \cdot t \quad \Big|-45{,}7\text{ s} \cdot t$$
$$2{,}1\text{ s} \cdot t = \frac{15\text{ m} \cdot 47{,}8\text{ s} \cdot 45{,}7\text{ s}}{400\text{ m}} \quad \Big|:2{,}1\text{ s}$$
$$t \approx 39{,}01\text{ s}$$

Einsetzen von t in Gleichung I:

$$s = \frac{400\text{ m}}{47{,}8\text{ s}} \cdot 39{,}01\text{ s} \approx 326{,}4\text{ m}$$

Nach 326,4 m, d. h. 385 m – 326,4 m = 58,6 m vor dem Ziel, wird der Schlussläufer der Staffel A vom Schlussläufer der Staffel B eingeholt und überholt.

b) Die beiden Schlussläufer erreichen das Ziel gleichzeitig, wenn der Läufer A für die 385 m, die er noch bis zum Ziel zurücklegen muss, die gleiche Zeit braucht, die der Läufer B für seine 400 m bis zum Ziel benötigt, also 45,7 s.
Bezeichnet man mit v_{neu} die erhöhte Geschwindigkeit des Schlussläufers von Staffel A, so gilt:

I: $385\text{ m} = v_{neu} \cdot 45{,}7\text{ s} \;\rightarrow\; v_{neu} = \frac{385\text{ m}}{45{,}7\text{ s}}$ (Läufer A auf 385 m)

II: $400\text{ m} = v_{neu} \cdot t$ (Läufer A auf 400 m)

Einsetzen des aus Gleichung I erhaltenen Werts für v_{neu} in Gleichung II:

$$400\text{ m} = \frac{385\text{ m}}{45{,}7\text{ s}} \cdot t \quad \Big| \cdot \frac{45{,}7\text{ s}}{385\text{ m}}$$

$$t = \frac{400\text{ m} \cdot 45{,}7\text{ s}}{385\text{ m}}$$

$t \approx 47{,}5\text{ s}$ 400-m-Zeit von Läufer A

Damit Staffel A gerade noch gewinnt, muss der Schlussläufer seine 400 m in etwas weniger als 47,5 s laufen.

---

76 Ein neuer Handyvertrag

a) Mögliche Beurteilungen:

- *Tarif 1 ist immer günstiger.*
  Ist richtig, wenn man nicht übermäßig viel telefoniert, bzw. SMS verschickt.
- *Tarif 2 ist viel zu teuer.*
  Nur wer viel telefoniert sollte diesen Tarif wählen, dann ist dieser Tarif günstiger.
- *Tarif 1 ist für Vieltelefonierer (mehr als 4 Stunden im Monat) besonders geeignet.*
  Wer viel telefoniert sollte auf jeden Fall Tarif 2 wählen, da die Verbindungen pro Monat günstiger sind.

b) Die Rechenvorschrift für den Handytarif 2 lautet:
$y = 0{,}14 \cdot x + 9{,}95$
Mit sinnvollen Einheiten angeben:

$$y = 0{,}14\,\frac{€}{\text{min}} \cdot x + 9{,}95\text{ €}$$

c) Berechne bei welcher Nutzungsdauer beide Tarife das gleiche kosten.
Lineares Gleichungssystem:
I. $y = 0{,}16 \cdot x + 4{,}95$
II. $y = 0{,}14 \cdot x + 9{,}95$

Gleichsetzungsverfahren und nach x auflösen:

$$0{,}16 \cdot x + 4{,}95 = 0{,}14 \cdot x + 9{,}95 \quad |-0{,}14x \quad |-4{,}95$$
$$0{,}02x = 5{,}00 \quad |:0{,}02$$
$$x = 250$$

Antwort: Bei 250 Minuten Nutzungsdauer sind die Kosten bei beiden Tarifen gleich. Bei weniger als 250 Minuten ist Tarif 1 günstiger.

d) Jugendliche Handynutzer schreiben viele SMS, das ist bei Tarif 1 günstiger. Überdies sollte die Nutzungsdauer bei Jugendlichen begrenzt bleiben. (Hier kann auch anders begründet werden.)

---

77 Hotel

Die Anzahl der Doppelzimmer sei x; die Anzahl der Einzelzimmer sei y.

a) Die Funktionsgleichung müsste lauten: $x + y = 54$

b) Die Funktionsgleichung müsste lauten: $2x + y = 85$

c) $\begin{array}{ll} \text{I.} & x + y = 54 \quad | -x \\ \text{II.} & 2x + y = 85 \end{array}$

$\begin{array}{ll} \text{I'.} & y = 54 - x \\ \text{II.} & 2x + y = 85 \end{array}$

Einsetzungsverfahren:

$$\begin{aligned} 2x + 54 - x &= 85 \\ x + 54 &= 85 \\ x &= 31 \end{aligned}$$

Setze x in Gleichung I ein:

$$\begin{aligned} 31 + y &= 54 \\ y &= 23 \end{aligned}$$

Es gibt im Hotel 31 Doppelzimmer und 23 Einzelzimmer.

d) Stelle Funktionsgleichungen für die Übernachtungskosten auf:

Herr Müller: $5x + 3y = 485$

Frau Schmitt: $3x + y = 255$

Löse das Gleichungssystem mit einem Verfahren deiner Wahl (hier: Einsetzungsverfahren).

$\begin{array}{ll} \text{I.} & 5x + 3y = 485 \\ \text{II.} & 3x + y = 255 \quad | -3x \end{array}$

$\begin{array}{ll} \text{I.} & 5x + 3y = 485 \\ \text{II'.} & y = 255 - 3x \end{array}$

Einsetzungsverfahren:

$$\begin{aligned} 5x + 3 \cdot (255 - 3x) &= 485 \\ 5x + 765 - 9x &= 485 \quad | -765 \\ -4x &= -280 \\ x &= 70 \end{aligned}$$

Setze x in Gleichung II ein:

$$\begin{aligned} 3 \cdot 70 + y &= 255 \quad | -210 \\ y &= 45 \end{aligned}$$

Ein Einzelzimmer kostet bei diesem Angebot 45 €, ein Doppelzimmer 70 €.

78 Kerze

a) Zu Beginn der Beobachtung ist die Kerze noch 12 cm lang. In 20 Minuten brennt sie um 2 cm herunter. Die Kerze brennt also noch $(12\text{ cm} : 2\text{ cm}) \cdot 20\text{ min} = 120\text{ min}$ oder 2 Stunden nach Beobachtungsbeginn.

Zeit	Länge der Kerze
Beobachtungsbeginn	12 cm
nach 20 Minuten	10 cm
nach 40 Minuten	8 cm
nach 60 Minuten	6 cm
nach 80 Minuten	4 cm
nach 100 Minuten	2 cm
nach 120 Minuten	0 cm

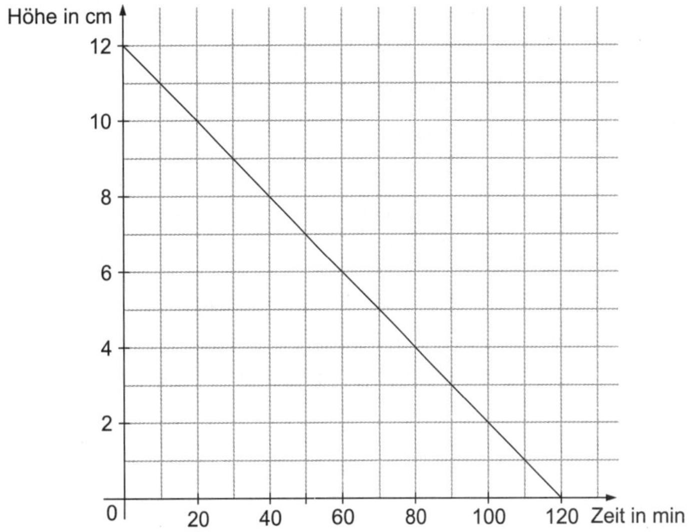

b) Diese Kerze war einmal 25 cm lang. Da sie pro 10 Minuten um 1 cm abbrennt, kann sie insgesamt 250 Minuten oder 4 Stunden und 10 Minuten brennen, vorausgesetzt, der Abbrennvorgang ist linear.

c) 5 Stunden entsprechen 300 Minuten. Lösung mit dem Dreisatz:

Brenndauer in Minuten: Länge in cm:

$$\begin{array}{lrcl l} :25 & 250\text{ Minuten} & \hat{=} & 25\text{ cm} & :25 \\ \cdot 30 & 10\text{ Minuten} & \hat{=} & 1\text{ cm} & \cdot 30 \\ & 300\text{ Minuten} & \hat{=} & 30\text{ cm} & \end{array}$$

Eine solche Kerze muss ca. 30 cm lang sein.

d) Länge der Kerze 2 nach 20 Minuten: $x = 20$

$$y = -\frac{11}{60} \cdot 20 + 15$$

$$y = -\frac{11}{3} + \frac{45}{3}$$

$$y = 11\frac{1}{3}$$

Die Kerze 2 ist dann noch etwa 11,3 cm lang.

e) Aufstellen des Gleichungssystems:

Kerze 1: $y_1 = -0{,}1 \cdot x + 12$

Kerze 2: $y_2 = -\frac{11}{60} \cdot x + 15$

Durch Gleichsetzen der beiden Gleichungen erhält man eine Gleichung mit nur noch einer Variablen:

$$-\frac{1}{10} \cdot x + 12 = -\frac{11}{60} \cdot x + 15 \quad \left| + \frac{11}{60}x \quad \right| -12$$

$$-\frac{1}{10} \cdot x + \frac{11}{60} \cdot x = 3$$

$$-\frac{6}{60} \cdot x + \frac{11}{60} \cdot x = 3$$

$$\frac{1}{12} \cdot x = 3 \quad \left| : \frac{1}{12} \right.$$

$$x = 36$$

Nach etwa 36 Minuten haben die Kerzen die gleiche Länge.

f) Brenndauer von Kerze 1 (y = 0):

$$\begin{aligned} 0 &= -0{,}1 \cdot x + 12 && \mid +0{,}1 \cdot x \\ 0{,}1 \cdot x &= 12 && \mid :0{,}1 \\ x &= 120 \end{aligned}$$

Kerze 1 brennt etwa 120 Minuten lang.

Brenndauer von Kerze 2 (y = 0):

$$\begin{aligned} 0 &= -\frac{11}{60} \cdot x + 15 \\ \frac{11}{60} \cdot x &= 15 \\ x &= \frac{15 \cdot 60}{11} \approx 81{,}8 \end{aligned}$$

Kerze 2 brennt etwa 82 Minuten lang.

Wenn beide Kerzen gleichzeitig angezündet werden, erlischt Kerze 2 (120 – 82) = 38 Minuten vor Kerze 1. Man müsste demnach Kerze 2 etwa 38 Minuten nach Kerze 1 entzünden.

3 Quadratische Funktionen und Gleichungen

79 Setze die Koordinaten der Punkte für x und y in die Gleichung $y = a \cdot x^2$ ein und berechne aus der so entstandenen Gleichung den Koeffizienten a.

a) $P(2|-2)$

$-2 = a \cdot 2^2$

$a = -\frac{1}{2}$

$y = -\frac{1}{2} \cdot x^2$

b) $Q(-5|12,5)$

$12,5 = a \cdot (-5)^2$

$a = \frac{1}{2}$

$y = \frac{1}{2} \cdot x^2$

c) $A(-2,5|-18,75)$

$-18,75 = a \cdot (2,5)^2$

$a = -3$

$y = -3 \cdot x^2$

d) $B(2|-4)$

$-4 = a \cdot 2^2$

$a = -1$

$y = -x^2$

80

Faktor	Öffnung	Form der Parabel	Beispiel
$a > 1$	nach oben	schmaler als Normalparabel	$y = 2x^2$
$a = 1$	nach oben	Normalparabel	$y = x^2$
$0 < a < 1$	nach oben	breiter als Normalparabel	$y = \frac{1}{3} \cdot x^2$
$-1 < a < 0$	nach unten	breiter als Normalparabel	$y = -\frac{1}{2} \cdot x^2$
$a = -1$	nach unten	Normalparabel	$y = -x^2$
$a < -1$	nach unten	schlanker als Normalparabel	$y = -2 \cdot x^2$

81 $s = 0,042 \cdot v^2$ (s in m; v in $\frac{km}{h}$)

a)

v in $\frac{km}{h}$	0	30	60	90	120	150	180	210	240
s in m	0	37,8	151	340	605	945	1 361	1 852	2 419

Hinweis: Die Werte sind ggf. gerundet.

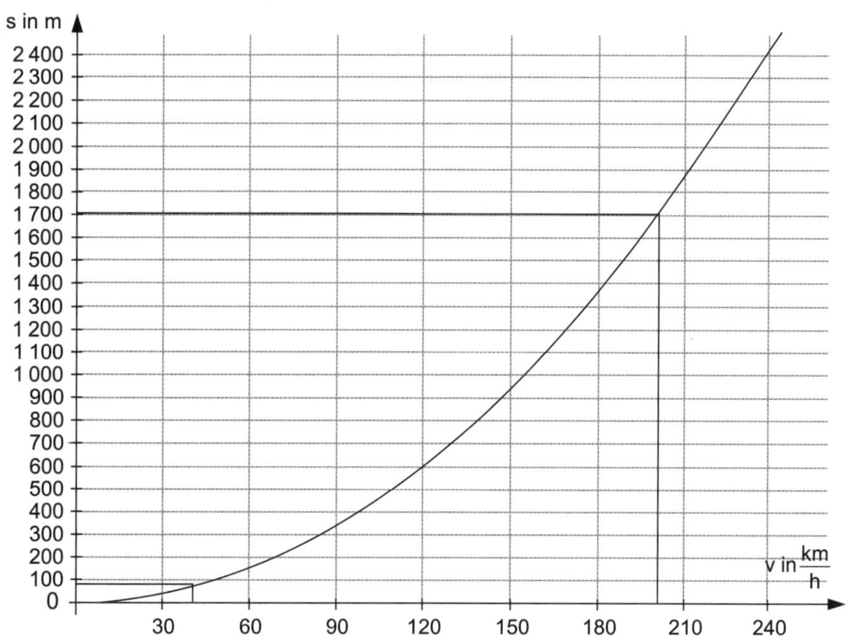

b) $v_1 = 40 \frac{km}{h} \Rightarrow s_1 = 70\ m$

$v_2 = 200 \frac{km}{h} \Rightarrow s_2 = 1700\ m$

c) $s_1 = 0{,}042 \cdot 40^2$ $\quad s_2 = 0{,}042 \cdot 200^2$
$s_1 = 67{,}2$ m $\quad s_2 = 1\,680$ m

---

82 a) Bei 50 $\frac{km}{h}$ ist der Bremsweg 50 m lang. (Ablesen aus der Grafik.)

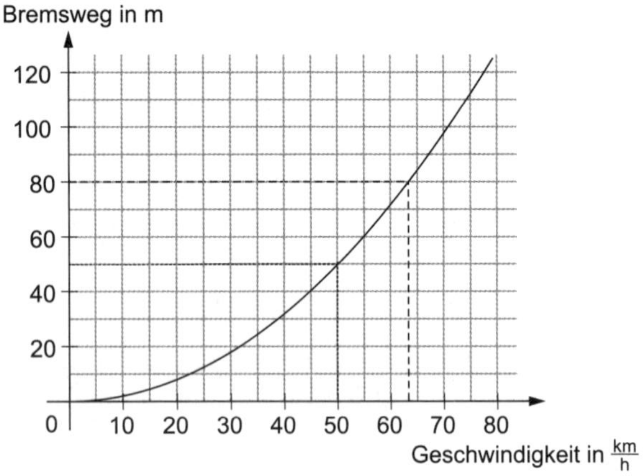

b) Die maximale Geschwindigkeit beträgt etwa 63 $\frac{km}{h}$.

c) Man kann aus der Grafik möglichst präzise ein Wertepaar entnehmen, z. B. (40 | 30) oder (50 | 50), den Wert für x und y in die Funktionsgleichung einsetzen und dann nach a umformen.

$y = a \cdot x^2$

$30 = a \cdot 40^2$ *alternativ:* $50 = a \cdot 50^2$

$\frac{30}{1\,600} = a$ $\quad \frac{50}{2\,500} = a$

$a = 0{,}01875$ $\quad a = 0{,}02$

d) Es gilt: $y = 0{,}02 \cdot x^2$

Für $x = 30\ \frac{km}{h}$: $y = 0{,}02 \cdot 30^2 = 18$ m

Für $x = 80\ \frac{km}{h}$: $y = 0{,}02 \cdot 80^2 = 128$ m

Für $x = 130\ \frac{km}{h}$: $y = 0{,}02 \cdot 130^2 = 338$ m

e) Der Wert für a muss bei nasser Straße größer sein, da der Graph "steiler" verlaufen muss, das heißt, bei gleicher Geschwindigkeit muss der Bremsweg länger sein.
Möglicher Wert: $a = 0{,}03$

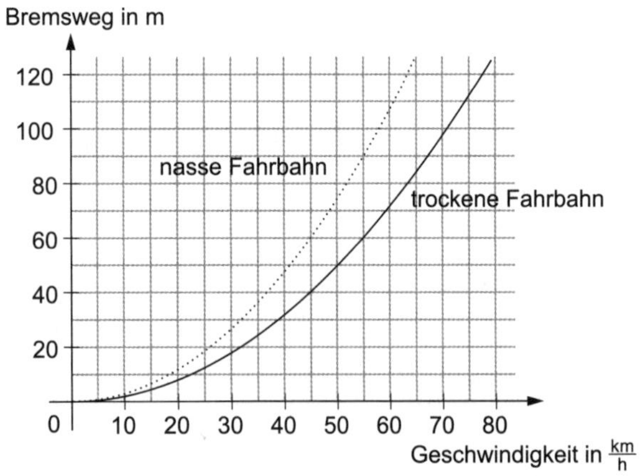

f) Für den Lkw gilt bei $x = 60$ ist $y = 100$, also:

$y = a \cdot x^2$

$100 = a \cdot 60^2$

$\frac{100}{3\,600} = a$

$a = 0{,}02\overline{7} \approx 0{,}028$

Der Bremsfaktor a beträgt etwa 0,028.

g) Darstellung im Graphen:

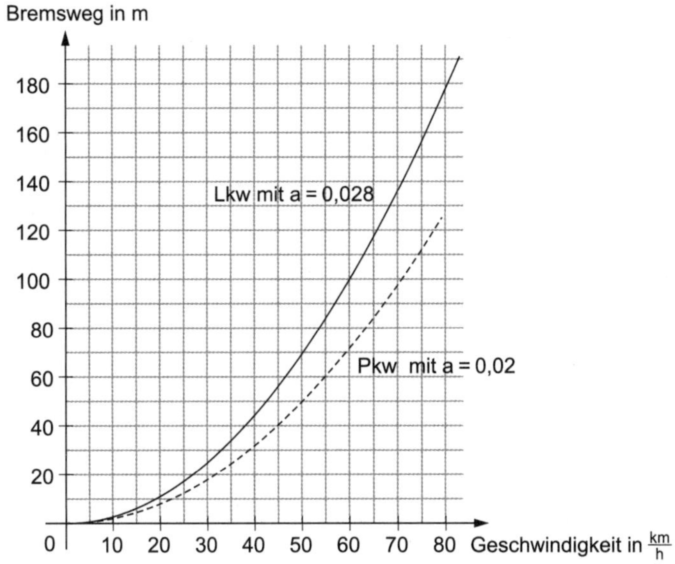

83

	x	−5	−4	−3	−2	−1	0	1	2	3	4	5
a)	$y=\frac{3}{4}x^2-3$	15,75	9	3,75	0	−2,25	−3	−2,25	0	3,75	9	15,75
b)	$y=-\frac{1}{2}x^2+5$	−7,5	−3	0,5	3	4,5	5	4,5	3	0,5	−3	−7,5
c)	$y=2x^2-3$	47	29	15	5	−1	−3	−1	5	15	29	47

a)

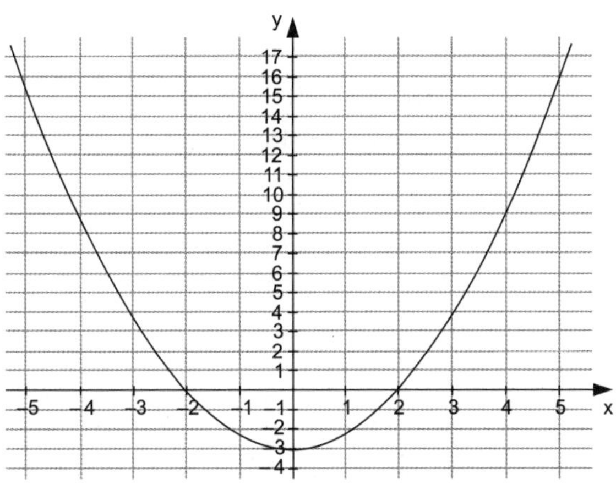

b)

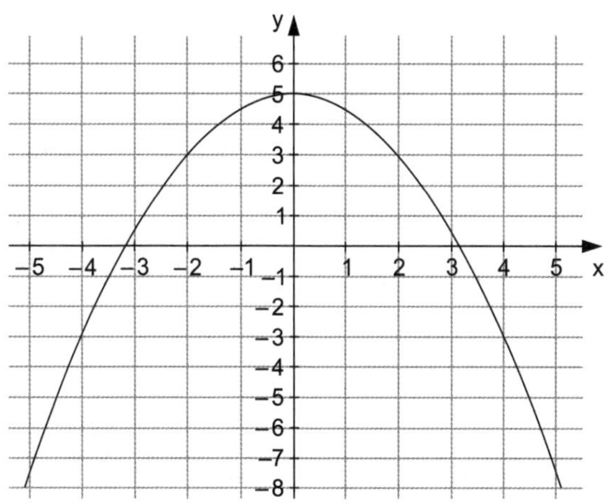

c)

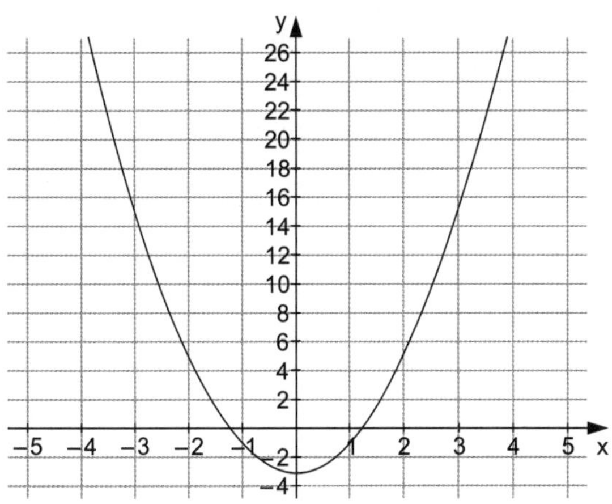

84 Setze die Koordinaten der Punkte P und Q für x und y in die Gleichung $y = ax^2 + n$ ein. Du erhältst ein lineares Gleichungssystem für die beiden Variablen a und n.

P(3 | 12): I. $12 = a \cdot 3^2 + n$
Q(–2 | –3): II. $-3 = a \cdot (-2)^2 + n$

I. $12 = 9a + n$
II. $-3 = 4a + n \quad |\cdot(-1)$

I. $12 = 9a + n$
II'. $3 = -4a - n$

Additionsverfahren:

$15 = a \quad |:5$
$a = 3$

Einsetzen in Gleichung I:

$12 = 9 \cdot 3 + n$
$n = -15$

Funktionsgleichung: $f\colon y = 3x^2 - 15$

---

85 $y = ax^2 + n$

a) $n = 2$

Graph verläuft durch P(1 | 0):

$0 = a \cdot 1^2 + 2$
$a = -2$
$f\colon y = -2x^2 + 2$

b) $n = -6$

Graph verläuft durch P(2 | –4):

$-4 = a \cdot 2^2 - 6$
$a = \frac{1}{2}$
$f\colon y = \frac{1}{2}x^2 - 6$

c) $n = -4$

Graph verläuft durch P(2 | 2):

$2 = a \cdot 2^2 - 4$
$a = \frac{3}{2}$
$f\colon y = \frac{3}{2}x^2 - 4$

d) $n = 4$

Graph verläuft durch P(2 | 1):

$1 = a \cdot 2^2 + 4$
$a = -\frac{3}{4}$
$f\colon y = -\frac{3}{4}x^2 + 4$

86

	x	–5	–4	–3	–2	–1	0	1	2	3	4	5
a)	$y = -\frac{1}{2}(x+1)^2$	–8	–4,5	–2	–0,5	0	–0,5	–2	–4,5	–8	–12,5	–18
b)	$y = \frac{3}{2}(x-2)^2$	73,5	54	37,5	24	13,5	6	1,5	0	1,5	6	13,5
c)	$y = -2\left(x - \frac{3}{2}\right)^2$	–84,5	–60,5	–40,5	–24,5	–12,5	–4,5	–0,5	–0,5	–4,5	–12,5	–24,5

a)

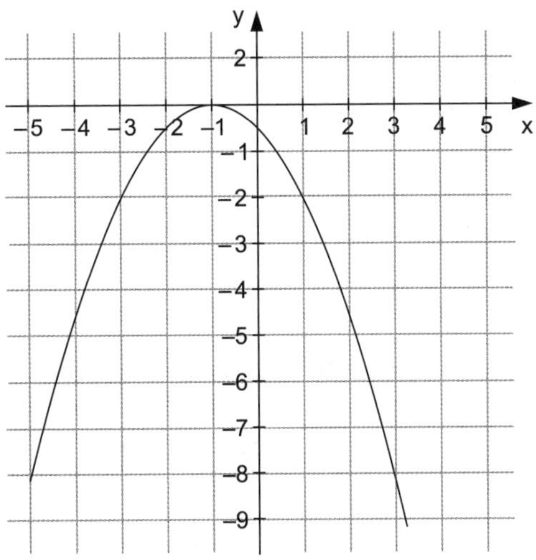

b)

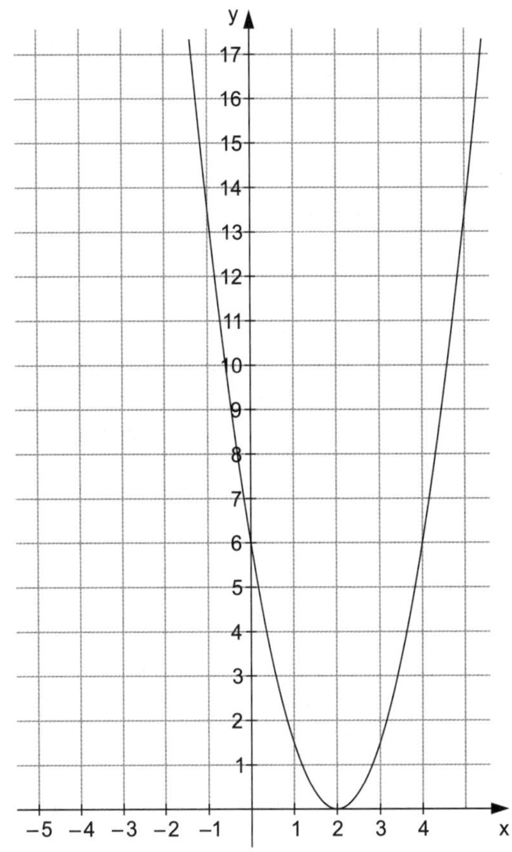

c)

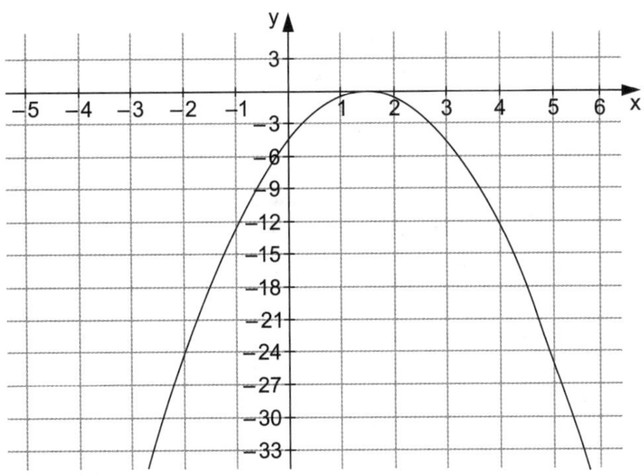

---

87 $y = a(x - m)^2$

Da die Gerade g: $x = 4$ Symmetrieachse der Parabel ist, muss $m = 4$ sein.

Einsetzen von $P(6\,|\,-6)$:

$-6 = a(6 - 4)^2$

$a = -\frac{3}{2}$

Funktionsgleichung: $y = -\frac{3}{2}(x - 4)^2$

Scheitel: $S(4\,|\,0)$

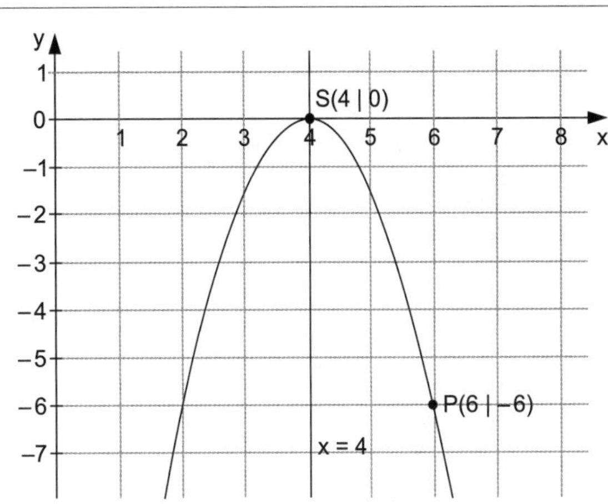

88 a) $m = -3$

Graph verläuft durch $P(-2|-2)$:

$$-2 = a \cdot (-2+3)^2$$
$$a = -2$$

Funktionsgleichung: $y = -2(x+3)^2$

b) $m = 5$

Graph verläuft durch $P(3|6)$:

$$6 = a \cdot (3-5)^2$$
$$a = \frac{3}{2}$$

Funktionsgleichung: $y = \frac{3}{2} \cdot (x-5)^2$

---

89 a) f_1: $y = 2x^2 - 8x + 8$

$y = 2 \cdot [x^2 - 4x + 4]$ 2. binomische Formel

$y = 2 \cdot [(x-2)^2]$

$y = 2 \cdot (x-2)^2 \rightarrow$ Scheitel: $S(2\,|\,0)$

b) f_2: $y = -\frac{1}{2}x^2 + x - 1$ Ergänze quadratisch

$y = -\frac{1}{2}[x^2 - 2x + \mathbf{1} + 2 - \mathbf{1}]$

$y = -\frac{1}{2}[(x-1)^2 + 1]$

$y = -\frac{1}{2} \cdot (x-1)^2 - \frac{1}{2} \rightarrow$ Scheitel S: $\left(1 \,\middle|\, -\frac{1}{2}\right)$

Wertetabellen:

		x	−2	−1	0	1	2	3	4	5
a)	f_1	y		18	8	2	0	2	8	18
b)	f_2	y	−5	−2,5	−1	−0,5	−1	−2,5	−5	

Graphen zu a und b:

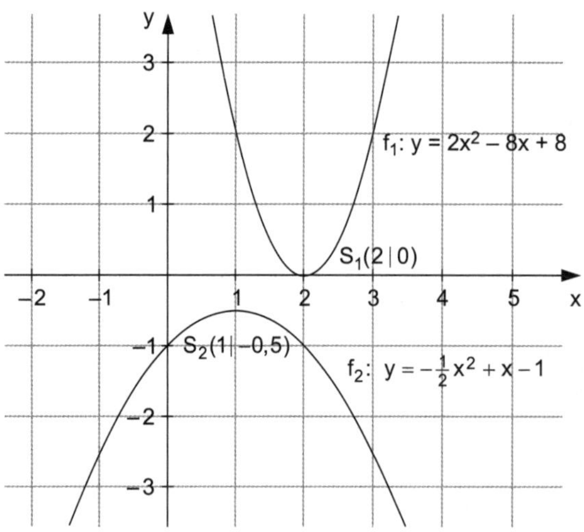

---

90 $P_1(2\,|-3)$: I. $-3 = 2^2 + 2p + q$ $|\cdot(-1)$

$P_2(6\,|\,5)$: II. $5 = 6^2 + 6p + q$

I'. $3 = -4 - 2p - q$

II. $5 = 36 + 6p + q$

Additionsverfahren:

$8 = 32 + 4p$

$4p = -24$

$p = -6$

Setze $p = -6$ in Gleichung I:

$-3 = 4 + 2 \cdot (-6) + q$

$-3 - 4 + 12 = q$

$q = 5$

Funktionsgleichung f: $y = x^2 - 6x + 5$ $a = 1;\ b = -6;\ c = 5$

Parabelscheitel: $\left.\begin{array}{l} x_S = -\dfrac{-6}{2\cdot 1} = 3 \\ y_S = 5 - \dfrac{(-6)^2}{4\cdot 1} = -4 \end{array}\right\} S(3\,|-4)$

---

91 a) f_1: $y = \frac{3}{4}x^2 + 6x + 11{,}5$

$y = \frac{3}{4}\cdot\left[x^2 + 8x + \mathbf{16} + \frac{46}{3} - \mathbf{16}\right]$ Quadratische Ergänzung

$y = \frac{3}{4}\cdot\left[(x+4)^2 + \frac{46}{3} - \frac{48}{3}\right]$

f_1: $y = \frac{3}{4}\cdot(x+4)^2 - \frac{1}{2}$

Scheitel: $S\left(-4\,\middle|\,-\frac{1}{2}\right)$

Symmetrieachse: $x = -4$

$D = \mathbb{R}$; $W = \left\{y \,|\, y \geq -\frac{1}{2}\right\}$

Streckung mit dem Faktor $a = \frac{3}{4}$.

Verschiebung um –4 LE in x-Richtung und um –0,5 LE in y-Richtung

b) f_2: $y = -3x^2 + 12x - 14$

$y = -3\cdot\left[x^2 - 4x + \mathbf{4} + \frac{14}{3} - \mathbf{4}\right]$ Quadratische Ergänzung

$y = -3\cdot\left[(x-2)^2 + \frac{14}{3} - \frac{12}{3}\right]$

f_2: $y = -3(x-2)^2 - 2$

Scheitel: $S(2\,|-2)$

Symmetrieachse: $x = 2$

$D = \mathbb{R}$; $W = \{y \,|\, y \leq -2\}$

Streckung mit dem Faktor –3.

Verschiebung um 2 LE in x-Richtung und um –2 LE in y-Richtung.

---

92 Formel II ist richtig.

Begründung:

Die Zellen E1 (Faktor a), E2 (Faktor p) und E3 (Faktor q) dürfen beim Kopieren nicht verändert werden, somit muss in der Formel ein absoluter Zellbezug stehen. Das kann nur mit dem $ erreicht werden (siehe Kapitel 12: absolute Zellbezüge).

---

93 a) $y = (x-5)^2 + 3$

$y = x^2 - 10x + 25 + 3$

$y = x^2 - 10x + 28$

b) $y = \frac{1}{2}(x+2)^2 - 12$

$y = \frac{1}{2}(x^2 + 4x + 4) - 12$

$y = \frac{1}{2}x^2 + 2x + 2 - 12$

$y = \frac{1}{2}x^2 + 2x - 10$

c) $y = -4(x-1)^2 + 12$

$y = -4(x^2 - 2x + 1) + 12$

$y = -4x^2 + 8x - 4 + 12$

$y = -4x^2 + 8x + 8$

94

		Art des Extremums	Extremum	
a)	$y = -2x^2 + 8x - 2$	Maximum Parabel nach unten geöffnet	$y = -2 \cdot (x-2)^2 + 6$	S(2|6)
b)	$y = \frac{1}{2}x^2 - 6x + 14$	Minimum Parabel nach oben geöffnet	$y = \frac{1}{2}(x-6)^2 - 4$	S(6|−4)
c)	$y = -\frac{1}{3}x^2 - 2$	Maximum Parabel nach unten geöffnet	$y = -\frac{1}{3}(x-0)^2 - 2$	S(0|−2)

Graphen zu a, b und c:

a)

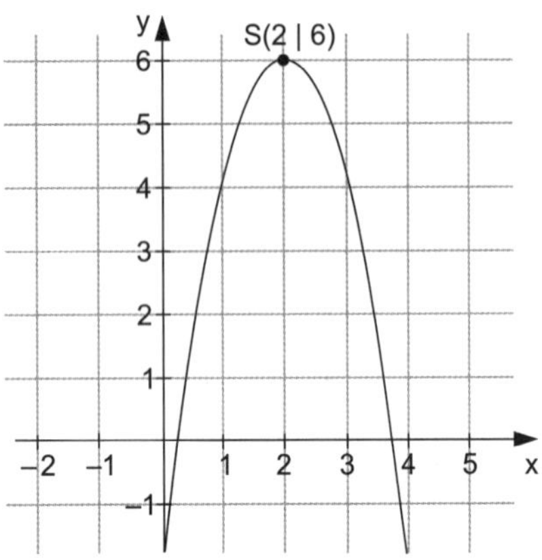

b)

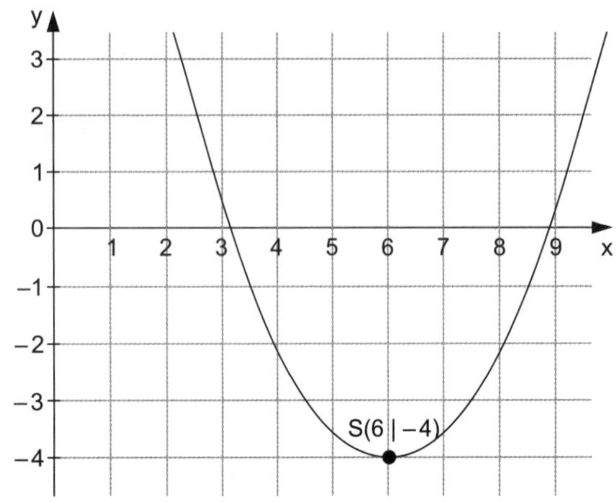

c)

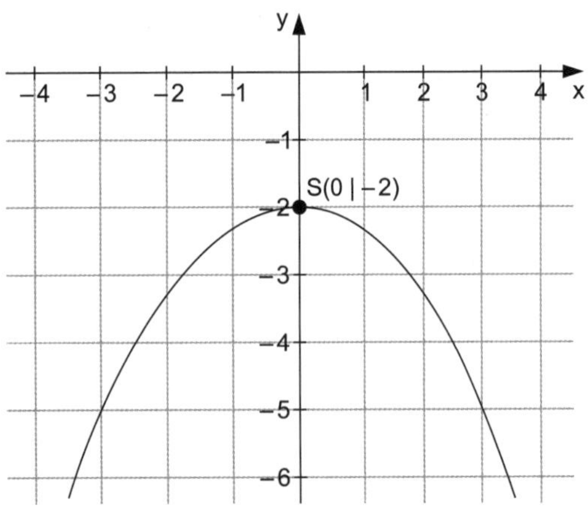

95 a) Flächeninhalt A(x) der Dreiecke ABC:

$A(x) = \frac{1}{2} \cdot g \cdot h$

Grundlinie der Dreiecke:
$g = 10$ LE

Höhe der Dreiecke:
$h = x^2 - 8x + 22 + 2$

$A(x) = \frac{1}{2} \cdot 10 \cdot (x^2 - 8x + 24)$ FE

$A(x) = 5 \cdot (x^2 - 8x + 24)$ FE

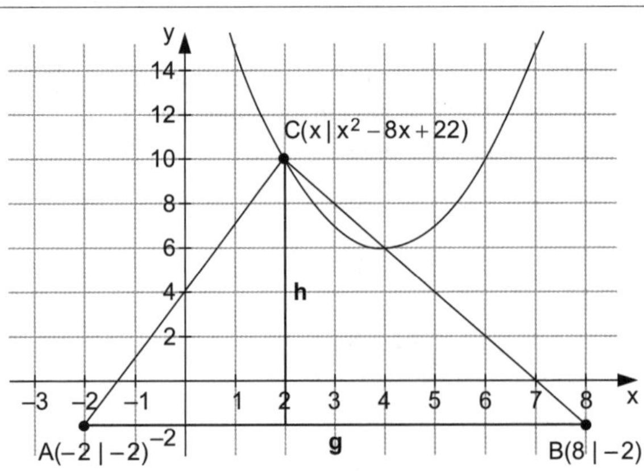

b) Der Graph des Flächenterms A(x) ist eine nach oben geöffnete Parabel. Die Dreiecksfläche muss somit ein Minimum annehmen, das sich aus dem Parabelscheitel ergibt.

$A(x) = 5 \cdot [x^2 - 8x + \mathbf{16} + 24 - \mathbf{16}]$ FE Quadratische Ergänzung
$A(x) = 5 \cdot [(x-4)^2 + 8]$ FE
$A(x) = 5 \cdot (x-4)^2 + 40$ FE
Für $x = 4$ LE wird die Dreiecksfläche mit 40 FE minimal.
Dies kann man aus der grafischen Darstellung auch ohne Rechnung ablesen. Da die Grundlinie g der Dreiecke mit 10 LE konstant ist, muss die Dreiecksfläche am kleinsten werden, wenn die Dreieckshöhe h minimal wird. Dies ist dann der Fall, wenn der Punkt C auf dem Scheitel S(4|6) der Parabel p: $y = x^2 - 8x + 22$ zu liegen kommt. Dann ist die Höhe $h = y_S + 2$ LE $= 8$ LE und die Dreiecksfläche $A = \frac{1}{2} \cdot 8$ LE $\cdot 10$ LE $= 40$ FE.

96 Setzen wir die angegebenen Werte für v_0, h und g in die gegebene Gleichung ein, so erhalten wir die Funktionsgleichung der Flugbahn der Kugel.

$$y = -\frac{10\,\frac{m}{s^2}}{13{,}5^2\,\frac{m^2}{s^2}} \cdot x^2 + x + 2{,}20\text{ m}$$

$$y = -0{,}055\,\frac{1}{m} \cdot x^2 + x + 2{,}20\text{ m}$$

Graph der Wurfparabel:

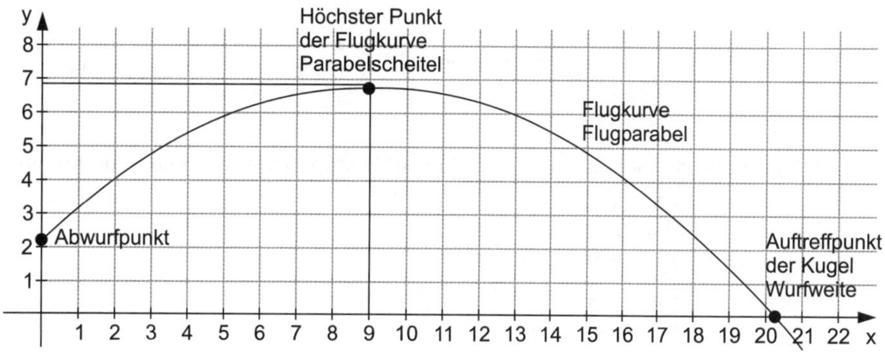

Höchster Punkt der Flugbahn:
$y_{max} = 6{,}80$ m bei $x = 9{,}0$ m
Stoßweite:
$y = 20{,}20$ m
Zur rechnerischen Ermittlung des höchsten Punktes und der Stoßweite müssen wir den Scheitel und die (positive) Nullstelle der Flugparabel bestimmen.

Scheitel $S\left(-\frac{b}{2a} \,\middle|\, c - \frac{b^2}{4a}\right)$:

$$x_S = -\frac{1}{2 \cdot (-0{,}055\,\frac{1}{m})}$$

$$x_S = 9{,}09\text{ m}$$

$$y_S = -0{,}055\,\frac{1}{m} \cdot (9{,}09\text{ m})^2 + 9{,}09\text{ m} + 2{,}20\text{ m}$$

$$y_S \approx 6{,}75\text{ m}$$

Nullstelle:

$$-0{,}055\,\frac{1}{m} \cdot x^2 + x + 2{,}20\text{ m} = 0 \qquad \left| : \left(-0{,}055\,\frac{1}{m}\right)\right.$$

$$x^2 - 18{,}18\text{ m} \cdot x - 40\text{ m}^2 = 0$$

$$x_{1/2} = \frac{18{,}18\text{ m}}{2} \pm \sqrt{\frac{330{,}51\text{ m}^2}{4} + 40\text{ m}^2}$$

$$x_1 \approx 20{,}17\text{ m} \qquad (x_2 \approx -1{,}99\text{ m})$$

Stoßweite:
$x \approx 20{,}17$ m

97 a) $y = -0{,}01x^2 + 6x - 250$

Wertetabelle:

Besucherzahl x	100	200	300	400	500
Gewinn y	250	550	650	550	250

Graph:

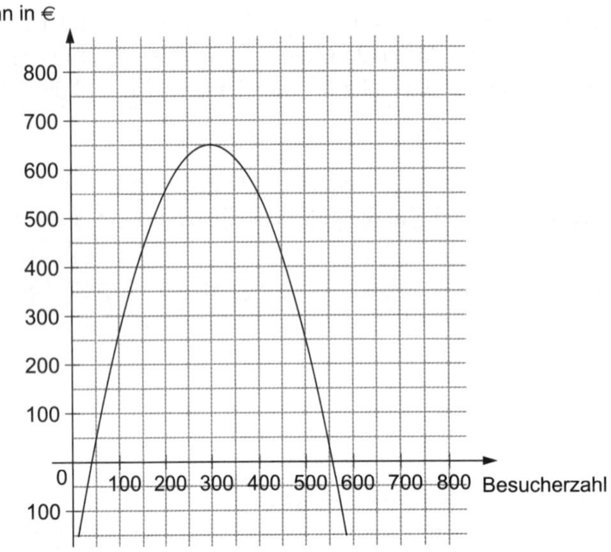

b) Hier muss der Scheitelpunkt der Parabel bestimmt werden. Die Funktion wird von der allgemeinen Form in die Scheitelform überführt.

$y = -0{,}01x^2 + 6x - 250$
$y = -0{,}01 \cdot (x^2 - 600x + 25\,000)$
$y = -0{,}01 \cdot (x^2 - 600x + 300^2 - 300^2 + 25\,000)$
$y = -0{,}01 \cdot [(x - 300)^2 - 65\,000]$
$y = -0{,}01 \cdot (x - 300)^2 + 650$

Der Scheitelpunkt liegt bei $S(300\,|\,650)$. Bei 300 Besuchern wird demnach der größte Gewinn (650 €) erzielt.

c) Für die Abnahme des Gewinns bei mehr als 300 Besuchern können verschiedene Gründe verantwortlich sein. Mögliche Beispiele:
- Die Kosten für das Personal könnten steigen, da Ordnungskräfte bezahlt werden müssen.
- Bei hoher Besucherzahl müssen weitere Stühle angeschafft werden.
- Die Reinigungskosten steigen.

---

98 a) $2x^2 - 98 = 0 \quad |+98 \quad |:2$
$x^2 = 49$
$x_{1/2} = \pm\sqrt{49}$
$x_1 = 7;\; x_2 = -7$

b) $3x^2 - \frac{108}{169} = 0 \quad \left|+\frac{108}{169}\right. \quad |:3$
$x^2 = \frac{36}{169}$
$x_{1/2} = \pm\sqrt{\frac{36}{169}}$
$x_1 = \frac{6}{13};\; x_2 = -\frac{6}{13}$

c) $(x-2)^2 + 12x = -3x^2 + (x+4)^2$
$x^2 - 4x + 4 + 12x = -3x^2 + x^2 + 8x + 16 \quad |+2x^2 - 8x - 4$
$3x^2 = 12 \quad |:3$
$x^2 = 4$
$x_{1/2} = \pm\sqrt{4}$
$x_1 = 2;\; x_2 = -2$

d) $5x^2 + 45 = 0 \quad |-45 \quad |:5$
$x^2 = -9$
$x_{1/2} = \pm\sqrt{-9}$
Es gibt keine reelle Lösung.

99 a) $2x^2+6x-20=0 \quad |:2$

$x^2+3x-10=0$

$p=3;\ q=-10$

$D=\left(\frac{3}{2}\right)^2-(-10)$

$D=\frac{49}{4} \rightarrow$ 2 Lösungen

Lösungen:

$x_{1/2}=-\frac{3}{2}\pm\sqrt{\frac{49}{4}}$

$x_{1/2}=-\frac{3}{2}\pm\frac{7}{2}$

$\mathbb{L}=\{2;-5\}$

b) $x^2-2x-15=0$

$p=-2;\ q=-15$

$D=(-1)^2-(-15)$

$D=16 \rightarrow$ 2 Lösungen

Lösungen:

$x_{1/2}=-\frac{-2}{2}\pm\sqrt{16}$

$x_{1/2}=1\pm4$

$\mathbb{L}=\{5;-3\}$

c) $(2x-5)^2=x(x-9)+19$

$4x^2-20x+25=x^2-9x+19 \quad |-x^2+9x-19$

$3x^2-11x+6=0 \quad |:3$

$x^2-\frac{11}{3}x+2=0$

$p=-\frac{11}{3};\ q=2$

$D=\left(-\frac{11}{6}\right)^2-2$

$D=\frac{49}{36} \rightarrow$ 2 Lösungen

Lösungen:

$x_{1/2}=-\frac{-\frac{11}{3}}{2}\pm\sqrt{\frac{49}{36}}$

$x_{1/2}=\frac{11}{6}\pm\frac{7}{6}$

$\mathbb{L}=\left\{3;\frac{2}{3}\right\}$

d) $3x(x-1)-2(10-x)=40+2x$

$3x^2-3x-20+2x=40+2x \quad |-40-2x$

$3x^2-3x-60=0 \quad |:3$

$x^2-x-20=0$

$p=-1;\ q=-20$

$D=\left(-\frac{1}{2}\right)^2-(-20)$

$D=\frac{81}{4} \rightarrow$ 2 Lösungen

Lösungen:

$x_{1/2}=-\frac{-1}{2}\pm\sqrt{\frac{81}{4}}$

$x_{1/2}=\frac{1}{2}\pm\frac{9}{2}$

$\mathbb{L}=\{5;-4\}$

e) I: Der Lösungsweg ist richtig. Allerdings muss die Lösung um $x=-3$ ergänzt werden, da es sich um eine quadratische Gleichung handelt.

II: Im 1. Schritt wurde auf beiden Seiten der Gleichung die Wurzel gezogen. Dabei wurde auf der linken Seite unzulässigerweise aus jedem Summanden isoliert die Wurzel gezogen. Im 2. Umformungsschritt wurde unzulässigerweise auf der linken Seite 3 addiert und auf der rechten Seite 3 subtrahiert. Die Lösungsmenge ist falsch.

Richtige Lösung:

$\frac{4}{9}x^2-9=81 \quad |+9$

$\frac{4}{9}x^2=90 \quad \left|\cdot\frac{9}{4}\right.$

$x^2=\frac{810}{4}$

$x_1=\sqrt{\frac{810}{4}}\approx14{,}23;\ x_2=-\sqrt{\frac{810}{4}}\approx-14{,}23$

100

	Länge in m	Breite in m	Flächeninhalt in m^2
Altes Rechteck	$\ell = b + 20$	b	$A_{alt} = b \cdot (b+20)$
Neues Rechteck	$\ell - 5 = b + 15$	2b	$A_{neu} = 2b \cdot (b+15)$

$$A_{neu} = A_{alt} + 936$$
$$2b \cdot (b+15) = b \cdot (b+20) + 936$$
$$2b^2 + 30b = b^2 + 20b + 936 \qquad |-b^2 - 20b - 936$$
$$b^2 + 10b - 936 = 0$$
$$p = 10; \quad q = -936$$
$$b_{1/2} = -\frac{10}{2} \pm \sqrt{\left(\frac{10}{2}\right)^2 + 936}$$
$$b_{1/2} = -5 \pm \sqrt{961}$$
$$b_1 = 26; \quad b_2 = -36$$

b_2 scheidet als Lösung aus, da die Länge nicht negativ sein kann.

	Länge in m	Breite in m	Flächeninhalt in m^2
Altes Rechteck	46	26	1 196
Neues Rechteck	41	52	2 132

101

a)
$$\frac{1}{2}x^2 + x + 2 = 0 \qquad |\cdot 2$$
$$x^2 + 2x + 4 = 0$$
$$p = 2; \quad q = 4$$
$$D = \left(\frac{2}{2}\right)^2 - 4$$
$$D = -3$$
$D < 0$: keine Nullstelle

b)
$$\frac{1}{2}x^2 - 3x - 3 = 0 \qquad |\cdot 2$$
$$x^2 - 6x - 6 = 0$$
$$p = -6; \quad q = -6$$
$$D = \left(-\frac{6}{2}\right)^2 - (-6)$$
$$D = \sqrt{15}$$
$D > 0$: zwei Nullstellen
$$x_{1/2} = -\frac{-6}{2} \pm \sqrt{15}$$
Nullstellen: $x_1 = 6{,}87; \quad x_2 = -0{,}87$

c)
$$-x^2 - 2x + 1 = 0 \qquad |\cdot(-1)$$
$$x^2 + 2x - 1 = 0$$
$$p = 2; \quad q = -1$$
$$D = \left(\frac{2}{2}\right)^2 - (-1)$$
$$D = 2$$
$D > 0$: zwei Nullstellen
$$x_{1/2} = -\frac{2}{2} \pm \sqrt{2}$$
Nullstellen: $x_1 = -2{,}41; \quad x_2 = 0{,}41$

d)
$$\frac{1}{2}x^2 - 4x + 5 = 0 \qquad |\cdot 2$$
$$x^2 - 8x + 10 = 0$$
$$p = -8; \quad q = 10$$
$$D = \left(-\frac{8}{2}\right)^2 - 10$$
$$D = 6$$
$D > 0$: zwei Nullstellen
$$x_{1/2} = -\frac{-8}{2} \pm \sqrt{6}$$
Nullstellen: $x_1 \approx 6{,}45; \quad x_2 \approx 1{,}55$

e)
$$2x^2 - 9x + 9 = 0 \qquad |:2$$
$$x^2 - 4{,}5x + 4{,}5 = 0$$
$$p = -4{,}5; \quad q = 4{,}5$$
$$D = \left(-\frac{9}{4}\right)^2 - \frac{9}{2}$$
$$D = \frac{9}{16}$$

f)
$$x^2 + 6x + 9 = 0$$
$$p = 6; \quad q = 9$$
$$D = \left(\frac{6}{2}\right)^2 - 9$$
$D = 0$: eine Nullstelle
$$x_{1/2} = -\frac{6}{2} \pm \sqrt{0}$$

D > 0: zwei Nullstellen

$x_{1/2} = -\frac{-4,5}{2} \pm \sqrt{\frac{9}{16}}$

Nullstellen: $x_1 = 3;\ x_2 = \frac{3}{2}$

Nullstelle: $x = -3$

---

102 Gleichsetzen der beiden Funktionsterme

$\frac{1}{4}x^2 + 2x - 3 = \frac{5}{4}x + 1,75 \quad \left| -\frac{5}{4}x - \frac{7}{4} \right.$

$\frac{1}{4}x^2 + \frac{3}{4}x - \frac{19}{4} = 0 \quad | \cdot 4$

$x^2 + 3x - 19 = 0$

$D = \left(\frac{3}{2}\right)^2 - (-19)$

$D = \frac{85}{4} \quad \rightarrow \quad$ 2 Schnittpunkte

$x_{1/2} = -\frac{3}{2} \pm \sqrt{\frac{85}{4}}$

$x_1 = 3,11;\ x_2 = -6,11$

$y_1 = \frac{5}{4} \cdot 3,11 + 1,75 = 5,64 \quad \rightarrow \quad S_1(3,11\,|\,5,64)$

$y_2 = \frac{5}{4} \cdot (-6,11) + 1,75 = -5,89 \quad \rightarrow \quad S_2(-6,11\,|\,-5,89)$

---

103 a) Gleichsetzen der Funktionsterme von p_1 und p_2.

$2x^2 - 4,5x - 2 = -\frac{1}{2}x^2 - 2x + 3 \quad \left| +\frac{1}{2}x^2 + 2x - 3 \right.$

$\frac{5}{2}x^2 - \frac{5}{2}x - 5 = 0 \quad \left| \cdot \frac{2}{5} \right.$

$x^2 - x - 2 = 0$

$D = \left(-\frac{1}{2}\right)^2 - (-2) = \frac{9}{4}$

Da D > 0 hat die quadratische Gleichung zwei Lösungen, d. h. p_1 und p_2 haben zwei Schnittpunkte S_1 und S_2.

$x_{1/2} = -\frac{-1}{2} \pm \sqrt{\frac{9}{4}}$

$x_{1/2} = \frac{1}{2} \pm \frac{3}{2}$

$x_1 = 2;\ x_2 = -1$

$y_1 = 2 \cdot 2^2 - 4,5 \cdot 2 - 2$

$y_1 = -3$

$S_1(2\,|\,-3)$

$y_2 = 2 \cdot (-1)^2 - 4,5 \cdot (-1) - 2$

$y_2 = 4,5$

$S_2(-1\,|\,4,5)$

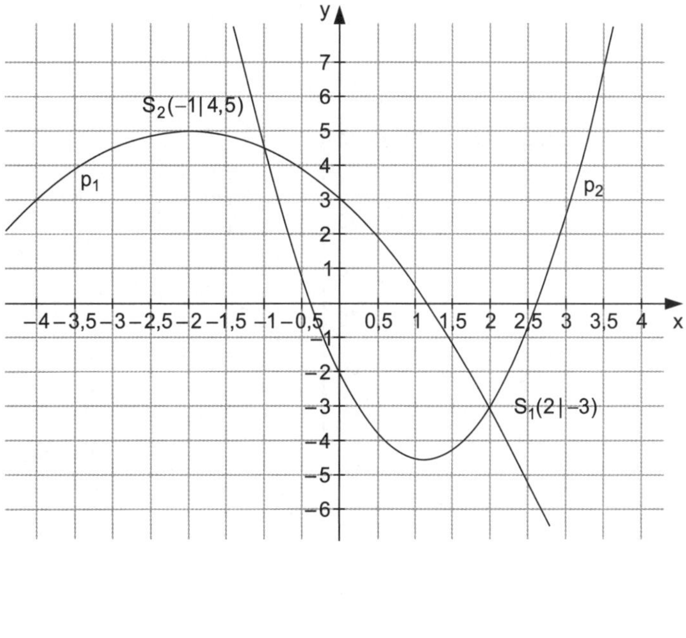

b) Funktionsterme von p_1 und p_2 gleichsetzen

$$-\frac{1}{2}x^2 - 2x - 2 = 0{,}5x^2 - 6x + 2 \qquad \left| -\frac{1}{2}x^2 + 6x - 2\right.$$

$$-x^2 + 4x - 4 = 0 \qquad |\cdot(-1)$$

$$x^2 - 4x + 4 = 0$$

$$D = \left(-\frac{4}{2}\right)^2 - 4$$

$$D = 0$$

Da die Diskriminante den Wert 0 hat, haben beide Parabeln einen Punkt gemeinsam, d. h. sie berühren sich in einem Punkt B.

$$\left.\begin{aligned} x_B &= -\frac{-4}{2} \pm \sqrt{0} = 2 \\ y_B &= -\frac{1}{2}\cdot(2)^2 - 2\cdot 2 - 2 = -8 \end{aligned}\right\} B(2\,|\,-8)$$

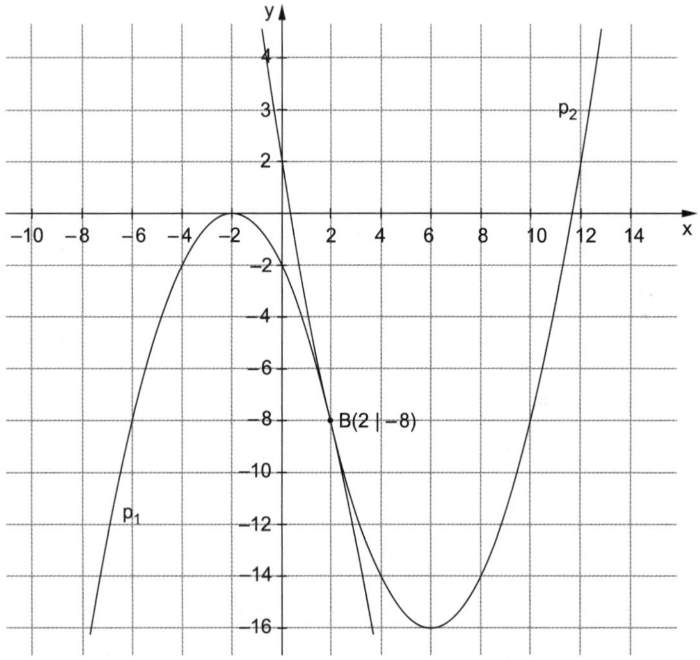

104 a) Diagramm:

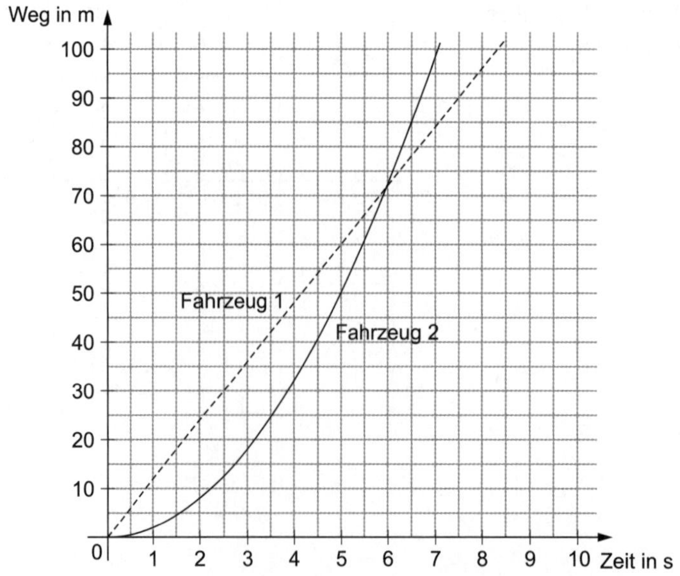

b) Peters Behauptung ist falsch.
Nach 5 Sekunden ist Fahrzeug 1 $y = 12 \cdot 5 = 60$, also 60 m gefahren.
Fahrzeug 2 ist $y = 2 \cdot 5^2 = 50$, also erst 50 m weit gefahren.

c) Beide Funktionen werden gleichgesetzt:

$$2x^2 = 12x \qquad |-12x$$
$$2x^2 - 12x = 0 \qquad |:2$$
$$x^2 - 6x = 0 \qquad |\, p = -6; q = 0$$
$$x_{1/2} = -\frac{-6}{2} \pm \sqrt{\left(\frac{-6}{2}\right)^2 - 0}$$
$$x_{1/2} = 3 \pm 3$$
$$x_1 = 6;\ x_2 = 0$$

Die beiden Fahrzeuge haben nach 0 Sekunden (Start) und nach 6 Sekunden (Überholvorgang) gleich weite Wege zurückgelegt.

4 Exponentialfunktionen und Wachstumsprozesse

105

	x	–3	–2	–1	0	1	2	3	4
a)	y		0,111	0,333	1	3	9	27	
b)	y	27	9	3	1	0,333	0,111		
c)	y		18	6	2	0,667	0,222		
d)	y		0,125	0,25	0,5	1	2	4	8
e)	y			0,083	0,25	0,75	2,25	6,75	
f)	y	–0,125	–0,25	–0,5	–1	–2	–4	–8	

a)
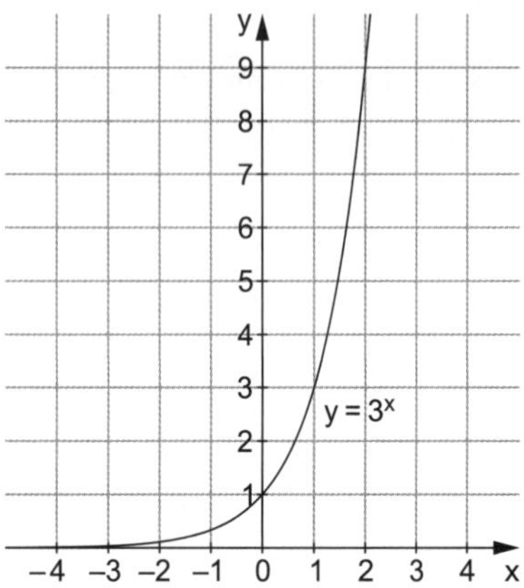

b)
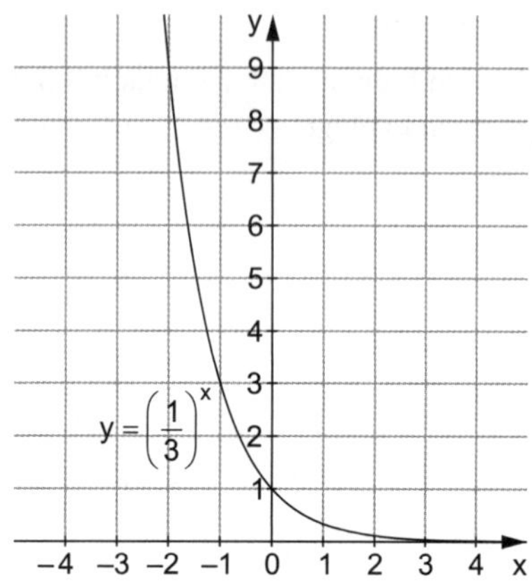

c)
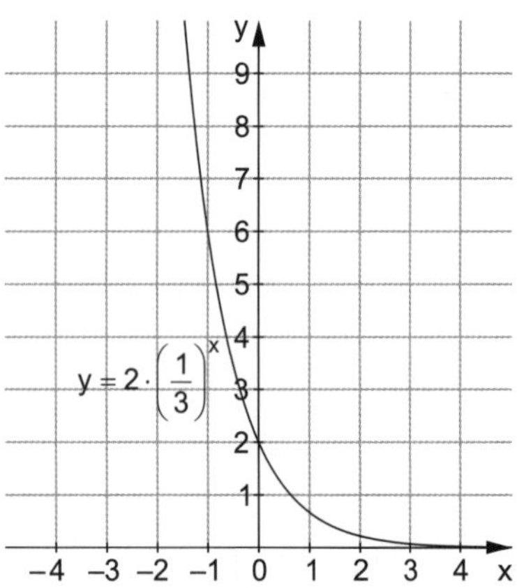

d)
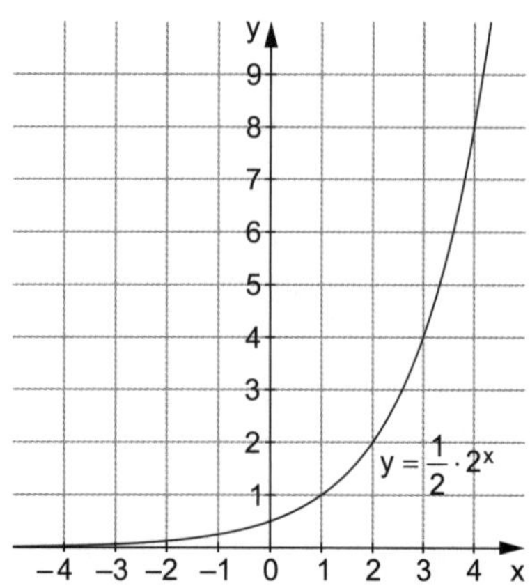

e)
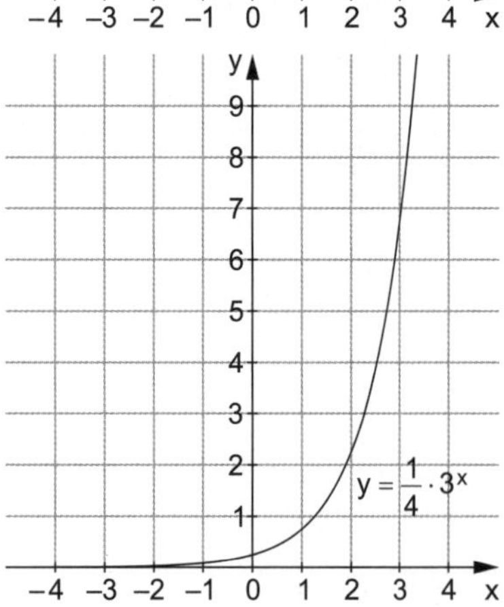

f)
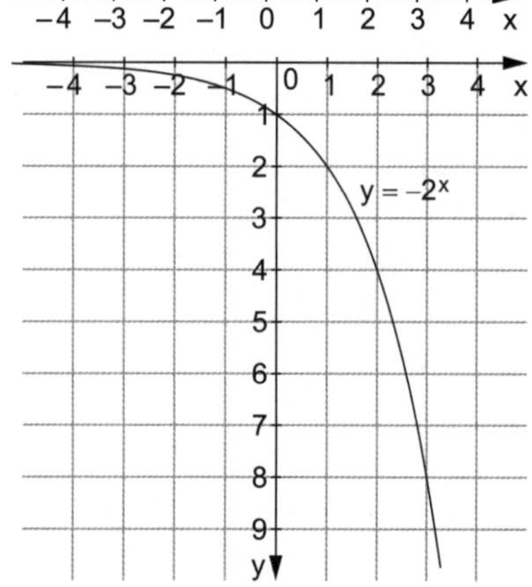

106 Einsetzen von A(0 | 0,5) in $y = c \cdot a^x$:

$y = c \cdot a^x \quad | A(0|0{,}5)$

$0{,}5 = c \cdot a^0$

$0{,}5 = c \cdot 1$

$c = 0{,}5$

Funktionsgleichung: $y = 0{,}5 \cdot 4^x$

Einsetzen von B(1 | 2) und c = 0,5:

$y = c \cdot a^x \quad | B(1|2)$

$2 = c \cdot a^1 \quad | c = 0{,}5$

$2 = 0{,}5 \cdot a \quad | \cdot 2$

$a = 4$

---

107 Wählen wir für x eine Schrittweite $s = 1$, so erhalten wir stets den Funktionswert $f(x+s)$ an der Stelle $x+s$ aus dem vorhergehenden Funktionswert $f(x)$ an der Stelle x durch Multiplikation mit dem Faktor $a^s = a^1$ bzw. den Funktionswert $f(x-s)$ an der Stelle $x-s$ aus dem nachfolgenden Funktionswert $f(x)$ an der Stelle x durch Division mit dem Faktor $a^s = a^1$.

z. B.: $f(1) = f(0+1) = 3 = 1 \cdot \mathbf{3} = f(0) \cdot \mathbf{3}$

$f(3) = f(2+1) = 27 = 9 \cdot \mathbf{3} = f(2) \cdot \mathbf{3}$

$f(4) = f(3+1) = 81 = 27 \cdot \mathbf{3} = f(3) \cdot \mathbf{3}$

$$f(-1) = f(0-1) \approx 0{,}33 \approx \frac{1}{\mathbf{3}} = \frac{f(0)}{\mathbf{3}}$$

$$f(-2) = f(-1-1) \approx 0{,}11 = \frac{0{,}33}{\mathbf{3}} \approx \frac{f(-1)}{\mathbf{3}}$$

$$f(-3) = f(-2-1) \approx 0{,}037 \approx \frac{0{,}11}{\mathbf{3}} \approx \frac{f(-2)}{\mathbf{3}}$$

In unserem Fall ist also $a^1 = 3$ und die Funktionsgleichung der Exponentialgleichung lautet: $y = 3^x$.

---

108 **Wertverlust eines Neuwagens**

a) Berechnung des Wertverlusts (25 %) nach einem Jahr:

$$P = \frac{G \cdot p}{100}$$

$$P = \frac{45\,600\,€ \cdot 25}{100}$$

$$P = 11\,400\,€$$

Berechnung des Restwerts nach einem Jahr:

$45\,600\,€ - 11\,400\,€ = 34\,200\,€$

Alternative Lösungsmöglichkeit:

Nach einem Jahr hat das Auto noch einen Wert von 100 % – 25 % = 75 % des Neupreises (verminderter Grundwert).

Berechnung des Restwerts nach einem Jahr:

$$P = \frac{G \cdot p}{100}$$

$$P = \frac{45\,600\,€ \cdot 75}{100}$$

$$P = 34\,200\,€$$

b) Anfangswert (Kaufpreis Jahreswagen): $c = 34\,200\,€$

Wachstumsfaktor: $a = 1 - \frac{p}{100} = 1 - \frac{10}{100} = 0{,}9$

Wachstumsschritte: x

Endwert (Restwert Jahreswagen nach x Jahren): y_x

Aufstellen der Funktionsgleichung:
$y_x = c \cdot a^x$
$y_x = 34\,200\,€ \cdot 0{,}9^x$

c) Restwert des Jahreswagens nach 2 Jahren:
$y_2 = c \cdot a^2$
$y_2 = 34\,200\,€ \cdot 0{,}9^2$
$y_2 = 27\,702\,€$

Restwert des Jahreswagens nach 3 Jahren:
$y_3 = c \cdot a^3$
$y_3 = 34\,200\,€ \cdot 0{,}9^3$
$y_3 = 24931{,}80\,€$

Restwert des Jahreswagens nach 4 Jahren:
$y_4 = c \cdot a^4$
$y_4 = 34\,200\,€ \cdot 0{,}9^4$
$y_4 = 22\,438{,}62\,€$

Restwert des Jahreswagens nach 10 Jahren:
$y_{10} = c \cdot a^{10}$
$y_{10} = 34\,200\,€ \cdot 0{,}9^{10}$
$y_{10} \approx 11\,924{,}80\,€$

---

109 Lottogewinn

a) Gegeben: Anfangswert: $K_0 = 1\,000\,000\,€$
Wachstumsfaktor: $q = 1 + \frac{p}{100} = 1 + \frac{1{,}5}{100} = 1{,}015$
Wachstumsschritte: 2
Gesucht: Endwert: K_2

Berechnung des Kapitals K_2 nach zwei Jahren:
$K_2 = K_0 \cdot q^2$
$K_2 = 1\,000\,000\,€ \cdot 1{,}015^2$
$K_2 = 1\,030\,225\,€$

Alternative Lösungsmöglichkeit:
Berechnung des Kapitals K_1 nach einem Jahr:
$K_1 = K_0 \cdot q$
$K_1 = 1\,000\,000\,€ \cdot 1{,}015$
$K_1 = 1\,015\,000\,€$

Berechnung des Kapitals K_1 nach einem Jahr:
$K_2 = K_1 \cdot q$
$K_2 = 1\,015\,000\,€ \cdot 1{,}015$
$K_2 = 1\,030\,225\,€$

Antwort: Nach 2 Jahren ist das Guthaben auf 1 030 225 € angewachsen.

b) Der Zahlenwert in der grau markierten Zelle steht für das verfügbare Guthaben in Höhe von 1,0614 Mio. € nach 4 Jahren.

c) Gegeben: Anfangswert: $K_0 = 1\,000\,000\,€$
Wachstumsfaktor: $q = 1{,}015$
Wachstumsschritte: 47
Gesucht: Endwert: K_{47}

Berechnung des Kapitals K_{47} nach 47 Jahren:

$K_{47} = K_0 \cdot q^{47}$

$K_{47} = 1\,000\,000\,€ \cdot 1{,}015^{47}$

$K_{47} \approx 2\,013\,279{,}10\,€$

Antwort: Da sich das Guthaben nach 47 Jahren auf über 2 Mio. € vermehren wird, hat Frederic mit seiner Behauptung recht.

---

110 Technetium

a) Gegeben: Anfangswert: $c = 100\ \%$
Wachstumsfaktor (pro 6 h): $a = 0{,}5$ (Halbierung alle 6 Stunden)
Wachstumsschritte ($18\text{ h} = 3 \cdot 6\text{ h}$): $x = 3$
Gesucht: Endwert nach 3 Wachstumsschritten: y_3

Rechnung:

$y_3 = c \cdot a^3$

$y_3 = 100\ \% \cdot 0{,}5^3$

$y_3 = 12{,}5\ \%$

Antwort: Nach 18 Stunden sind noch 12,5 % des Technetiums im Körper vorhanden.

b) Gegeben: Anfangswert: $c = 100\ \%$
Wachstumsfaktor (pro 6 h): $a = 0{,}5$
Wachstumsschritte ($2\text{ d} = 48\text{ h}$): $x = \frac{t}{T} = \frac{48\text{ h}}{6\text{ h}} = 8$
Gesucht: Endwert nach 8 Wachstumsschritten: y_8

Rechnung:

$y_8 = c \cdot a^8$

$y_8 = 100\ \% \cdot 0{,}5^8$

$y_8 \approx 0{,}39\ \%$

Antwort: Ja, nach 2 Tagen ist noch etwas Technetium im Körper vorhanden. Jedoch sind es nur noch 0,39 % der ursprünglichen Menge.

---

111 Bevölkerungsentwicklung

a) Anfangswert (Bevölkerung 2019): $c = 83\,000\,000$
Wachstumsfaktor: a
Wachstumsschritte (Anzahl Jahre): $x = 2050 - 2019 = 31$
Endwert (Bevölkerung 2050): $y = 70\,000\,000$ oder $y = 87\,000\,000$

Aufstellen der Gleichung:

$$y = c \cdot a^x$$

$$70\,000\,000 = 83\,000\,000 \cdot a^{31}$$

oder: $87\,000\,000 = 83\,000\,000 \cdot a^{31}$

b) Der Wert für den Wachstumsfaktor a muss kleiner als 1 sein, wenn der Endwert kleiner als der Anfangswert ist (Fall: $y = 70$ Mio.) und größer als 1 sein, wenn der Endwert größer als der Anfangswert ist (Fall: $y = 87$ Mio.).

c) Ausgehend von der Gleichung in Teilaufgabe a

$y = 83\,000\,000 \cdot a^{31}$

muss man bei einer Abnahme von jährlich 1 % für a einen Wert von $a = 1 - \frac{p}{100} = 1 - \frac{1}{100} = 0{,}99$ einsetzen:

$y = 83\,000\,000 \cdot 0{,}99^{31}$

$y \approx 60\,800\,000$

Somit würden bei jährlicher Abnahme von 1 % im Jahr 2050 nur noch ca. 60,8 Millionen Menschen in Deutschland leben. Die jährliche prozentuale Abnahme muss demnach deutlich geringer als 1 % sein.

d) Ausgehend von der Gleichung in Teilaufgabe a

$y = 83 \cdot a^{31}$

musst man bei einer Zunahme von jährlich 2 % für a einen Wert von $a = 1 + \frac{p}{100} = 1 + \frac{2}{100} = 1{,}02$ einsetzen:

$y = 83\,000\,000 \cdot 1{,}02^{31}$

$y \approx 153\,300\,000$

Die Einwohnerzahl von Deutschland würde demnach bei über 153 Millionen Menschen liegen.

---

112 a) Durch Exponentenvergleich erhält man:

$2^x = \frac{1}{16}$

$2^x = \frac{1}{2^4}$

$2^x = 2^{-4}$ Exponentenvergleich

$x = -4$

Durch Probieren erhält man:

$2^{-4} = \frac{1}{16} \Rightarrow x = -4$

Mit dem rechnerischen Verfahren erhält man:

$2^x = \frac{1}{16}$ Logarithmieren

$x \lg 2 = \lg \frac{1}{16}$ $\quad |: \lg 2$

$x = \frac{\lg \frac{1}{16}}{\lg 2}$

$x = -4$

b) Durch Exponentenvergleich erhält man:

$3^x - 81 = 0$ $\quad | +81$

$3^x = 81$

$3^x = 3^4$ Exponentenvergleich

$x = 4$

Durch Probieren erhält man:

$3^4 - 81 = 0 \Rightarrow x = 4$

Mit dem rechnerischen Verfahren erhält man:

$3^x - 81 = 0$ $\quad | +81$

$3^x = 81$ Logarithmieren

$x \cdot \lg 3 = \lg 81$ $\quad |: \lg 3$

$x = \frac{\lg 81}{\lg 3}$

$x = 4$

c) Durch Exponentenvergleich erhält man:

$3^x - 729 = 1\,458$ $\quad | +729$

$3^x = 3^7$ Exponentenvergleich

$x = 7$

Durch Probieren erhält man:

$3^7 - 729 = 1\,458 \Rightarrow x = 7$

Mit dem rechnerischen Verfahren erhält man:

$3^x - 729 = 1\,458$ $\quad | +729$

$3^x = 2\,187$ Logarithmieren

$x \cdot \lg 3 = \lg 2\,187$ $\quad |: \lg 3$

$x = \frac{\lg 2\,187}{\lg 3}$

$x = 7$

d) Durch Exponentenvergleich erhält man:

$2^x - \frac{4}{5} = 3{,}2$ $\quad \left| +\frac{4}{5}\right.$

$2^x = 4$

$2^x = 2^2$ Exponentenvergleich

$x = 2$

Durch Probieren erhält man:

$2^2 - \frac{4}{5} = 3{,}2 \Rightarrow x = 3{,}2$

Mit dem rechnerischen Verfahren erhält man:

$2^x - \frac{4}{5} = 3{,}2$ $\quad \left| +\frac{4}{5}\right.$

$2^x = 4$ Logarithmieren

$x \lg 2 = \lg 4$ $\quad |: \lg 2$

$x = \frac{\lg 4}{\lg 2}$

$x = 2$

113 Kapital

a) Gegeben: Anfangswert (Startkapital): $K_0 = 1\,000$ €

Wachstumsfaktor: Zinssatz: $p\,\% = 8{,}00\,\% \Rightarrow q = 1 + \frac{p}{100} = 1 + \frac{8}{100} = 1{,}08$

Endwert: $K_n = 2 \cdot K_0 = 2 \cdot 1\,000\text{ €} = 2\,000\text{ €}$

Gesucht: Wachstumsschritte (Zeit, in der sich das Kapital verdoppelt): n

Rechnung:

$$K_n = K_0 \cdot q^n$$

$$2\,000\text{ €} = 1\,000\text{ €} \cdot 1{,}08^n$$

Durch Probieren erhält man $n \approx 9$ Jahre.

Durch Logarithmieren erhält man:

$$2\,000\text{ €} = 1\,000\text{ €} \cdot 1{,}08^n \quad |:1\,000\text{ €}$$

$$2 = 1{,}08^n \quad |\lg$$

$$\lg 2 = n \cdot \lg 1{,}08 \quad |:\lg 1{,}08$$

$$\frac{\lg 2}{\lg 1{,}08} = n$$

$$n \approx 9{,}006$$

Das Kapital verdoppelt sich in ca. 9 Jahren.

b) Behauptung: Die Verdoppelung des Kapitals hängt nicht vom Anfangskapital ab.

Es gilt:

$$2 \cdot K_0 = K_0 \cdot 1{,}08^n \quad |:K_0$$

$$2 = 1{,}08^n$$

Der Term $2 = 1{,}08^n$, in dem K_0 nicht vorkommt, zeigt, dass die Zeit n nicht vom Anfangskapital K_0 abhängt.

c) Behauptung: Wird der Zinssatz verdoppelt, halbiert sich die Zeit, in der sich das Kapital verdoppelt.

In der Teilaufgabe a ist der Zinssatz 8 %. Überprüfe die Aussage an zwei Zahlenbeispielen.

Beispiel 1: Zinssatz 4 % (Halbierung)

$$2\,000\text{ €} = 1\,000\text{ €} \cdot q^n \quad \left| q = 1 + \frac{4}{100} = 1{,}04\right.$$

$$2\,000\text{ €} = 1\,000\text{ €} \cdot 1{,}04^n$$

Durch Probieren erhält man $x \approx 18$ Jahre.

Durch Logarithmieren erhält man:

$$2\,000\text{ €} = 1\,000\text{ €} \cdot 1{,}04^n \quad |:1\,000\text{ €}$$

$$2 = 1{,}04^n \quad |\lg$$

$$\lg 2 = n \cdot \lg 1{,}04 \quad |:\lg 1{,}04$$

$$\frac{\lg 2}{\lg 1{,}04} = n$$

$$n \approx 17{,}7 \text{ Jahre}$$

Für dieses Zahlenbeispiel ist die Aussage nahezu zutreffend.

Beispiel 2: Zinssatz 16 % (Verdopplung)

$$2\,000\text{ €} = 1\,000\text{ €} \cdot q^n \quad \left| q = 1 + \frac{16}{100} = 1{,}16\right.$$

$$2\,000\text{ €} = 1\,000\text{ €} \cdot 1{,}16^n$$

Durch Probieren erhält man $x \approx 5$ Jahre.

Durch Logarithmieren erhält man:

$$2\,000\,€ = 1\,000\,€ \cdot 1{,}16^n \quad |:1\,000\,€$$
$$2 = 1{,}16^n \quad |\lg$$
$$\lg 2 = n \cdot \lg 1{,}16 \quad |:\lg 1{,}16$$
$$\frac{\lg 2}{\lg 1{,}16} = n$$
$$n \approx 4{,}7 \text{ Jahre}$$

Die ursprüngliche Aussage ist also nicht korrekt. Dennoch gibt die Aussage eine grobe Orientierung über die Zeit (in Jahren), in der sich das Anfangskapital verdoppelt.

---

114 Wachstum von Wasserlinsen

a) Gegeben: Annahme: Eine Handfläche hat eine Fläche von ca. 150 cm^2. (Mit einem annähernd gleichen Schätzwert kommt man ebenfalls zu den gleichen Ergebnissen)
Teichfläche: 7 m^2 = 70 000 cm^2
Anfangswert (Anfangsfläche der Wasserlinsen): $c = 150\ cm^2$
Wachstumsfaktor: $a = 2$ (verdoppelt sich täglich)
Wachstumsschritte (Anzahl der Tage): $x = 28$ (4 Wochen)

Gesucht: Endwert (bewachsene Fläche): y

Es gibt mehrere mögliche Lösungsansätze.

Lösungsansatz 1:
Welche Fläche könnte nach 28 Tagen bedeckt sein?

Rechnung:

$$y = c \cdot a^x$$
$$y = 150\ cm^2 \cdot 2^{28}$$
$$y \approx 4 \cdot 10^{10}\ cm^2 = 4 \cdot 10^6\ m^2$$

Der Teich ist nach dem Urlaub längst zugewuchert, wenn keine Linsen entfernt werden.

Lösungsansatz 2:
Nach wie viel Tagen ist dieser Teich (7 m^2) komplett mit Wasserlinsen bedeckt?

Rechnung:

$$70\,000\ cm^2 = 150\ cm^2 \cdot 2^x$$

Durch Probieren erhält man für $x \approx 9$ Tage.

Durch Logarithmieren erhält man:

$$70\,000\ cm^2 = 150\ cm^2 \cdot 2^x \quad |:150\ cm^2$$
$$\frac{70\,000}{150} = 2^x \quad |\lg$$
$$\lg\frac{70\,000}{150} = x \cdot \lg 2$$
$$x = \frac{\lg\frac{70\,000}{150}}{\lg 2}$$
$$x = 8{,}86\ldots \text{ Tage}$$
$$x \approx 9 \text{ Tage}$$

Bei diesem Wachstum ist der Teich bereits nach etwa 9 Tagen zugewuchert.

b) Bei dieser Aussage geht man von einem linearen Wachstum aus. Der Gedankenfehler besteht darin, dass die Verdoppelung vom ersten zum zweiten Tag als tägliche Vermehrung um eine Handfläche (Annahme: $\approx 150\ cm^2$) auch für die weiteren Tage angesehen wird.
Der Aussage liegt folgende Funktion zugrunde: $y = m \cdot x$ (y = bedeckte Fläche, $m = \frac{150\ cm^2}{1\ Tag}$, x = Anzahl der Tage). Es liegt jedoch in Wirklichkeit keine lineare Zuordnung vor.

---

5 Grafische Darstellungen und Diagramme

115 a)

Gefahrene Kilometer	0	1	2	5	10	20	50
Kosten in €	0	2	4	10	20	40	100

b) 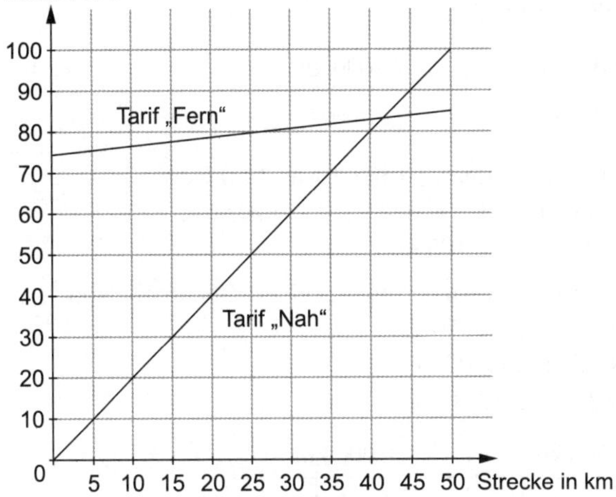

c) Da beim Tarif „Nah“ pro Kilometer Kosten in Höhe von 2,00 € entstehen und die Benzinkosten nicht beachtet werden, muss die Steigung des Graphen $2,00\frac{€}{km}$ sein. Da keine weiteren Kosten anfallen, ist der y-Achsenabschnitt 0 und die Gleichung $y = 2,00\frac{€}{km} \cdot x$ sinnvoll.

d)

Gefahrene Kilometer	0	1	2	5	10	20	50
Kosten in €	75	75,20	75,40	76,00	77,00	79,00	85,00

Berechnungen:

$0 \rightarrow 75$
$1 \rightarrow 75+1\cdot 0{,}20=75{,}20$
$2 \rightarrow 75+2\cdot 0{,}20=75{,}40$
$5 \rightarrow 75+5\cdot 0{,}20=76{,}00$
$10 \rightarrow 75+10\cdot 0{,}20=77{,}00$
$20 \rightarrow 75+20\cdot 0{,}20=79{,}00$
$50 \rightarrow 75+50\cdot 0{,}20=85{,}00$

e) siehe Teilaufgabe b

f) $y = 0,20\frac{€}{km} \cdot x + 75\,€$

g) Die Kosten für eine Umzugsstrecke von 45 km lassen sich wie folgt berechnen:

Tarif „Nah“: $y = 2,00\frac{€}{km} \cdot 45\text{ km} = 90\,€$

Tarif „Fern“: $y = 0,20\frac{€}{km} \cdot 45\text{ km} + 75\,€ = 9\,€ + 75\,€ = 84\,€$

Bei einer Umzugsstrecke von 45 km ist der Tarif „Fern“ günstiger.

h) Anhand der Graphen in Teilaufgabe b lässt sich – je nach Zeichengenauigkeit – ein Wert von ca. 42 € ablesen. Den genauen Wert erhält man nur durch Gleichsetzen der beiden Gleichungen:

$$2,00\frac{€}{km} \cdot x = 0,20\frac{€}{km} \cdot x + 75\,€ \quad \Big| -0,20\frac{€}{km} \cdot x$$

$$1,80\frac{€}{km} \cdot x = 75\,€ \quad \Big| :1,80\frac{€}{km}$$

$$x = \frac{75\,€}{1,80\frac{€}{km}}$$

$$x \approx 41,67\text{ km}$$

Der Tarif „Fern“ ist ab einer Wegstrecke von 41,7 km günstiger. Die Benzinkosten brauchen beim Vergleich der Tarife nicht beachtet werden, da sie für beide Tarife gleich hoch anfallen.

116 a) Pro 100 km benötigt der Diesel-Pkw 5 Liter Diesel, 1 Liter kostet 1,30 €.
Also entstehen auf 100 km Fahrstrecke Spritkosten in Höhe von $5 \cdot 1{,}30\ € = 6{,}50\ €$.
Pro Kilometer entstehen Spritkosten von $6{,}50\ € : 100 = 0{,}065\ €$.

Damit betragen die jährlichen Kosten inkl. Steuer und Versicherung bei einer Fahrstrecke von
10 000 km: $1\,000\ € + 10\,000 \cdot 0{,}065\ € = 1\,000\ € + 650\ € = 1\,650\ €$
15 000 km: $1\,000\ € + 15\,000 \cdot 0{,}065\ € = 1\,000\ € + 975\ € = 1\,975\ €$
20 000 km: $1\,000\ € + 20\,000 \cdot 0{,}065\ € = 1\,000\ € + 1\,300\ € = 2\,300\ €$

Fahrleistung	10 000 km	15 000 km	20 000 km
Kosten	1 650 €	1 975 €	2 300 €

b) Pro 100 km benötigt der Pkw mit Benzinmotor 7 Liter Super, 1 Liter kostet 1,50 €.
Also entstehen auf 100 km Fahrstrecke Spritkosten in Höhe von $7 \cdot 1{,}50\ € = 10{,}50\ €$.
Pro Kilometer entstehen Spritkosten von $10{,}50\ € : 100 = 0{,}105\ €$.

Damit betragen die jährlichen Kosten inkl. Steuer und Versicherung bei einer Fahrstrecke von
10 000 km: $500\ € + 10\,000 \cdot 0{,}105\ € = 500\ € + 1\,050\ € = 1\,550\ €$
15 000 km: $500\ € + 15\,000 \cdot 0{,}105\ € = 500\ € + 1\,575\ € = 2\,075\ €$
20 000 km: $500\ € + 20\,000 \cdot 0{,}105\ € = 500\ € + 2\,100\ € = 2\,600\ €$

Fahrleistung	10 000 km	15 000 km	20 000 km
Kosten	1 550 €	2 075 €	2 600 €

c)

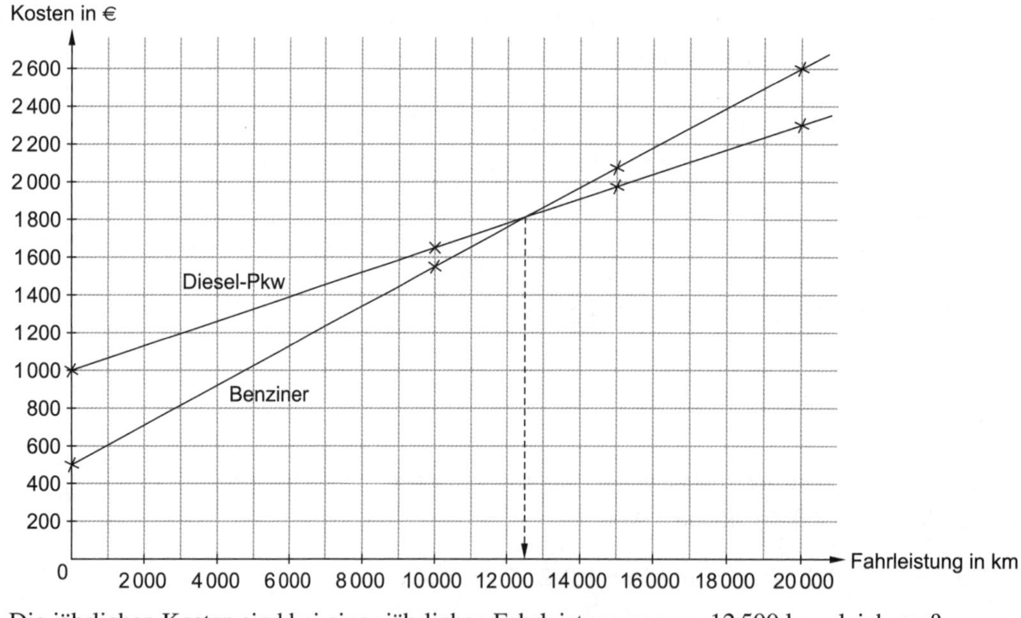

Die jährlichen Kosten sind bei einer jährlichen Fahrleistung von ca. 12 500 km gleich groß.

d) Bei einer jährlichen Fahrleistung von 20 000 km entstehen jährliche Kosten von 2 300 € beim Diesel-Pkw bzw. 2 600 € beim Benziner (vgl. Teilaufgabe a bzw. b).

Also spart man mit dem Diesel-Pkw jährlich 300 €.

Damit sich die höheren Anschaffungskosten von 3 500 € beim Diesel-Pkw lohnen, muss man ihn mindestens $3\,500 : 300 \approx 12$ Jahre fahren.

117 a)

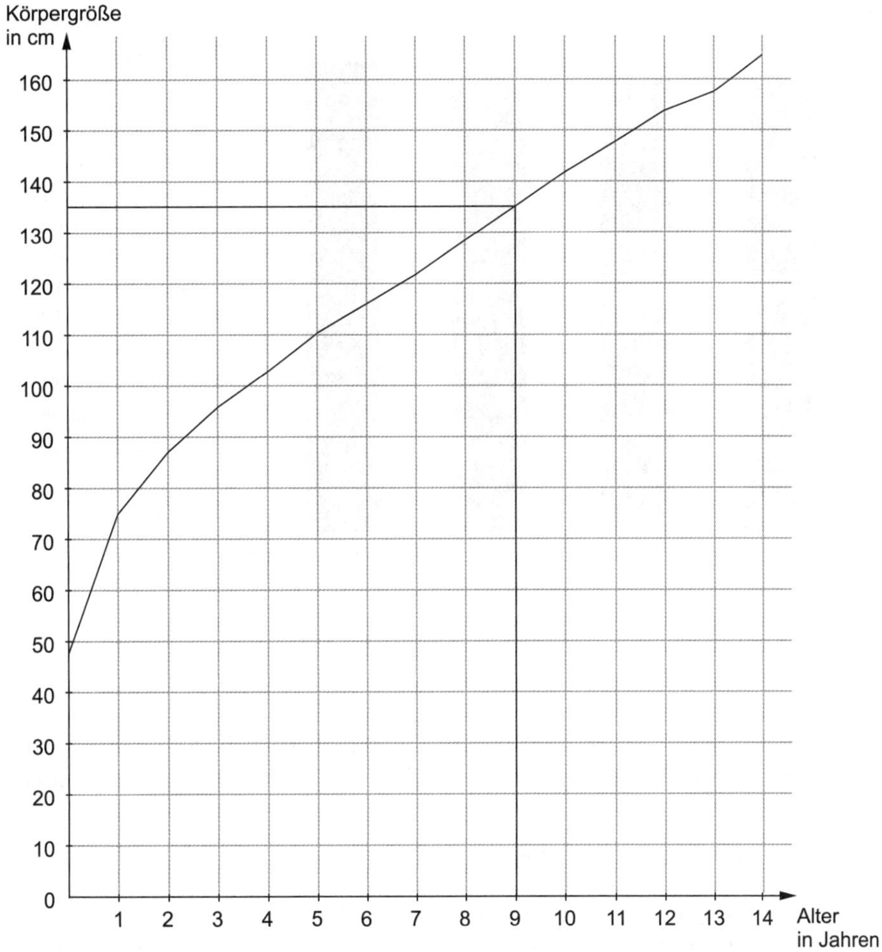

b) Ein Mädchen ist mit 9 Jahren im Schnitt 134 cm groß. (Ablesen siehe a)

c) Ein Mädchen wächst im ersten Lebensjahr durchschnittlich von 48 cm auf 75 cm, also um 27 cm.

d) Da ein Kind bei seiner Geburt schon eine gewisse Körpergröße hat, muss eine Körpergröße größer 0 vorliegen. Ein Gegenstand mit Körpergröße 0 wäre unsichtbar, aus physikalischer Sicht dürfte er nicht existieren. Selbst bei der Zeugung ist die „Körpergröße" größer als 0 cm – wenn auch nur geringfügig!

e) Ein Mädchen wächst im ersten Lebensjahr durchschnittlich am meisten. Man erkennt dies daran, dass für diesen Zeitraum die Steigung des Graphen am größten ist.

f) Vom 3. Geburtstag bis zum Alter von 14 Jahren vergehen 11 Jahre; wenn ein Mädchen 9 cm pro Jahr wüchse, wären dies in 11 Jahren $9 \cdot 11 = 99$ cm. Da ein Mädchen mit 3 Jahren im Schnitt schon 96 cm groß ist, wäre es dann mit 14 Jahren durchschnittlich $96 + 99 = 195$ cm groß.

g) Zwischen 12 und 14 Jahren wächst ein Mädchen im Schnitt von 154 cm auf 165 cm, also um 11 cm. Dies entspricht $11 : 154 \cdot 100\ \% \approx 7{,}14\ \%$.

118 a)

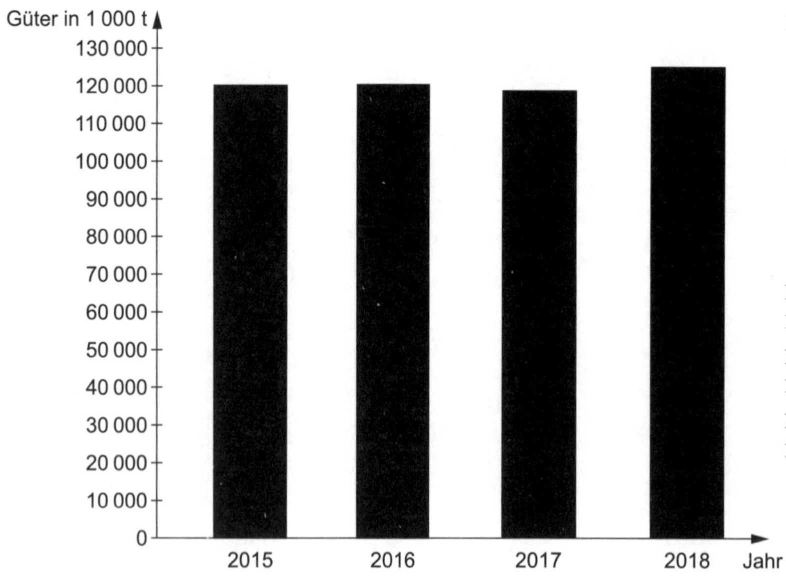

Berechnung der Säulenhöhe für 2015:

$10\,000 \mathrel{\hat{=}} 5\text{ mm}$

$1 \mathrel{\hat{=}} \frac{5\text{ mm}}{10\,000}$

$120\,171 \mathrel{\hat{=}} \frac{5\text{ mm} \cdot 120\,171}{10\,000}$

$= 5\text{ mm} \cdot \frac{120\,171}{10\,000}$

$= 5\text{ mm} \cdot 12{,}0171 \approx 60{,}1\text{ mm}$

Berechnung der Säulenhöhe für 2016:
$120\,319 \mathrel{\hat{=}} 5\text{ mm} \cdot 12{,}0319 \approx 60{,}2\text{ mm}$

Berechnung der Säulenhöhe für 2017:
$118\,761 \mathrel{\hat{=}} 5\text{ mm} \cdot 11{,}8761 \approx 59{,}4\text{ mm}$

Berechnung der Säulenhöhe für 2018:
$125\,081 \mathrel{\hat{=}} 5\text{ mm} \cdot 12{,}5081 \approx 62{,}5\text{ mm}$

b) Arithmetisches Mittel:

$$\overline{m} = \frac{120\,319 + 52\,294 + 20\,181 + 20\,959}{4} = \frac{213\,753}{4} \approx 53\,438 \text{ (in 1 000 t)}$$

Zentralwert:
Die mittleren der 4 Werte in der aufsteigenden Werteliste (20 181; 20 959; 52 294; 120 319) sind die Werte von Rostock (20 959) und Bremerhaven (52 294). Bei 4 Werten ist Zentralwert z das arithmetische Mittel dieser beiden Werte, also:

$$z = \frac{20\,959 + 52\,294}{2} = \frac{73\,253}{2} \approx 36\,627 \text{ (in 1 000 t)}$$

Der Zentralwert ist deutlich kleiner als das arithmetische Mittel. Dies liegt daran, dass der Hamburger Hafen mit seiner großen Abweichung nach oben das arithmetische Mittel stark beeinflusst und anhebt.

c) Hamburg:

$p = \frac{125\,081 \cdot 100}{120\,171}$

$p \approx 104{,}1$

$p\,\% = 104{,}1\,\%$

Bremerhaven:

$p = \frac{51\,160 \cdot 100}{49\,753}$

$p \approx 102{,}9$

$p\,\% = 102{,}9\,\%$

Der Güterumschlag stieg von 2015 bis 2018 im Hamburger Hafen um 4,1 %, in Bremerhaven um 2,9 %.

d) Im Diagramm wurde die y-Achse (Güterumschlagsmenge in 1 000 t) erst mit dem Wert 40 000 begonnen. Deshalb fehlt beim Hafen von Bremerhaven der größte Teil der Umschlagsmenge. So entsteht der Eindruck, dass in Bremerhaven nahezu keine Güter umgeschlagen werden.

e) Hier wurde bei den Säulen die Höhe richtig dargestellt. Allerdings wurden die Säulen nun in der Breite variiert, wobei die Säulen für den Hamburger Hafen von Jahr zu Jahr breiter die für Bremerhaven immer schmaler werden. Durch den Zuwachs an Fläche, der durch die größere Breite entsteht, wird der Zuwachs beim Hamburger Hafen optisch überbetont, das eigentlich gleichbleibende Niveau in Bremerhaven erscheint so wie eine Abnahme, vor allem im Vergleich zu Hamburg.

6 Ähnlichkeit

119 $D_1 \sim D_2$

$\frac{a_1}{a_2} = 3$

$\frac{b_1}{b_2} = 3$

$\frac{c_1}{c_2} = 3$

D_2 und D_3 sind nicht ähnlich, da die Verhältnisse entsprechender Seitenlängen nicht den gleichen Wert (k) haben.

$D_4 \sim D_5$

$\alpha_4 = \beta_5$

$\beta_4 = \alpha_5$

$\gamma_4 = \gamma_5$

---

120 $\overline{A'B'} = k \cdot \overline{AB}$

$\overline{A'B'} = \frac{1}{2} \cdot 12\text{ cm}$

$\overline{A'B'} = 6\text{ cm}$

$\overline{A'C'} = k \cdot \overline{AC}$

$\overline{A'C'} = \frac{1}{2} \cdot 5\text{ cm}$

$\overline{A'C'} = 2{,}5\text{ cm}$

$\overline{B'C'} = k \cdot \overline{BC}$

$\overline{B'C'} = \frac{1}{2} \cdot 13\text{ cm}$

$\overline{B'C'} = 6{,}5\text{ cm}$

Dreieck ABC ist rechtwinklig, wobei der rechte Winkel bei A liegt: $\alpha = 90°$.

$A_{\Delta ABC} = \frac{1}{2} \cdot \overline{AB} \cdot \overline{AC}$

$A_{\Delta ABC} = \frac{1}{2} \cdot 12\text{ cm} \cdot 5\text{ cm}$

$A_{\Delta ABC} = 30\text{ cm}^2$

$A_{\Delta A'B'C'} = k^2 \cdot A_{\Delta ABC}$

$A_{\Delta A'B'C'} = \frac{1}{4} \cdot 30\text{ cm}^2$

$A_{\Delta A'B'C'} = 7{,}5\text{ cm}^2$

---

121 a) $Z = A;\ k = \frac{3}{2}$

$\overline{A'B'} = \frac{3}{2} \cdot \overline{AB}$

$\overline{A'B'} = 7{,}5\text{ cm}$

$\overline{A'C'} = \frac{3}{2} \cdot \overline{AC}$

$\overline{A'C'} = 6\text{ cm}$

$\overline{B'C'} = \frac{3}{2} \cdot \overline{BC}$

$\overline{B'C'} = 4{,}5\text{ cm}$

Für Dreieck ABC gilt:

$\overline{AB}^2 = \overline{AC}^2 + \overline{BC}^2$

$(5\text{ cm})^2 = (4\text{ cm})^2 + (3\text{ cm})^2$

$25\text{ cm}^2 = 16\text{ cm}^2 + 9\text{ cm}^2$

Das Dreieck ABC ist somit nach dem Satz des Pythagoras (s. 7.1) bei C rechtwinklig.

Der Flächeninhalt des Dreiecks ist damit:

$A_{\Delta ABC} = \frac{1}{2} \cdot \overline{AC} \cdot \overline{BC}$

$A_{\Delta ABC} = \frac{1}{2} \cdot 4\text{ cm} \cdot 3\text{ cm}$

$A_{\Delta ABC} = 6\text{ cm}^2$

$A_{\Delta A'B'C'} = \left(\frac{3}{2}\right)^2 \cdot 6\text{ cm}^2$

$A_{\Delta A'B'C'} = 13{,}5\text{ cm}^2$

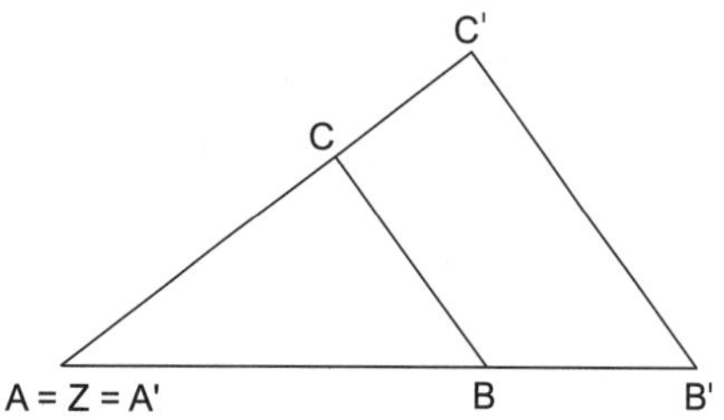

b) $Z = S;\ k = 3$

$\overline{ZA'} = 3 \cdot \overline{ZA}$

$\overline{ZB'} = 3 \cdot \overline{ZB}$

$\overline{ZC'} = 3 \cdot \overline{ZC}$

$\overline{A'B'} = 3 \cdot \overline{AB}$

$\overline{A'B'} = 3 \cdot 5\text{ cm}$

$\overline{A'B'} = 15\text{ cm}$

$\overline{A'C'} = 3 \cdot \overline{AC}$

$\overline{A'C'} = 3 \cdot 4\text{ cm}$

$\overline{A'C'} = 12\text{ cm}$

$\overline{B'C'} = 3 \cdot \overline{BC}$

$\overline{B'C'} = 3 \cdot 3\text{ cm}$

$\overline{B'C'} = 9\text{ cm}$

$A_{\Delta A'B'C'} = 3^2 \cdot A_{\Delta ABC}$

$A_{\Delta A'B'C'} = 9 \cdot 6\text{ cm}^2$

$A_{\Delta A'B'C'} = 54\text{ cm}^2$

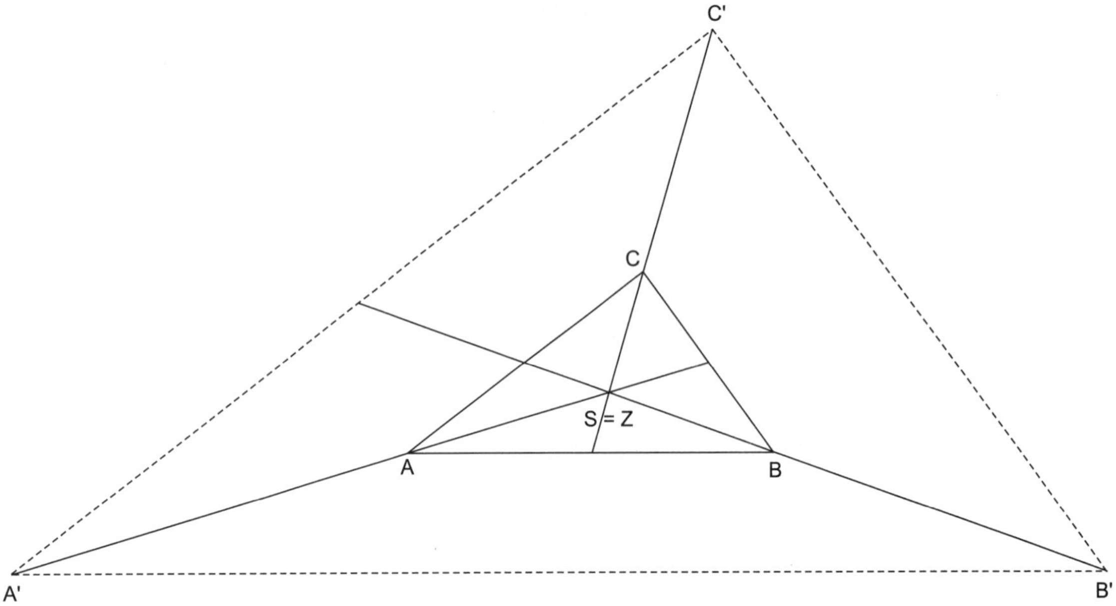

c) Z ist ein beliebiger Punkt außerhalb des Dreiecks; $k = \frac{2}{3}$

$\overline{ZA'} = \frac{2}{3} \cdot \overline{ZA}$ $\qquad$ $\overline{ZB'} = \frac{2}{3} \cdot \overline{ZB}$ $\qquad$ $\overline{ZC'} = \frac{2}{3} \cdot \overline{ZC}$

$\overline{A'B'} = \frac{2}{3} \cdot 5\text{ cm}$ $\qquad$ $\overline{A'C'} = \frac{2}{3} \cdot 4\text{ cm}$ $\qquad$ $\overline{B'C'} = \frac{2}{3} \cdot 3\text{ cm}$

$\overline{A'B'} \approx 3{,}3\text{ cm}$ $\qquad$ $\overline{A'C'} \approx 2{,}7\text{ cm}$ $\qquad$ $\overline{B'C'} = 2\text{ cm}$

$A_{\Delta A'B'C'} = \left(\frac{2}{3}\right)^2 \cdot 6\text{ cm}^2$

$A_{\Delta A'B'C'} \approx 2{,}7\text{ cm}^2$

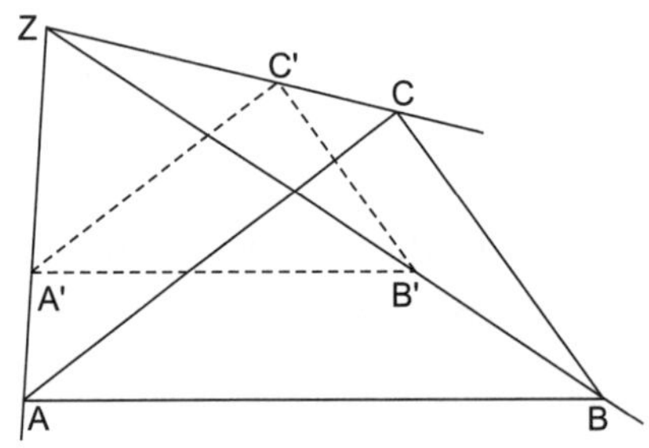

d) Das vergrößerte Dreieck A'B'C' soll doppelt so groß sein, also muss gelten: $A_{\Delta A'B'C'} = 2 \cdot A_{\Delta ABC}$

Eingesetzt in $A_{\Delta A'B'C'} = k^2 \cdot A_{\Delta ABC}$ erhält man daraus:

$$2 \cdot A_{\Delta ABC} = k^2 \cdot A_{\Delta ABC} \quad |: A_{\Delta ABC}$$
$$2 = k^2$$
$$k_1 = -\sqrt{2}$$
$$k_2 = \sqrt{2}$$

Da das Dreieck ABC vergrößert wurde, muss $k > 0$ sein. Der gesuchte Faktor ist demnach $k = \sqrt{2}$.

122 a) Konstruktion:

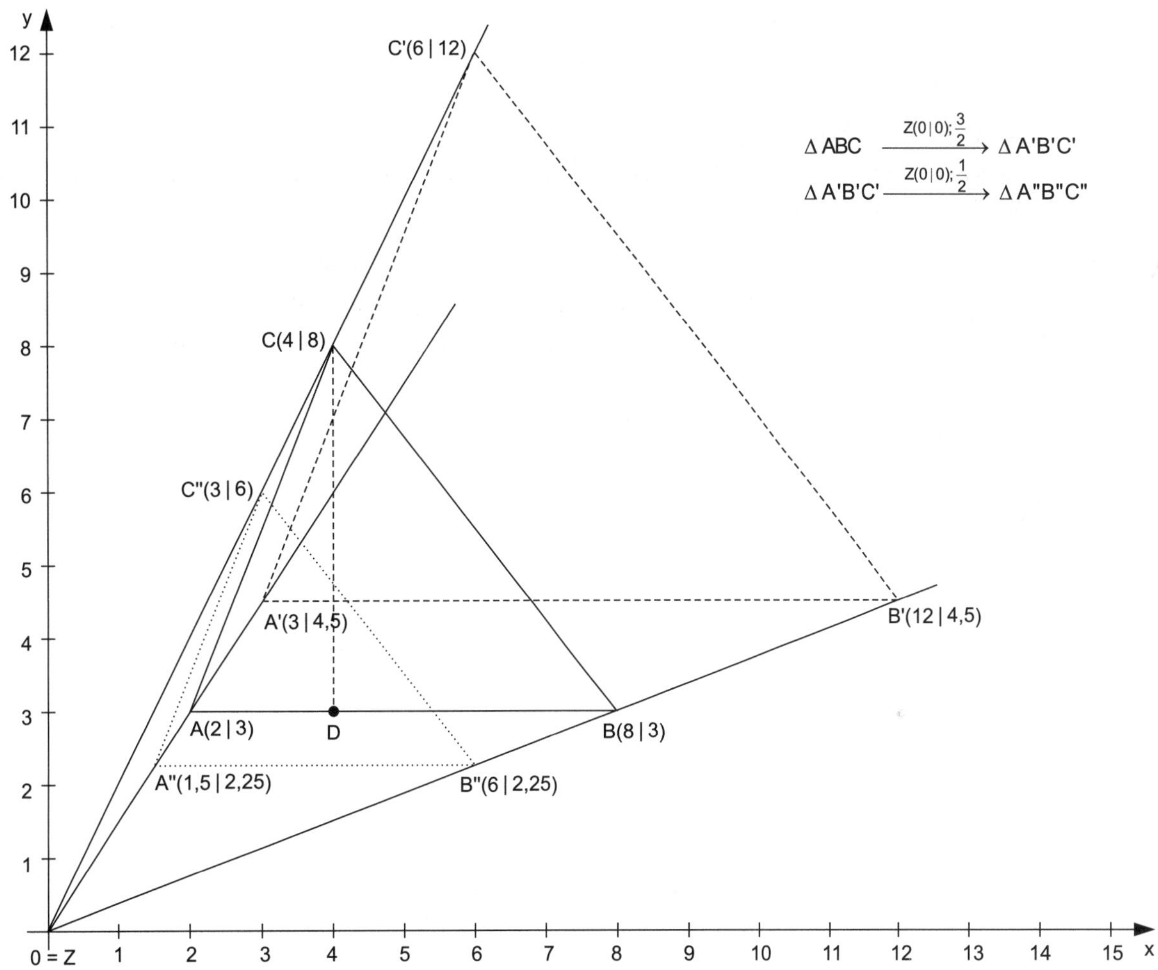

b) Dreieck ABC:

$\overline{AB} = (8-2)$ cm

$\overline{AB} = 6$ cm

Im Dreieck ABC ist die Höhe $\overline{CD} = (8-3)$ cm $= 5$ cm.

$A_{\Delta\,ABC} = \frac{1}{2} \cdot \overline{AB} \cdot \overline{CD}$

$A_{\Delta\,ABC} = \frac{1}{2} \cdot 6\text{ cm} \cdot 5\text{ cm}$

$A_{\Delta\,ABC} = 15\text{ cm}^2$

Dreieck A'B'C':

$A_{\Delta\,A'B'C'} = k_1{}^2 \cdot A_{\Delta\,ABC}$

$A_{\Delta\,A'B'C'} = \frac{9}{4} \cdot 15\text{ cm}^2$

$A_{\Delta\,A'B'C'} = 33{,}75\text{ cm}^2$

Die Koordinaten der Punkte A', B' und C' erhält man, indem man die Koordinaten der Punkte A, B und C jeweils mit dem Faktor $k_1 = \frac{3}{2}$ multipliziert.

Dreieck A"B"C":

$A_{\Delta A"B"C"} = k_2^2 \cdot A_{\Delta A'B'C'}$

$A_{\Delta A"B"C"} = \frac{1}{4} \cdot 33{,}75\ \text{cm}^2$

$A_{\Delta A"B"C"} \approx 8{,}44\ \text{cm}^2$

Die Koordinaten der Punkte A", B" und C" erhält man, indem man die Koordinaten der Punkte A', B' und C' jeweils mit dem Faktor $k_2 = \frac{1}{2}$ multipliziert.

c) Bei jeweils gleichem Zentrum Z(0 | 0) wird Δ ABC durch eine Verkleinerung mit dem Faktor $k = k_1 \cdot k_2 = \frac{3}{2} \cdot \frac{1}{2} = \frac{3}{4}$ in das Δ A"B"C" übergeführt und umgekehrt Δ A"B"C" durch Vergrößerung mit dem Faktor $k' = \frac{1}{k} = \frac{4}{3}$ in das Ausgangsdreieck Δ ABC übergeführt.

---

123 a) Konstruktion:

$a' = k \cdot a$
$a' = 2{,}5 \cdot 4\ \text{cm}$
$a' = 10\ \text{cm}$

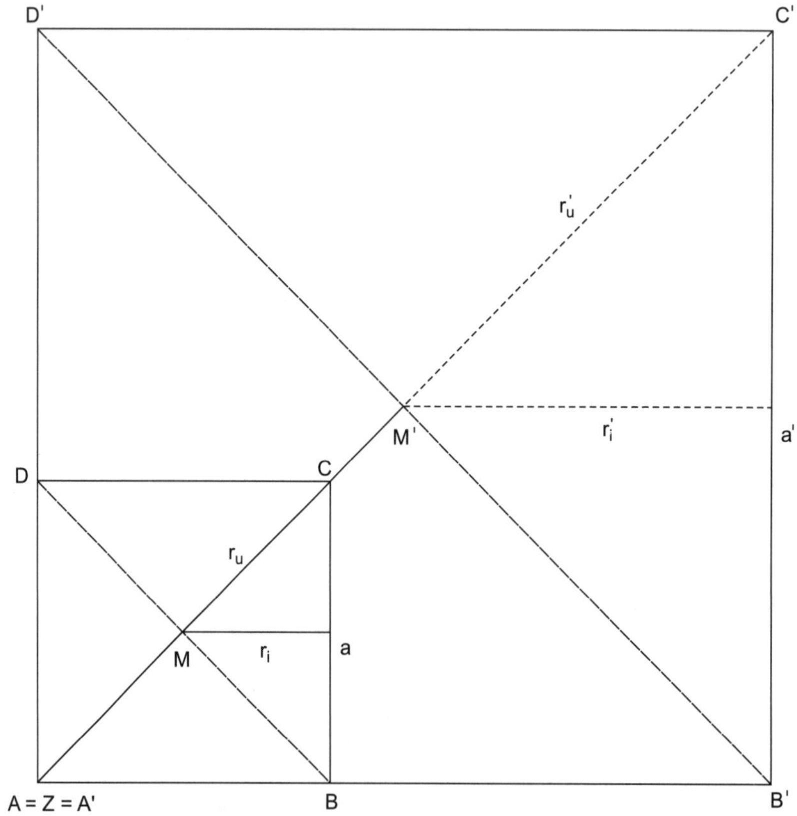

b) Inkreisradius r_i':

$r_i' = \frac{1}{2} \cdot a'$

$r_i' = \frac{1}{2} \cdot 10\ \text{cm}$

$r_i' = 5\ \text{cm}$

oder:

$r_i' = k \cdot r_i$

$r_i' = 2{,}5 \cdot 2\ \text{cm}$

$r_i' = 5\ \text{cm}$

Umkreisradius r_u':

$(r_u')^2 = \left(\frac{a'}{2}\right)^2 + \left(\frac{a'}{2}\right)^2$

$(r_u')^2 = (5\ \text{cm})^2 + (5\ \text{cm})^2$

$(r_u')^2 = 50\ \text{cm}^2$

$r_u' \approx 7{,}07\ \text{cm}$

oder:

$r_u^2 = \left(\frac{a}{2}\right)^2 + \left(\frac{a}{2}\right)^2$

$r_u^2 = (2\ \text{cm})^2 + (2\ \text{cm})^2$

$r_u^2 = 8\ \text{cm}^2$

$r_u^2 \approx 2{,}83\ \text{cm}$

$r_u' = k \cdot r_u$

$r_u' = 2{,}5 \cdot 2{,}83\ \text{cm}$

$r_u' \approx 7{,}08\ \text{cm}$

c) Ein Kreis K ist bestimmt durch seinen Mittelpunkt M und seinen Radius r: k(M; r). Durch eine maßstabsgetreue Streckung oder Stauchung mit dem Faktor k werden M auf M' und r auf r' abgebildet, wobei $\overline{ZM'} = k \cdot \overline{ZM}$ und $r' = k \cdot r$ ist. Das Bild des Kreises K(M; r) ist somit der Kreis K'(M'; r').

124

Aussage	wahr	falsch
1. Die Seiten a' und b' könnten jeweils 6 cm lang sein.		X
2. Die Seite a könnte 6 cm lang sein, die Seite b könnte 3 cm lang sein.		X
3. Die Seite a könnte 12 cm lang sein, die Seite b könnte 6 cm lang sein.	X	
4. Die Seite a' könnte 12 cm lang sein, die Seite b' könnte 6 cm lang sein.		X
5. Durch diese zentrische Streckung verdoppelt sich der Flächeninhalt.		X

Für den Flächeninhalt eines Dreiecks gilt: $A = \frac{1}{2} \cdot g \cdot h$; hier: $A = \frac{1}{2} \cdot a \cdot b$

Setzt man a und b in die Formel ein, sieht man, dass die Aussagen 1, 2 und 4 falsch sind, die Aussage 3 aber wahr ist.

Aussage 5 ist ebenfalls falsch, da für das gestreckte Dreieck (A_k) gilt:

$$A_k = \frac{1}{2} \cdot a \cdot k \cdot b \cdot k = \frac{1}{2} \cdot a \cdot b \cdot k^2 = A \cdot k^2$$

Der Flächeninhalt verändert sich bei der Streckung mit $k = 2$ um den Faktor k^2, d. h. der Flächeninhalt vervierfacht sich.

7 Sätze am rechtwinkligen Dreieck

125 Die angegebenen Maße sollen jeweils Längeneinheiten (LE) sein.

	a	b	c
a)	5,9	**3,17**	6,7
b)	**5**	12	13
c)	12,8	6,6	**14,40**

Hinweis: Die Werte sind ggf. gerundet.

Bei allen Aufgaben liegt der rechte Winkel bei C, somit ist c die Hypotenuse und es gilt:
$a^2 + b^2 = c^2$

a) $a^2 + b^2 = c^2 \quad | -a^2$

$b^2 = c^2 - a^2 \quad | \sqrt{\ }$

$b = \sqrt{c^2 - a^2}$

$b = \sqrt{6,7^2 - 5,9^2}$

$b = \sqrt{10,08}$

$b \approx 3,17$

b) $a^2 + b^2 = c^2 \quad | -b^2$

$a^2 = c^2 - b^2 \quad | \sqrt{\ }$

$a = \sqrt{c^2 - b^2}$

$a = \sqrt{13^2 - 12^2}$

$a = \sqrt{25}$

$a = 5$

c) $a^2 + b^2 = c^2 \quad | \sqrt{\ }$

$c = \sqrt{a^2 + b^2}$

$c = \sqrt{12,8^2 + 6,6^2}$

$c = \sqrt{207,4}$

$c \approx 14,40$

---

126 a) Hier liegt der rechte Winkel bei A, somit ist a die Hypotenuse und es gilt:

$a^2 = b^2 + c^2 \quad | \sqrt{\ }$

$a = \sqrt{b^2 + c^2}$

$a = \sqrt{(8,1\text{ cm})^2 + (9,7\text{ cm})^2}$

$a = \sqrt{159,7\text{ cm}^2}$

$a \approx 12,64\text{ cm}$

b) Hier liegt der rechte Winkel bei B, somit ist b die Hypotenuse und es gilt:

$b^2 = a^2 + c^2 \quad | -a^2$

$c^2 = b^2 - a^2 \quad | \sqrt{\ }$

$c = \sqrt{b^2 - a^2}$

$c = \sqrt{(8,1\text{ cm})^2 - (6,2\text{ cm})^2}$

$c = \sqrt{27,17\text{ cm}^2}$

$c \approx 5,21\text{ cm}$

c) Hier liegt der rechte Winkel bei C, somit ist c die Hypotenuse und es gilt:

$c^2 = a^2 + b^2 \qquad |-a^2$

$b^2 = c^2 - a^2 \qquad |\sqrt{\ }$

$b = \sqrt{c^2 - a^2}$

$b = \sqrt{(10\text{ dm})^2 - (6{,}9\text{ dm})^2} \qquad c = 1\text{ m} = 10\text{ dm}$

$b = \sqrt{52{,}39\text{ dm}^2}$

$b \approx 7{,}24\text{ dm}$

---

127 Konstruiere im Koordinatensystem ein rechtwinkliges Hilfsdreieck.
Es gilt:

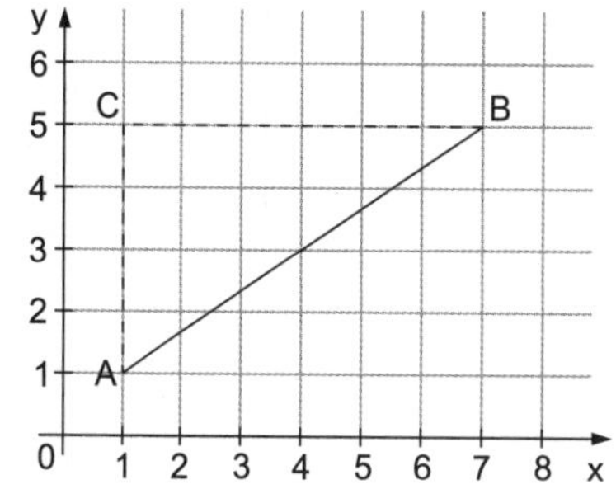

$\overline{AB}^2 = \overline{BC}^2 + \overline{CA}^2$

$\overline{AB}^2 = (6\text{ LE})^2 + (4\text{ LE})^2$

$\overline{AB}^2 = 52\text{ LE}^2 \qquad |\sqrt{\ }$

$\overline{AB} \approx 7{,}21\text{ LE}$

---

128 Die Raumdiagonale $\overline{BH}$ ist Hypotenuse im rechtwinkligen Dreieck DBH. Katheten dieses Dreiecks sind die Würfelkante $\overline{DH}$ und die Diagonale $\overline{DB}$ der Grundfläche ABCD.
Diese Diagonale $\overline{DB}$ wiederum ist Hypotenuse im rechtwinkligen Dreieck ABD.

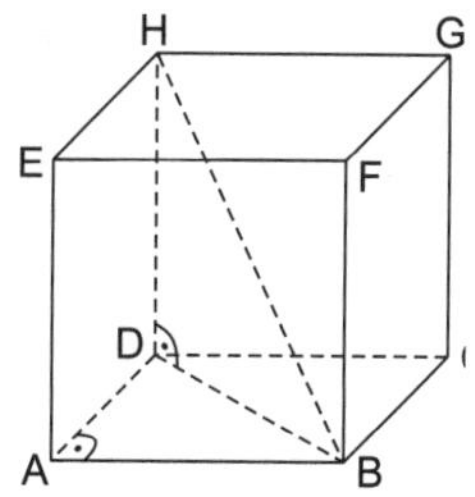

a) Diagonale $\overline{DB}$:

$\overline{DB}^2 = \overline{AB}^2 + \overline{DA}^2$

$\overline{DB}^2 = a^2 + a^2 \qquad |\sqrt{\ }$

$\overline{DB} = \sqrt{(10\text{ cm})^2 + (10\text{ cm})^2}$

$\overline{DB} = \sqrt{200}\text{ cm}$

Raumdiagonale $\overline{BH}$:

$\overline{BH}^2 = \overline{DB}^2 + \overline{DH}^2 \qquad |\sqrt{\ }$

$\overline{BH} = \sqrt{\overline{DB}^2 + \overline{DH}^2}$

$\overline{BH} = \sqrt{\left(\sqrt{200}\text{ cm}\right)^2 + a^2}$

$\overline{BH} = \sqrt{200\text{ cm}^2 + (10\text{ cm})^2}$

$\overline{BH} = \sqrt{300}\text{ cm}$

$\overline{BH} \approx 17{,}32\text{ cm}$

b) Diagonale $\overline{DB}$:

$\overline{DB}^2 = a^2 + b^2 \qquad |\sqrt{\ }$

$\overline{DB} = \sqrt{(8\text{ cm})^2 + (10\text{ cm})^2}$

$\overline{DB} = \sqrt{164}\text{ cm}$

Raumdiagonale $\overline{BH}$:

$\overline{BH}^2 = \overline{DB}^2 + c^2 \qquad |\sqrt{\ }$

$\overline{BH} = \sqrt{(\sqrt{164}\text{ cm})^2 + c^2}$

$\overline{BH} = \sqrt{164\text{ cm}^2 + (12\text{ cm})^2}$

$\overline{BH} = \sqrt{308}\text{ cm}$

$\overline{BH} \approx 17{,}55\text{ cm}$

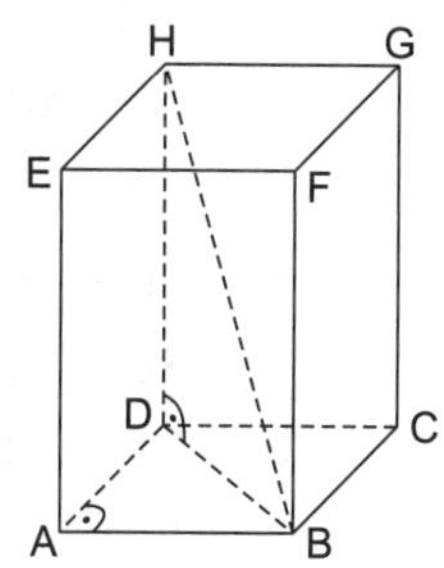

c) Diagonale $\overline{DB}$:

$\overline{DB}^2 = a^2 + a^2 \qquad |\sqrt{\ }$

$\overline{DB} = \sqrt{2a^2}$

$\overline{DB} = \sqrt{2}a$

Raumdiagonale $\overline{BH}$:

$\overline{BH}^2 = \overline{DB}^2 + \overline{DH}^2 \qquad |\sqrt{\ }$

$\overline{BH} = \sqrt{\left(\sqrt{2}a\right)^2 + a^2}$

$\overline{BH} = \sqrt{2a^2 + a^2}$

$\overline{BH} = \sqrt{3a^2}$

$\overline{BH} = \sqrt{3}a$

129 a)

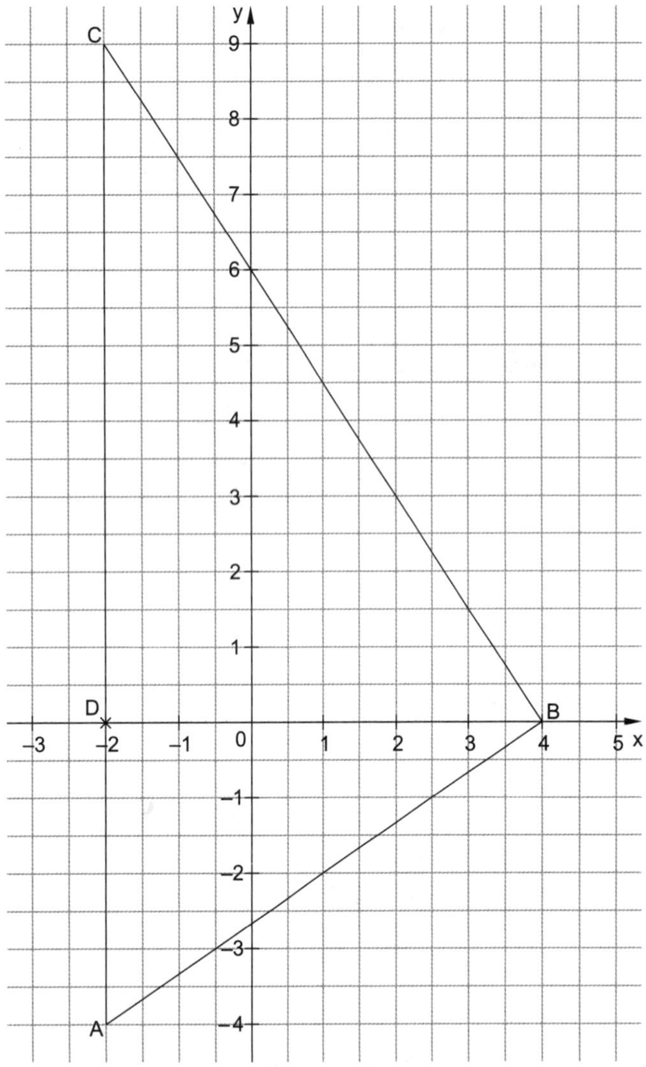

b) Die Dreiecksseite $\overline{CA}$ und die Strecken $\overline{AD}$, $\overline{DB}$ und $\overline{CD}$ liegen auf dem Gitter des Koordinatensystems, sodass ihre Längen direkt abgelesen werden können: $\overline{CA} = 13$ LE; $\overline{AD} = 4$ LE; $\overline{DB} = 6$ LE; $\overline{CD} = 9$ LE

Die Längen der beiden anderen Dreiecksseiten können mit dem Satz des Pythagoras bestimmt werden:

$$\overline{AB}^2 = \overline{AD}^2 + \overline{DB}^2 \quad |\sqrt{}$$
$$\overline{AB} = \sqrt{(4\text{ LE})^2 + (6\text{ LE})^2}$$
$$\overline{AB} = \sqrt{52\text{ LE}^2}$$
$$\overline{AB} \approx 7{,}21\text{ LE}$$

$$\overline{BC}^2 = \overline{CD}^2 + \overline{DB}^2 \quad |\sqrt{}$$
$$\overline{BC} = \sqrt{(9\text{ LE})^2 + (6\text{ LE})^2}$$
$$\overline{BC} = \sqrt{117\text{ LE}^2}$$
$$\overline{BC} \approx 10{,}82\text{ LE}$$

c) Wenn im Dreieck der Satz des Pythagoras gilt, dann ist es rechtwinklig. Um dies zu überprüfen, rechnet man am besten mit den ungerundeten Werten für die Quadrate der Dreiecksseiten:

$$\overline{AB}^2 + \overline{BC}^2 = 52\text{ LE}^2 + 117\text{ LE}^2 = 169\text{ LE}^2 = (13\text{ LE})^2 = \overline{CA}^2$$

Da der Satz des Pythagoras im Dreieck ABC gilt, ist das Dreieck ABC rechtwinklig.

130 a) Da das Maß des Winkels $\sphericalangle BS_2S_1 = 60°$ beträgt, ist das Dreieck BS_2S_3 gleichseitig. Die Seitenlänge ist $\overline{S_2S_3} = 2s = 90$ m.
In diesem Dreieck ist die Höhe $\overline{BS_1}$ die gesuchte Breite b des Flusses.

$\overline{S_2B}^2 = \overline{S_1S_2}^2 + \overline{S_1B}^2$ Satz des Pythagoras im Dreieck S_1BS_2

$(2s)^2 = s^2 + b^2 \quad | -s^2$

$b^2 = 4s^2 - s^2$

$b^2 = 3s^2 \quad | \sqrt{}$

$b = s \cdot \sqrt{3}$

Mit s = 45 m:

$b = 45 \text{ m} \cdot \sqrt{3}$

$b \approx 77{,}94 \text{ m}$

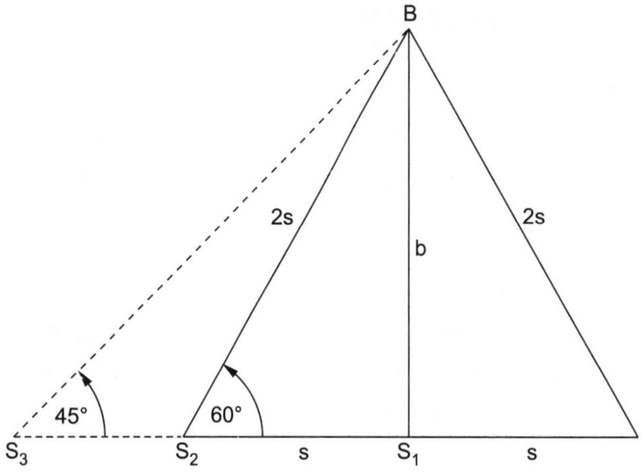

b) Über die Winkelsumme schließt man, dass S_3S_1B ein gleichschenkliges Dreieck ist, bei dem die Schenkel $\overline{S_1S_3}$ und b gleichlang sind.
Die Entfernung $\overline{S_1S_3}$ ist messbar, folglich kann Paul auch die Flussbreite bestimmen.

---

131 Eine Schulhofrunde besteht aus 4 Teilstücken: $2 \cdot \text{Diagonale} + 2 \cdot 65$ m
Mithilfe des Satzes von Pythagoras gilt für die Diagonale d:

$d^2 = (65 \text{ m})^2 + (90 \text{ m})^2 \quad | \sqrt{}$

$d = \sqrt{12\,325 \text{ m}^2}$

$d \approx 111{,}02 \text{ m}$

Eine Schulhofrunde ist demnach $2 \cdot 65 \text{ m} + 2 \cdot 111{,}02 \text{ m} \approx 352$ m lang.
Für eine Strecke von 5 km müssen mindestens ($5\,000 \text{ m} : 352 \text{ m} \approx 14{,}2$) 15 Runden gelaufen werden.

---

132 Der Professor meint die beiden Diagonalen, die das Grundstück jeweils in 2 rechtwinklige Dreiecke einteilen. Erst mithilfe des Satzes von Pythagoras lässt sich die Rechtwinkligkeit bestätigen. Für die Diagonalen muss gelten:

$d^2 = (21{,}52 \text{ m})^2 + (28{,}13 \text{ m})^2 \quad | \sqrt{}$

$d = \sqrt{1\,254{,}4073 \text{ m}^2}$

$d \approx 35{,}42 \text{ m}$

Die Diagonalen müssen ca. 35,42 m lang sein.

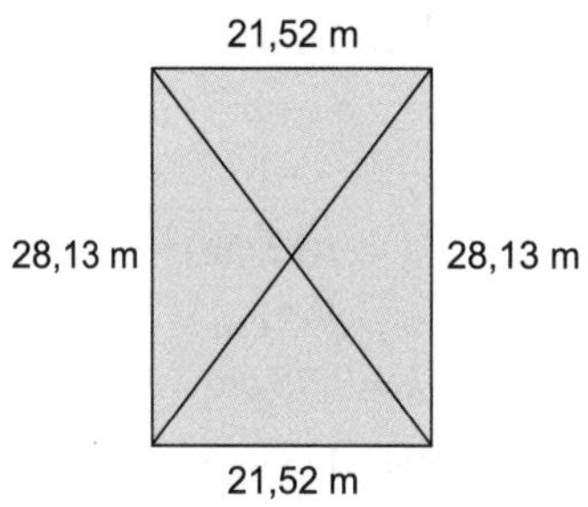

---

133 Bei den Halbkreisen handelt es sich jeweils um den Thaleskreis, daher sind die Winkel α, β und γ alle 90° groß.

8 Trigonometrie

134

a)	$\sin 22{,}5° \approx 0{,}38268$	$\cos 22{,}5° \approx 0{,}92388$	$\tan 22{,}5° \approx 0{,}41421$
b)	$\sin 173° \approx 0{,}12187$	$\cos 173° \approx -0{,}99255$	$\tan 173° \approx -0{,}12278$
c)	$\sin 225° \approx -0{,}70711$	$\cos 225° \approx -0{,}70711$	$\tan 225° = 1$
d)	$\sin 263° \approx -0{,}99255$	$\cos 263° \approx -0{,}12187$	$\tan 263° \approx 8{,}14435$
e)	$\sin 90° = 1$	$\cos 90° = 0$	$\tan 90°$ nicht definiert
f)	$\sin 180° = 0$	$\cos 180° = -1$	$\tan 180° = 0$
g)	$\sin 360° = 0$	$\cos 360° = 1$	$\tan 360° = 0$
h)	$\sin 270° = -1$	$\cos 270° = 0$	$\tan 270°$ nicht definiert

---

135

a)	$\sin \varphi = 0{,}25$	$\varphi \approx 14{,}48°$	oder	$\varphi \approx 165{,}52°$
b)	$\sin \varphi = -0{,}25$	$\varphi \approx 194{,}48°$	oder	$\varphi \approx 345{,}52°$
c)	$\sin \varphi = 0{,}75$	$\varphi \approx 48{,}59°$	oder	$\varphi \approx 131{,}41°$
d)	$\cos \varphi = 0{,}25$	$\varphi \approx 75{,}52°$	oder	$\varphi \approx 284{,}48°$
e)	$\cos \varphi = -0{,}25$	$\varphi \approx 104{,}48°$	oder	$\varphi \approx 255{,}52°$
f)	$\cos \varphi = 0{,}75$	$\varphi \approx 41{,}41°$	oder	$\varphi \approx 318{,}59°$
g)	$\tan \varphi = -1$	$\varphi = 135°$	oder	$\varphi = 315°$
h)	$\tan \varphi = 2$	$\varphi \approx 63{,}43°$	oder	$\varphi \approx 243{,}43°$
i)	$\tan \varphi = 0{,}5$	$\varphi \approx 26{,}565°$	oder	$\varphi \approx 206{,}565°$

---

136 Berechnung von a:

$$c^2 = a^2 + b^2 \qquad | -b^2$$
$$a^2 = c^2 - b^2 \qquad | \sqrt{}$$
$$a = \sqrt{(12\text{ cm})^2 - (7\text{ cm})^2}$$
$$a = \sqrt{95\text{ cm}^2}$$
$$a \approx 9{,}75\text{ cm}$$

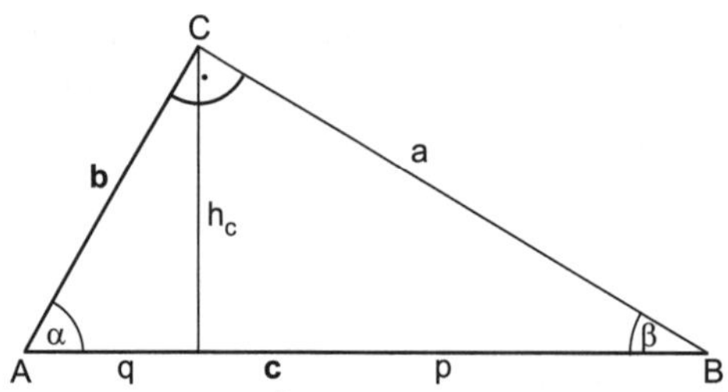

Berechnung von α:

$$\cos\alpha = \frac{b}{c}$$
$$\cos\alpha = \frac{7\text{ cm}}{12\text{ cm}}$$
$$\alpha \approx 54{,}31°$$

Berechnung von β:

$$\sin\beta = \frac{b}{c}$$
$$\sin\beta = \frac{7\text{ cm}}{12\text{ cm}}$$
$$\beta \approx 35{,}69°$$

Berechnung von A:

$$A = \frac{1}{2} \cdot a \cdot b$$
$$A = \frac{1}{2} \cdot 7\text{ cm} \cdot 9{,}75\text{ cm}$$
$$A \approx 34{,}11\text{ cm}^2$$

---

137 Mittelpunktswinkel:

$\varphi = \frac{360°}{8}$

$\varphi = 45°$

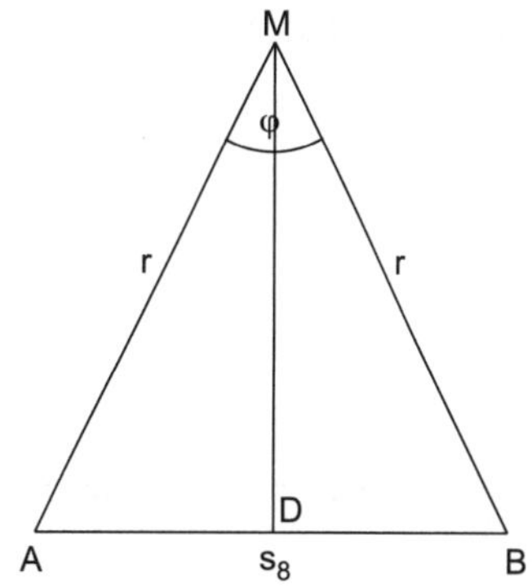

Dreieck ADM:

$\sin\frac{\varphi}{2} = \frac{\overline{AD}}{\overline{AM}}$

$\sin\frac{\varphi}{2} = \frac{\overline{AD}}{r} \quad |\cdot r$

$\overline{AD} = r \cdot \sin\frac{\varphi}{2}$

$\overline{AD} = 12\text{ cm} \cdot \sin 22{,}5°$

$\overline{AD} \approx 4{,}59\text{ cm}$

Seitenlänge des Achtecks:

$s_8 = 2 \cdot \overline{AD}$

$s_8 = 9{,}18\text{ cm}$

---

138 Berechnungen im Dreieck ADC:

$\sin\alpha = \frac{h_c}{b} \quad |\cdot b$

$h_c = b \cdot \sin\alpha$

$h_c = 7\text{ cm} \cdot \sin 48°$

$h_c \approx 5{,}20\text{ cm}$

$\cos\alpha = \frac{\overline{AD}}{b} \quad |\cdot b$

$\overline{AD} = b \cdot \cos\alpha$

$\overline{AD} = 7\text{ cm} \cdot \cos 48°$

$\overline{AD} \approx 4{,}68\text{ cm}$

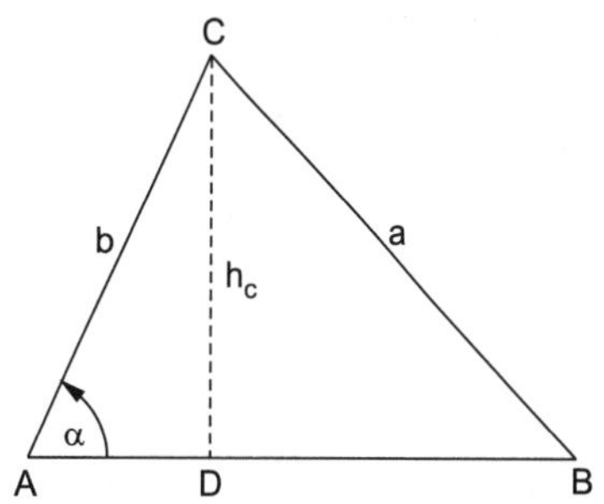

Berechnungen im Dreieck DBC:

$\sin\beta = \frac{h_c}{a}$

$\sin\beta = \frac{5{,}20\text{ cm}}{10{,}5\text{ cm}}$

$\beta \approx 29{,}69°$

$\cos\beta = \frac{\overline{DB}}{a} \quad |\cdot a$

$\overline{DB} = a \cdot \cos\beta$

$\overline{DB} = 10{,}5\text{ cm} \cdot \cos 29{,}69°$

$\overline{DB} \approx 9{,}12\text{ cm}$

Berechnung von c:

$c = \overline{AD} + \overline{DB}$

$c = 4{,}68\text{ cm} + 9{,}12\text{ cm}$

$c = 13{,}8\text{ cm}$

139

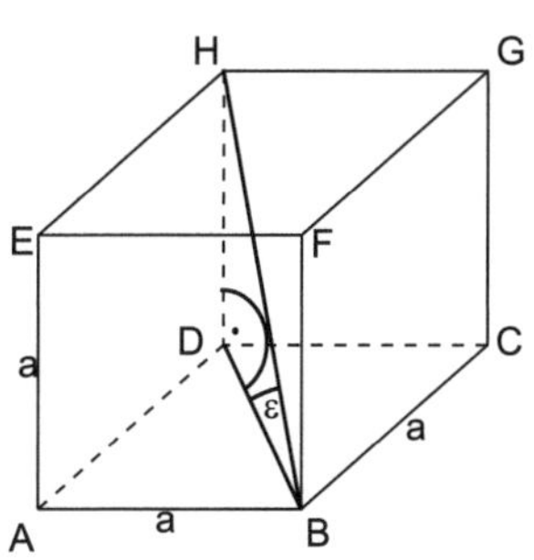

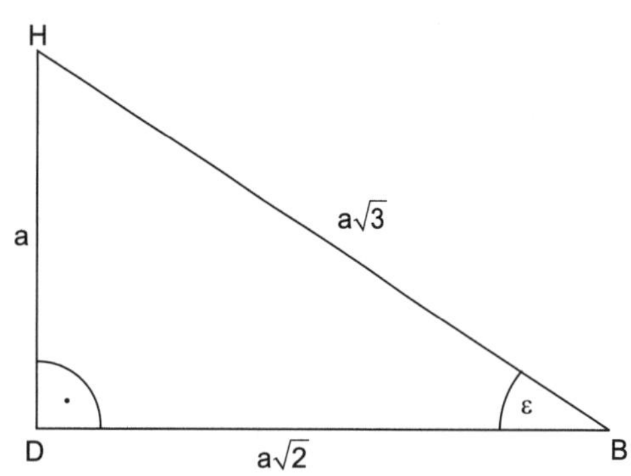

Berechnung von ε im Dreieck DBH:

$\sin\varepsilon = \dfrac{\overline{DH}}{\overline{BH}}$

$\sin\varepsilon = \dfrac{a}{a\sqrt{3}}$

$\sin\varepsilon = \dfrac{1}{\sqrt{3}}$

$\sin\varepsilon = \dfrac{\sqrt{3}}{\sqrt{3}\cdot\sqrt{3}}$ Nenner rational machen

$\sin\varepsilon = \dfrac{\sqrt{3}}{3}$

$\varepsilon \approx 35{,}26°$

(oder: $\cos\varepsilon = \dfrac{a\sqrt{2}}{a\sqrt{3}}$ oder: $\tan\varepsilon = \dfrac{a}{a\sqrt{2}}$)

Das Ergebnis ist unabhängig von der Kantenlänge a des Würfels. Für jeden Würfel hat der Neigungswinkel der Raumdiagonale gegen die Grundfläche das gleiche Maß: $\varepsilon = 35{,}26°$

---

140 Berechnungen im Dreieck ADC:

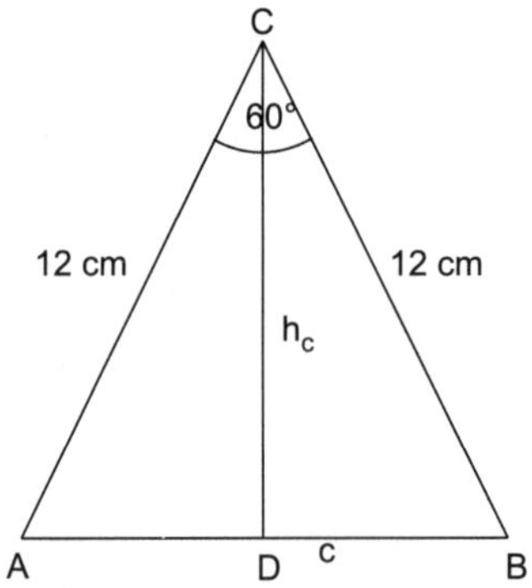

$\sin 30° = \dfrac{\overline{AD}}{\overline{AC}}$ $|\cdot\overline{AC}$

$\overline{AD} = \overline{AC}\cdot\sin 30°$

$\overline{AD} = 12\text{ cm}\cdot\sin 30°$

$\overline{AD} = 6\text{ cm}$

$\cos 30° = \dfrac{h_c}{\overline{AC}}$ $|\cdot\overline{AC}$

$h_c = \overline{AC}\cdot\cos 30°$

$h_c = 12\text{ cm}\cdot\cos 30°$

$h_c \approx 10{,}39\text{ cm}$

Berechnung von c:

$c = 2\cdot\overline{AD}$ Dreieck ABC ist gleichseitig

$c = 2\cdot 6\text{ cm}$

$c = 12\text{ cm}$

Berechnung von A:

$A = \dfrac{1}{2}\cdot c\cdot h_c$

$A = \dfrac{1}{2}\cdot 12\text{ cm}\cdot 10{,}39\text{ cm}$

$A = 62{,}34\text{ cm}^2$

141 a) Skizze:

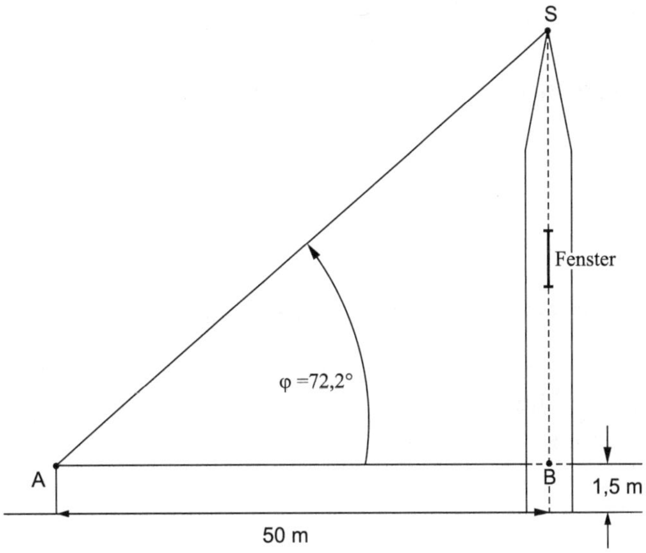

b) Berechnung von Höhe H des Turms:

$H = \overline{SB} + 1{,}5\text{ m}$

Zunächst Berechnung von $\overline{SB}$ im rechtwinkligen Dreieck ABS:

$\tan\varphi = \dfrac{\overline{SB}}{\overline{AB}} \qquad |\cdot \overline{AB}$

$\overline{SB} = \overline{AB} \cdot \tan\varphi$

$\overline{SB} = 50\text{ m} \cdot \tan 72{,}2°$

$\overline{SB} \approx 155{,}73\text{ m}$

$H = 155{,}73\text{ m} + 1{,}5\text{ m} = 157{,}23\text{ m} \approx 157\text{ m}$

c) Berechnung der Höhe h, in der das Fenster beginnt:

$h = \overline{BC} + 1{,}5\text{ m}$

Berechnung von $\overline{BC}$ im rechtwinkligen Dreieck ABC:

$\tan 50{,}9° = \dfrac{\overline{BC}}{\overline{AB}} \qquad |\cdot \overline{AB}$

$\overline{BC} = \overline{AB} \cdot \tan 50{,}9°$

$\overline{BC} = 50\text{ m} \cdot \tan 50{,}9°$

$\overline{BC} \approx 61{,}52\text{ m}$

$h = 61{,}52\text{ m} + 1{,}5\text{ m} = 63{,}02\text{ m}$

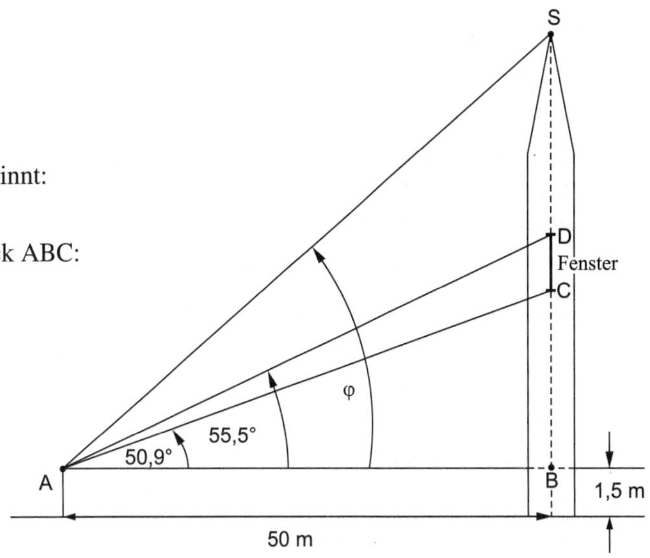

d) Berechnung der Höhe des Fensters:

$h_{\text{Fenster}} = \overline{BD} - \overline{BC}$

Berechnung von $\overline{BD}$ im rechtwinkligen Dreieck ABD:

$\tan 55{,}5° = \dfrac{\overline{BD}}{\overline{AB}} \qquad |\cdot \overline{AB}$

$\overline{BD} = \overline{AB} \cdot \tan 55{,}5°$

$\overline{BD} = 50\text{ m} \cdot \tan 55{,}5°$

$\overline{BD} \approx 72{,}75\text{ m}$

$h_{\text{Fenster}} = 72{,}75\text{ m} - 63{,}02\text{ m} = 9{,}73\text{ m}$

Peters Abweichung: $12\text{ m} - 9{,}73\text{ m} = 2{,}27\text{ m}$

Gegeben: P = 2,27 m; G = 9,73 m
Gesucht: p
Berechnung der Abweichung in Prozent:

$$p = \frac{P \cdot 100}{G}$$

$$p = \frac{2,27\text{ m} \cdot 100}{9,73\text{ m}}$$

$$p \approx 23,3$$

Peters Schätzung weicht um ca. 23,3 % von der wirklichen Fensterhöhe ab.

---

142 Steigungsdreieck: $\Delta y = 1$ LE und $\Delta x = 2$ LE

Berechnung des Winkels zwischen Gerade und x-Achse:

$$\tan\alpha = \frac{\Delta y}{\Delta x}$$

$$\tan\alpha = \frac{1\text{ LE}}{2\text{ LE}}$$

$$\tan\alpha = 0,5$$

$$\alpha \approx 26,57°$$

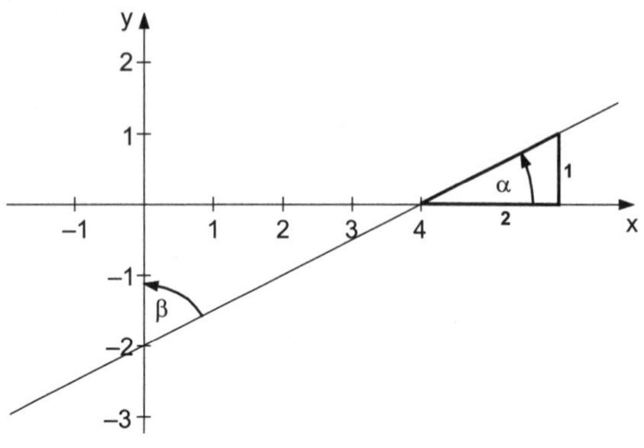

Berechnung des Winkels zwischen Gerade und y-Achse:

$$\beta = 180° - 90° - \alpha = 63,43°$$

Alternative Lösungsmöglichkeit:

$$\tan\beta = \frac{2\text{ LE}}{1\text{ LE}}$$

$$\tan\beta = 2$$

$$\beta \approx 63,43°$$

Zu Lisas Behauptung:
Die beiden Winkel müssen sich zu 90° ergänzen (Winkelsätze), daher reicht es einen der beiden Winkel mithilfe des Tangens zu bestimmen.

---

143 Berechnung von $\overline{QA}$ im Dreieck QAB:

$$\tan\beta = \frac{\overline{QA}}{s} \quad | \cdot s$$

$$\overline{QA} = s \cdot \tan\beta$$

$$\overline{QA} = 125\text{ m} \cdot \tan 63°$$

$$\overline{QA} \approx 245,33\text{ m}$$

Berechnung von $\overline{PA}$ im Dreieck PAB:

$$\tan\alpha = \frac{\overline{PA}}{s} \quad | \cdot s$$

$$\overline{PA} = s \cdot \tan\alpha$$

$$\overline{PA} = 125\text{ m} \cdot \tan 80°$$

$$\overline{PA} \approx 708,91\text{ m}$$

Berechnung von $x = \overline{PQ}$:

$$x = \overline{PA} - \overline{QA}$$

$$x = 708,91\text{ m} - 245,33\text{ m}$$

$$x = 463,58\text{ m}$$

144

	a	b	c	α	β	γ	A
a)	4 cm	**3,90 cm**	6 cm	**98,8°**	40°	**41,2°**	**7,71 cm²**
b)	**3,53 cm**	4 cm	**4,34 cm**	50°	**60°**	70°	**6,64 cm²**
c)	**5,27 cm**	7 cm	10 cm	30°	**41,6°**	**108,4°**	**17,5 cm²**

a) Gegeben: a = 4 cm; c = 6 cm; β = 40°

$$\sin\beta = \frac{h}{a} \quad |\cdot a$$
$$h = a\cdot\sin\beta$$
$$h = 4\text{ cm}\cdot\sin 40°$$
$$h \approx 2{,}57\text{ cm}$$

$$\cos\beta = \frac{c_2}{a} \quad |\cdot a$$
$$c_2 = a\cdot\cos\beta$$
$$c_2 = 4\text{ cm}\cdot\cos 40°$$
$$c_2 \approx 3{,}06\text{ cm}$$

$$c = c_1 + c_2 \quad |-c_2$$
$$c_1 = c - c_2$$
$$c_1 = 6\text{ cm} - 3{,}06\text{ cm}$$
$$c_1 = 2{,}94\text{ cm}$$

$$b^2 = h^2 + c_1^2 \quad |\sqrt{\ }$$
$$b = \sqrt{h^2 + c_1^2}$$
$$b = \sqrt{2{,}57^2 + 2{,}94^2}$$
$$\mathbf{b \approx 3{,}90\text{ cm}}$$

$$\sin\alpha = \frac{h}{b}$$
$$\alpha = \sin^{-1}\left(\frac{h}{b}\right)$$
$$\alpha = \sin^{-1}\left(\frac{2{,}57\text{ cm}}{3{,}90\text{ cm}}\right)$$
$$\boldsymbol{\alpha \approx 41{,}2°}$$

$$\alpha + \beta + \gamma = 180° \quad |-\alpha-\beta$$
$$\gamma = 180° - \alpha - \beta$$
$$\gamma = 180° - 41{,}2° - 40°$$
$$\boldsymbol{\gamma = 98{,}8°}$$

$$A = \frac{c\cdot h}{2}$$
$$A = \frac{6\text{ cm}\cdot 2{,}57\text{ cm}}{2}$$
$$\mathbf{A = 7{,}71\text{ cm}^2}$$

b) Gegeben: b = 4 cm; α = 50°; γ = 70°

$$\alpha + \beta + \gamma = 180° \quad |-\alpha-\gamma$$
$$\beta = 180° - \alpha - \gamma$$
$$\beta = 180° - 50° - 70°$$
$$\boldsymbol{\beta = 60°}$$

$$\sin\alpha = \frac{h}{b} \quad |\cdot b$$
$$h = b\cdot\sin\alpha$$
$$h = 4\text{ cm}\cdot\sin 50°$$
$$h \approx 3{,}06\text{ cm}$$

$$\sin\beta = \frac{h}{a} \quad \left|\cdot\frac{a}{\sin\beta}\right.$$
$$a = \frac{h}{\sin\beta}$$
$$a = \frac{3{,}06\text{ cm}}{\sin 60°}$$
$$\mathbf{a \approx 3{,}53\text{ cm}}$$

$$c_1^2 + h^2 = b^2 \quad |-h^2$$
$$c_1^2 = b^2 - h^2 \quad |\sqrt{\ }$$
$$c_1 = \sqrt{b^2 - h^2}$$
$$c_1 = \sqrt{(4\text{cm})^2 - (3{,}06\text{ cm})^2}$$
$$c_1 \approx 2{,}58\text{ cm}$$

$$c_2^2 + h^2 = a^2 \quad |-h^2$$
$$c_2^2 = a^2 - h^2 \quad |\sqrt{\ }$$
$$c_2 = \sqrt{a^2 - h^2}$$
$$c_2 = \sqrt{(3{,}53\text{ cm})^2 - (3{,}06\text{ cm})^2}$$
$$c_2 \approx 1{,}76\text{ cm}$$

$$c = c_1 + c_2$$
$$c = 2{,}58\text{ cm} + 1{,}76\text{ cm}$$
$$\mathbf{c = 4{,}34\text{ cm}}$$

$$A = \frac{c\cdot h}{2}$$
$$A = \frac{4{,}34\text{ cm}\cdot 3{,}06\text{ cm}}{2}$$
$$\mathbf{A \approx 6{,}64\text{ cm}^2}$$

c) Gegeben: b = 7 cm; c = 10 cm; α = 30°

$\sin\alpha = \frac{h}{b} \quad |\cdot b$

$h = b\cdot\sin\alpha$

$h = 7\text{ cm}\cdot\sin 30°$

$h = 3{,}5\text{ cm}$

$\cos\alpha = \frac{c_1}{b} \quad |\cdot b$

$c_1 = b\cdot\cos\alpha$

$c_1 = 7\text{ cm}\cdot\cos 30°$

$c_1 = 6{,}06\text{ cm}$

$c = c_1 + c_2 \quad |-c_1$

$c_2 = c - c_1$

$c_2 = 10\text{ cm} - 6{,}06\text{ cm}$

$c_2 = 3{,}94\text{ cm}$

$a^2 = h^2 + c_2{}^2 \quad |\sqrt{\ }$

$a = \sqrt{h^2 + c_2{}^2}$

$a = \sqrt{(3{,}5\text{ cm})^2 + (3{,}94\text{ cm})^2}$

$\mathbf{a \approx 5{,}27\ cm}$

$\sin\beta = \frac{h}{a}$

$\beta = \sin^{-1}\left(\frac{h}{a}\right)$

$\beta = \sin^{-1}\left(\frac{3{,}5\text{ cm}}{5{,}27\text{ cm}}\right)$

$\mathbf{\beta \approx 41{,}6°}$

$\alpha + \beta + \gamma = 180° \quad |-\alpha-\beta$

$\gamma = 180° - \alpha - \beta$

$\gamma = 180° - 30° - 41{,}6°$

$\mathbf{\gamma = 108{,}4°}$

$A = \frac{c\cdot h}{2}$

$A = \frac{10\text{ cm}\cdot 3{,}5\text{ cm}}{2}$

$\mathbf{A = 17{,}5\ cm^2}$

---

145 Gegeben: b = 8 m; α = 38°; β = 65°

Gesucht: Umfang des Dreiecks (u = a + b + c) und die Höhe h

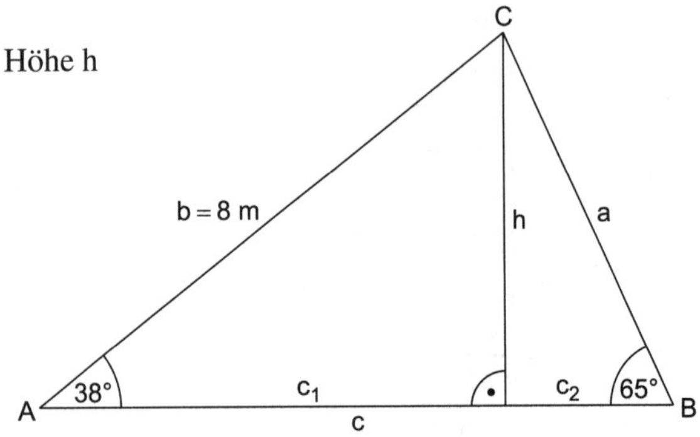

Rechnung:

Zunächst wird die Höhe h berechnet:

$\sin\alpha = \frac{h}{b} \quad |\cdot b$

$h = b\cdot\sin\alpha$

$h = 8\text{ m}\cdot\sin 38°$

$h \approx 4{,}93\text{ m}$

Berechnung der Länge des kurzen Sparrens a:

$\sin\beta = \frac{h}{a} \quad \left|\cdot\frac{a}{\sin\beta}\right.$

$a = \frac{h}{\sin\beta}$

$a = \frac{4{,}93\text{ m}}{\sin 65°}$

$a \approx 5{,}44\text{ m}$

Berechnung der beiden Teilstücke c_1 und c_2 von c:

$\cos\beta = \frac{c_2}{a} \quad |\cdot a$

$c_2 = a\cdot\cos\beta$

$c_2 = 5{,}44\text{ m}\cdot\cos 65°$

$c_2 \approx 2{,}30\text{ m}$

$\cos\alpha = \frac{c_1}{b} \quad |\cdot b$

$c_1 = b \cdot \cos\alpha$

$c_1 = 8\text{ m} \cdot \cos 38°$

$c_1 \approx 6{,}30\text{ m}$

Berechnung von c:

$c = c_1 + c_2$

$c = 6{,}30\text{ m} + 2{,}30\text{ m}$

$c = 8{,}60\text{ m}$

Berechnung der Gesamtlänge ℓ der Stahlkonstruktion für einen Giebel:

$\ell = a + b + c + h$

$\ell = 5{,}44\text{ m} + 8\text{ m} + 8{,}60\text{ m} + 4{,}93\text{ m}$

$\ell = 26{,}97\text{ m}$

Die Gesamtlänge der Stahlkonstruktion für einen Giebel beträgt ca. 26,97 m.

---

146 a) Gegeben: $\overline{AB} = c = 200\text{ m}$; $\overline{AC} = b = 250\text{ m}$; $\alpha = 80°$

Gesucht: $\overline{BC} = a$

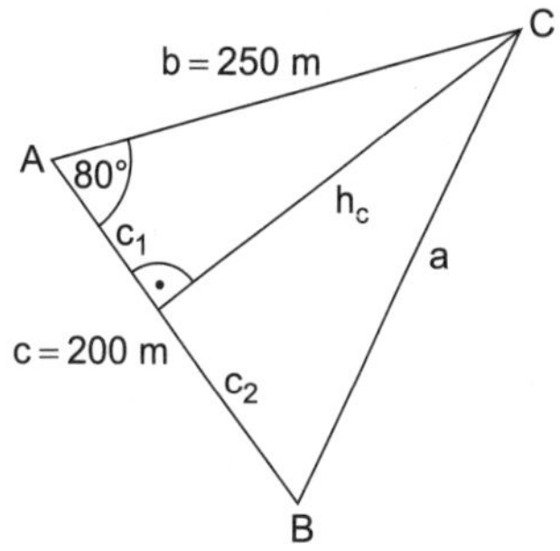

Berechnung der Höhe h_c:

$\sin\alpha = \frac{h_c}{b} \quad |\cdot b$

$h_c = b \cdot \sin\alpha$

$h_c = 250\text{ m} \cdot \sin 80°$

$h_c \approx 246{,}20\text{ m}$

Berechnung von Teilstück c_1 mit dem Satz des Pythagoras:

$c_1^2 + h_c^2 = b^2 \quad |-h_c^2$

$c_1^2 = b^2 - h_c^2 \quad |\sqrt{\ }$

$c_1 = \sqrt{b^2 - h_c^2}$

$c_1 = \sqrt{(250\text{ m})^2 - (246{,}20\text{ m})^2}$

$c_1 \approx 43{,}42\text{ m}$

Berechnung von Teilstück c_2:

$c = c_1 + c_2 \quad |-c_1$

$c_2 = c - c_1$

$c_2 = 200\text{ m} - 43{,}42\text{ m}$

$c_2 = 156{,}58\text{ m}$

Berechnung von Seite a mit dem Satz des Pythagoras:

$a^2 = h_c^2 + c_2^2 \quad |\sqrt{\ }$

$a = \sqrt{h_c^2 + c_2^2}$

$a = \sqrt{(246{,}20\text{ m})^2 + (156{,}58\text{ m})^2}$

$a \approx 291{,}77\text{ m}$

Die Weide hat einen Gesamtumfang von ungefähr $a + b + c = 292\text{ m} + 250\text{ m} + 200\text{ m} = 742\text{ m}$.
Milla hat recht, der Reitstallbesitzer profitiert nicht von der Rabattaktion.

b) Es gilt:

$$A = \frac{c \cdot h_c}{2}$$

$$A = \frac{200\ \text{m} \cdot 246{,}20\ \text{m}}{2}$$

$$A = 24\,620\ \text{m}^2$$

Da $24\,620\ \text{m}^2 \approx 2{,}46$ ha sind, benötigt man ca. $2{,}46 \cdot 40\ \text{kg} = 98{,}4$ kg Saatgut.
Also reichen die kalkulierten 100 kg Saatgut aus.

9 Kreis

147 a) Der Kreis mit dem Radius r ist Umkreis des gleichseitigen Dreiecks mit der Seitenlänge a.

Der Umkreisradius eines gleichseitigen Dreiecks ist: $r = \frac{2}{3} \cdot \frac{a}{2} \cdot \sqrt{3} \quad \left| \cdot \frac{3}{\sqrt{3}} \right.$

Löse die Beziehung nach der gesuchten Größe a auf: $\frac{3r}{\sqrt{3}} = a$

Rationalmachen des Nenners; Bruch mit $\sqrt{3}$ erweitern: $a = \frac{3\sqrt{3}r}{\sqrt{3} \cdot \sqrt{3}}$

Allgemein: $a = r\sqrt{3}$

Mit $r = 6$ cm: $a = 6\sqrt{3}$ cm

b) Verhältnis der Flächeninhalte:

$$\frac{A_{Kreis}}{A_{Dreieck}} = \frac{\pi \cdot r^2}{\frac{a^2}{4} \cdot \sqrt{3}}$$

$$\frac{A_{Kreis}}{A_{Dreieck}} = \frac{\pi \cdot r^2}{\frac{(r\sqrt{3})^2}{4} \cdot \sqrt{3}}$$

$$\frac{A_{Kreis}}{A_{Dreieck}} = \frac{4 \cdot \pi \cdot r^2}{r^2 \cdot 3 \cdot \sqrt{3}}$$

$$\frac{A_{Kreis}}{A_{Dreieck}} = \frac{4\pi}{3\sqrt{3}}$$

$$\frac{A_{Kreis}}{A_{Dreieck}} = \frac{4}{9}\sqrt{3}\pi$$

$$\left(A_{Kreis} : A_{Dreieck} = \frac{4}{9}\sqrt{3}\pi : 1\right)$$

c) Verhältnis der Flächeninhalte von Umkreis und Inkreis:

$$\frac{A_{Umkreis}}{A_{Inkreis}} = \frac{\pi \cdot \left(\frac{2}{3} \cdot \frac{a}{2} \cdot \sqrt{3}\right)^2}{\pi \cdot \left(\frac{1}{3} \cdot \frac{a}{2} \cdot \sqrt{3}\right)^2}$$

$$\frac{A_{Umkreis}}{A_{Inkreis}} = \frac{4}{1} \qquad (A_{Umkreis} : A_{Inkreis} = 4:1)$$

Verhältnis der Umfänge von Umkreis und Inkreis:

$$\frac{u_{Umkreis}}{u_{Inkreis}} = \frac{2 \cdot \pi \cdot r_u}{2 \cdot \pi \cdot r_i}$$

$$\frac{u_{Umkreis}}{u_{Inkreis}} = \frac{2 \cdot \pi \cdot \frac{2}{3} \cdot \frac{a}{2} \cdot \sqrt{3}}{2 \cdot \pi \cdot \frac{1}{3} \cdot \frac{a}{2} \cdot \sqrt{3}}$$

$$\frac{u_{Umkreis}}{u_{Inkreis}} = \frac{2}{1} \qquad (u_{Umkreis} : u_{Inkreis} = 2:1)$$

---

148 $A_{Ring} = A_{Umkreis} - A_{Inkreis}$

$$A_{Ring} = \pi \cdot r_u^2 - \pi \cdot r_i^2$$

$$A_{Ring} = \pi \cdot (r_u^2 - r_i^2)$$

$$A_{Ring} = \pi \cdot \left[\left(\frac{2}{3} \cdot \frac{a}{2} \cdot \sqrt{3}\right)^2 - \left(\frac{1}{3} \cdot \frac{a}{2} \cdot \sqrt{3}\right)^2\right]$$

$$A_{Ring} = \pi \cdot \left(\frac{4}{9} \cdot \frac{a^2}{4} \cdot 3 - \frac{1}{9} \cdot \frac{a^2}{4} \cdot 3\right)$$

$$A_{Ring} = \pi \cdot \frac{a^2}{4} \cdot 3 \cdot \left(\frac{4}{9} - \frac{1}{9}\right)$$

$$A_{Ring} = \pi \cdot \frac{3}{9} \cdot \frac{a^2}{4} \cdot 3$$

$$A_{Ring} = \pi \cdot \frac{a^2}{4}$$

---

149 a) Fußball:

$u_{alt} = 2 \cdot \pi \cdot r$

$u_{alt} = 2 \cdot \pi \cdot 11$ cm

$u_{alt} = 22\pi$ cm

$$\left.\begin{aligned} u_{neu} &= 2\cdot\pi\cdot(11\text{ cm}+d)\\ u_{neu} &= u_{alt}+100\text{ cm}\\ u_{neu} &= 22\pi\text{ cm}+100\text{ cm}\end{aligned}\right\}\quad 2\cdot\pi\cdot(11\text{ cm}+d) = 22\pi\text{ cm}+100\text{ cm}$$

$$\begin{aligned} 22\pi\text{ cm}+2\pi d &= 22\pi\text{ cm}+100\text{ cm} && |-22\pi\text{ cm}\\ 2\pi d &= 100\text{ cm} && |:2\pi\\ d &= \frac{100\text{ cm}}{2\pi}\\ d &\approx 15{,}92\text{ cm}\end{aligned}$$

b) Erde:

$$\begin{aligned} 2\cdot\pi\cdot(6\,370\text{ km}+d) &= 2\cdot 6\,370\text{ km}\cdot\pi+1\text{ m}\\ 12\,740\pi\text{ km}+2\pi d &= 12\,740\pi\text{ km}+1\text{ m} && |-12\,740\pi\text{ km}\\ 2\pi d &= 100\text{ cm} && |:2\pi\\ d &\approx 0{,}1592\text{ m} = 15{,}92\text{ cm}\end{aligned}$$

Die Rechnung zeigt, dass der erzielte Abstand d unabhängig von der Ausgangsgröße des Kreises (Radius und Durchmesser) ist, d. h. auch vom Radius des kugelförmigen Körpers. Dies kann man allgemein auch folgendermaßen zeigen:

$$\left.\begin{aligned} u_{neu} &= 2\cdot\pi\cdot(r+d)\\ u_{neu} &= u_{alt}+1\text{ m} = 2\cdot\pi\cdot r+1\text{ m}\end{aligned}\right\}\quad 2\cdot\pi\cdot(r+d) = 2\cdot\pi\cdot r+1\text{ m}$$

$$\begin{aligned} 2\pi r+2\pi d &= 2\pi r+1\text{ m} && |-2\pi r\\ 2\pi d &= 1\text{ m} && |:2\pi\\ d &= \frac{100\text{ cm}}{2\pi}\\ d &\approx 15{,}92\text{ cm}\end{aligned}$$

Christina liegt also falsch mit ihrer Einschätzung.

---

150 Geschwindigkeit v ist der Quotient aus Weg s und Zeit t: $v = \frac{s}{t}$
Dabei ist der von einem Punkt auf dem Äquator im Laufe eines Tages zurückgelegte Weg der Erdumfang.

$$v = \frac{u_{Erde}}{1\text{ d}}$$

$$v = \frac{2\cdot r_{Erde}\cdot\pi}{24\text{ h}}$$

$$v = \frac{2\cdot 6\,370\text{ km}\cdot\pi}{24\text{ h}}$$

$v \approx 1\,668\,\frac{\text{km}}{\text{h}}$ (zum Vergleich: Die Schallgeschwindigkeit beträgt etwa $1\,220\,\frac{\text{km}}{\text{h}}$.)

---

151 a) $b = 2\cdot\pi\cdot r\cdot\frac{\omega}{360°}$

$b = 2\cdot\pi\cdot 25\text{ cm}\cdot\frac{75°}{360°}$

$b \approx 32{,}72\text{ cm}$

b) $b = 2\cdot\pi\cdot r\cdot\frac{\omega}{360°}$

$b = 2\cdot\pi\cdot 12\text{ cm}\cdot\frac{120°}{360°}$

$b = 8\pi\text{ cm}\ (\approx 25{,}13\text{ cm})$

$u = b+2r$

$u = 25{,}13\text{ cm}+2\cdot 12\text{ cm}$

$u = 49{,}13\text{ cm}$

$A = \pi\cdot r^2\cdot\frac{\omega}{360°}$

$A = \pi\cdot(12\text{ cm})^2\cdot\frac{120°}{360°}$

$A = 48\pi\text{ cm}^2\ (\approx 150{,}80\text{ cm}^2)$

c) Radius des Kreises: r

Seitenlänge des einbeschriebenen Quadrats:

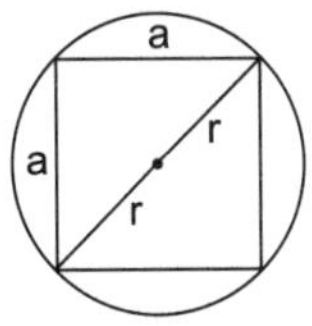

$$a^2 + a^2 = (2r)^2 \qquad \text{Satz des Pythagoras}$$
$$2a^2 = 4r^2$$
$$a^2 = 2r^2$$
$$a = r\sqrt{2}$$
$$A_{\text{Sektor}} = \pi \cdot r^2 \cdot \frac{\omega}{360°} = (r\sqrt{2})^2 = A_{\text{Quadrat}}$$
$$\pi \cdot r^2 \cdot \frac{\omega}{360°} = 2r^2 \qquad |:r^2 \qquad \Big| \cdot \frac{360°}{\pi}$$
$$\omega = \frac{720°}{\pi}$$
$$\omega \approx 229{,}18°$$

---

152 Wir betrachten ein Viertelquadrat mit der Seitenlänge $\frac{a}{2}$ und ein Blatt der eingefärbten Fläche.

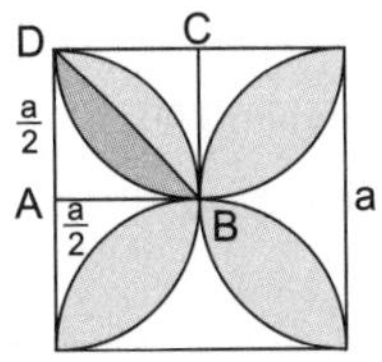

$$A_{\text{Blatt}} = 2 \cdot (A_{\text{Sektor ABD}} - A_{\text{Dreieck ABD}})$$

Radius des Kreissektors: $\frac{a}{2}$

Mittelpunktswinkel des Sektors: 90°

Flächeninhalt der Figur:

$$A_{\text{Blatt}} = 2 \cdot \left[\pi \cdot \left(\frac{a}{2}\right)^2 \cdot \frac{90°}{360°} - \frac{1}{2} \cdot \frac{a}{2} \cdot \frac{a}{2}\right] \text{FE}$$
$$A_{\text{Blatt}} = 2 \cdot \left(\pi \cdot \frac{a^2}{4} \cdot \frac{1}{4} - \frac{a^2}{8}\right) \text{FE}$$
$$A_{\text{Blatt}} = 2 \cdot \left(\frac{\pi \cdot a^2}{16} - \frac{a^2}{8}\right) \text{FE}$$
$$A_{\text{Blatt}} = 2 \cdot \frac{a^2}{8} \cdot \left(\frac{\pi}{2} - 1\right) \text{FE}$$

Gesamter Flächeninhalt:

$$A = 4 \cdot A_{\text{Blatt}}$$
$$A = 4 \cdot 2 \cdot \frac{a^2}{8} \cdot \left(\frac{\pi}{2} - 1\right) \text{FE}$$
$$A = a^2 \cdot \left(\frac{\pi}{2} - 1\right) \text{FE}$$

Für a = 8 cm:

$$A = (8\text{ cm})^2 \cdot \left(\frac{\pi}{2} - 1\right) \text{FE}$$
$$A \approx 36{,}53\text{ cm}^2$$

Umfang der Figur:

Der Umfang u besteht aus 8 Viertelkreisbögen mit dem Radius $r = \frac{a}{2}$.

$$u = 8 \cdot 2 \cdot \pi \cdot r \cdot \frac{\omega}{360°}$$
$$u = 8 \cdot 2 \cdot \pi \cdot \frac{a}{2} \cdot \frac{90°}{360°}$$
$$u = 2\pi \cdot a$$

Für a = 8 cm:

$$u = 2\pi \cdot 8\text{ cm}$$
$$u = 16\pi\text{ cm}$$
$$u \approx 50{,}27\text{ cm}$$

---

153 Flächeninhalt eines Möndchens: $A = A_{\text{Halbkreis}} - (A_{\text{Sektor}} - A_{\text{Dreieck}})$

Flächeninhalt beider Möndchen zusammen:

$$A = \frac{1}{2} \cdot \pi \cdot \left(\frac{b}{2}\right)^2 - \left(\pi \cdot \left(\frac{c}{2}\right)^2 \cdot \frac{\omega_b}{360°} - A_{\Delta ADC}\right) + \frac{1}{2} \cdot \pi \cdot \left(\frac{a}{2}\right)^2 - \left(\pi \cdot \left(\frac{c}{2}\right)^2 \cdot \frac{\omega_a}{360°} - A_{\Delta DBC}\right)$$
$$A = \pi \cdot \frac{b^2}{8} - \pi \cdot \frac{c^2}{4} \cdot \frac{\omega_b}{360°} + A_{\Delta ADC} + \pi \cdot \frac{a^2}{8} - \pi \cdot \frac{c^2}{4} \cdot \frac{\omega_a}{360°} + A_{\Delta DBC}$$
$$A = \pi \cdot \frac{a^2}{8} + \pi \cdot \frac{b^2}{8} - \pi \cdot \frac{c^2}{4} \cdot \left(\frac{\omega_b}{360°} + \frac{\omega_a}{360°}\right) + \underbrace{(A_{\Delta ADC} + A_{\Delta DBC})}$$
$$A = \pi \cdot \frac{a^2}{8} + \pi \cdot \frac{b^2}{8} - \pi \cdot \frac{c^2}{4} \cdot \frac{\omega_b + \omega_a}{360°} \qquad + \qquad A_{\Delta\,ABC}$$

$$A = \pi \cdot \frac{a^2}{8} + \pi \cdot \frac{b^2}{8} - \pi \cdot \frac{c^2}{4} \cdot \frac{1}{2} \qquad + \qquad \frac{1}{2} \cdot a \cdot b$$

$$A = \pi \cdot \frac{a^2}{8} + \pi \cdot \frac{b^2}{8} - \pi \cdot \frac{c^2}{8} + \frac{1}{2} \cdot a \cdot b$$

$$A = \frac{\pi}{8} \cdot \underbrace{(a^2 + b^2 - c^2)}_{=0} + \frac{1}{2} \cdot a \cdot b$$

Satz des Pythagoras: $a^2 + b^2 = c^2 \quad | -c^2$

$a^2 + b^2 - c^2 = 0$

$$A = \frac{\pi}{8} \cdot 0 + \frac{1}{2} \cdot a \cdot b$$

$$A = \frac{1}{2} \cdot a \cdot b$$

Da die Fläche des rechtwinkligen Dreiecks ABC ebenfalls $\frac{1}{2} \cdot a \cdot b$ ist, ist die Behauptung bewiesen.

---

154 $s = v \cdot t$

$s = 1\,668 \frac{km}{h} \cdot 1\ h$ (siehe Aufgabe 159)

$s = 1\,668\ km$

---

155 a) Gegeben: Durchmesser d des Rads

$22" = 22 \cdot 2{,}54\ cm = 55{,}88\ cm \Rightarrow$ Radius $r = 27{,}94\ cm$

Umfang des Kinderrads:

$u = 2 \cdot \pi \cdot r$

$u = 2 \cdot \pi \cdot 27{,}94$

$u \approx 175{,}55\ cm$

Das Rad kommt pro Umdrehung ca. 1,76 m voran.

b) Gegeben: Kreisbogen $b = 1\ m$

Gesucht: zugehöriger Mittelpunktswinkel ω

Länge des Kreisbogens:

$b = 2 \cdot \pi \cdot r \cdot \frac{\omega}{360°}$ Einsetzen der Werte

$1\ m = 2 \cdot \pi \cdot 0{,}2794\ m \cdot \frac{\omega}{360°}$ Umformen

$\omega = \frac{1\ m \cdot 360°}{2 \cdot \pi \cdot 0{,}2794\ m}$

$\omega \approx 205°$

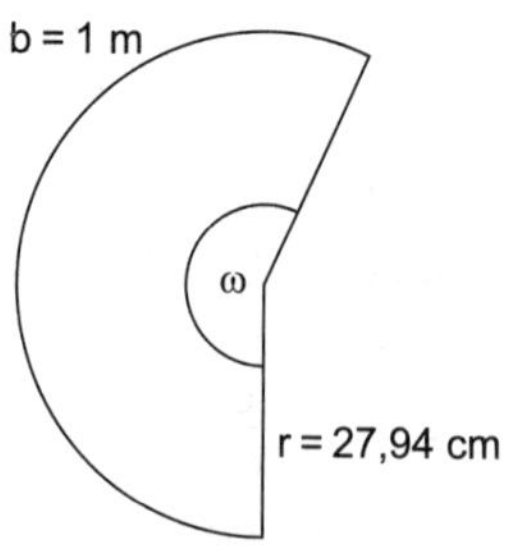

Das Rad dreht sich bei einer Fahrt von 1 m um einen Winkel von ca. 205°.

c) Eine Umdrehung entspricht 1,76 m (siehe Teilaufgabe a).

$1\ km = 1\,000\ m \qquad 1\,000\ m : 1{,}76\ m = 568{,}\overline{18}$

Pro Kilometer müssen 569 Radumdrehungen gemacht werden.

d) Strecke Ochtrup – Münster: $40\ km = 40\,000\ m$

$40\,000\ m : 1{,}76\ m \approx 22\,727$ Radumdrehungen

$22\,727 : 120 \approx 189$ Minuten

Die Fahrt würde ca. 189 Minuten bzw. 3 Stunden und 9 Minuten dauern (bei konstanter Fahrweise).

10 Körper

156 a) $\varphi = 45°$ $q = \frac{1}{2}$ $\overline{AB} \in s$

$\overline{BC}_{\text{Zeich.}} = \frac{1}{2} \cdot \overline{BC}_{\text{wahr}}$

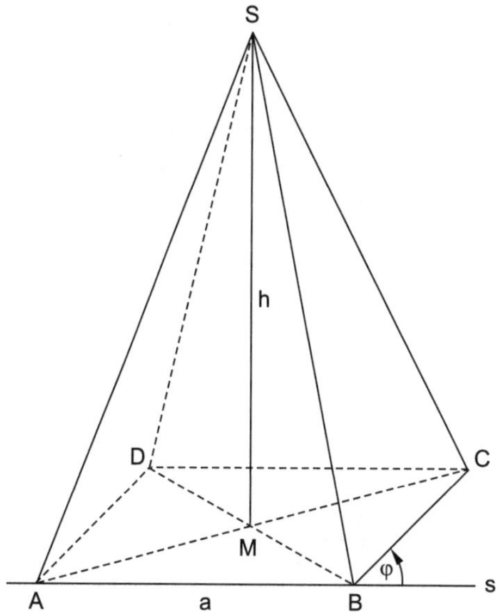

(Zeichnungsmaßstab 1 : 2)

b) $\varphi = 30°$ $q = \frac{1}{3}$ $\overline{DC} \in s$

$\overline{BC}_{\text{Zeich.}} = \frac{1}{3} \cdot \overline{BC}_{\text{wahr}}$

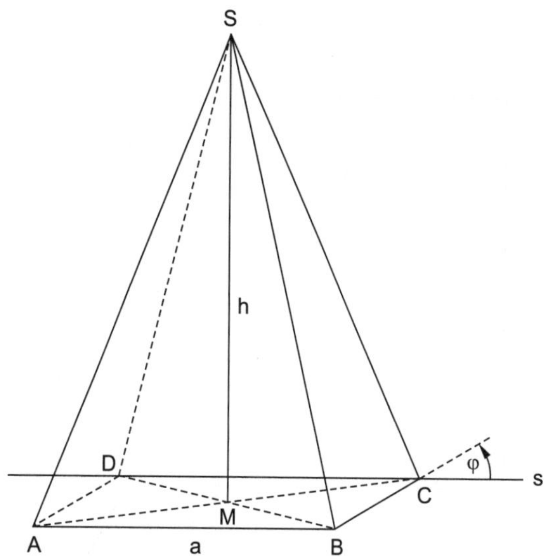

(Zeichnungsmaßstab 1 : 2)

c) $\varphi = 45°$ $q = \frac{2}{3}$ $\overline{AB} \in s$

$\overline{BC}_{\text{Zeich.}} = \frac{2}{3} \cdot \overline{BC}_{\text{wahr}}$

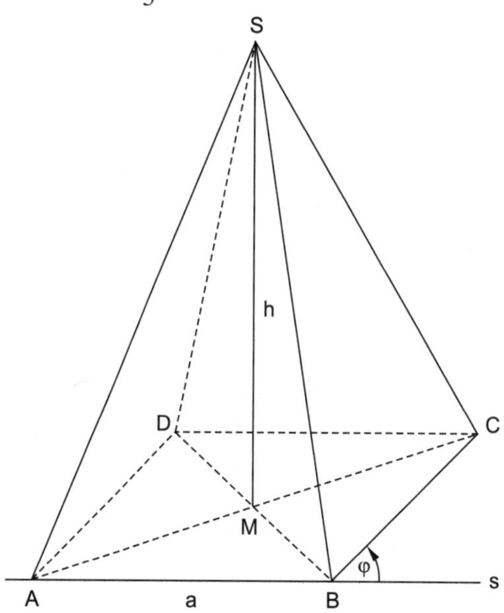

(Zeichnungsmaßstab 1 : 2)

157 a)

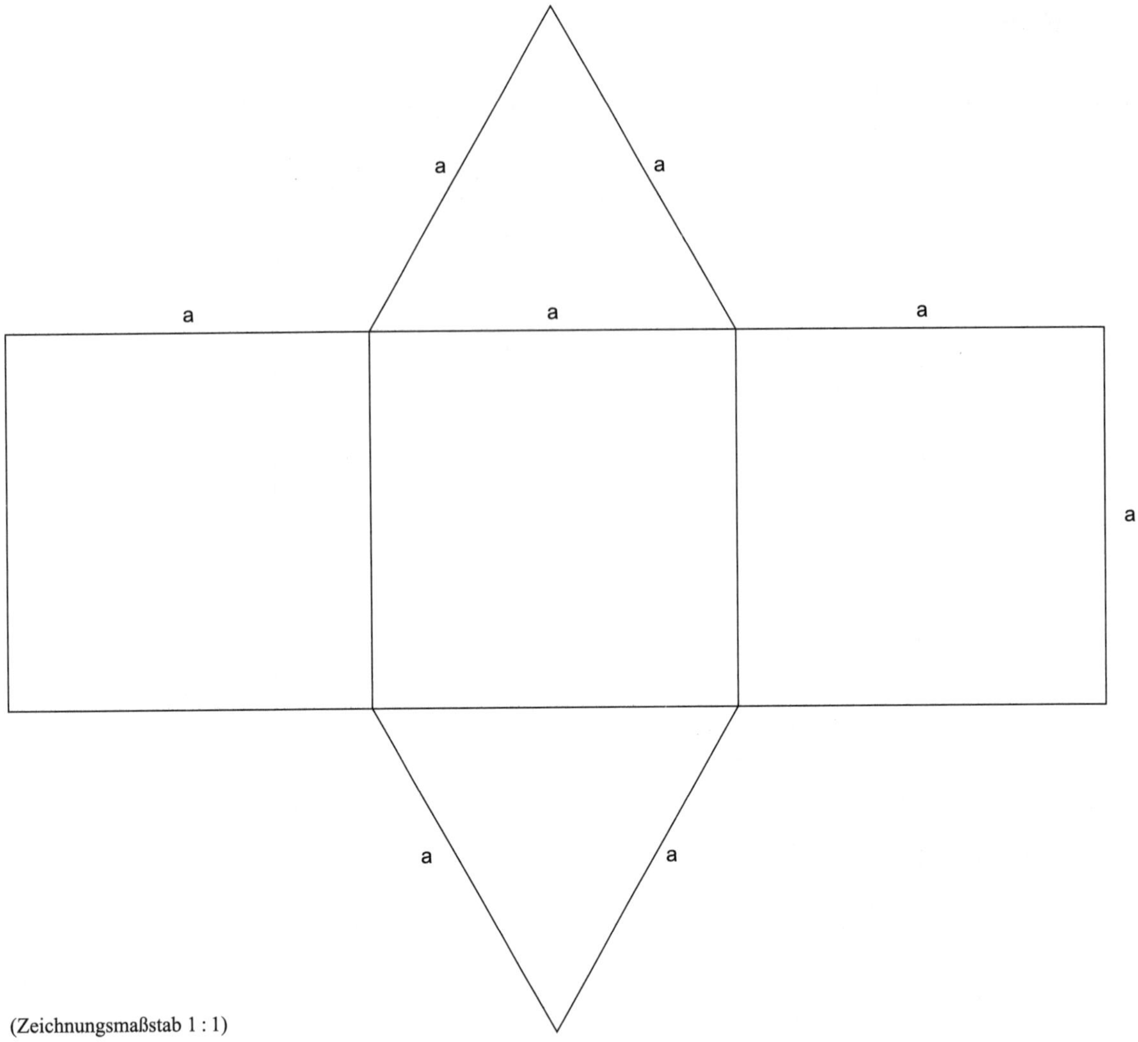

(Zeichnungsmaßstab 1 : 1)

b)

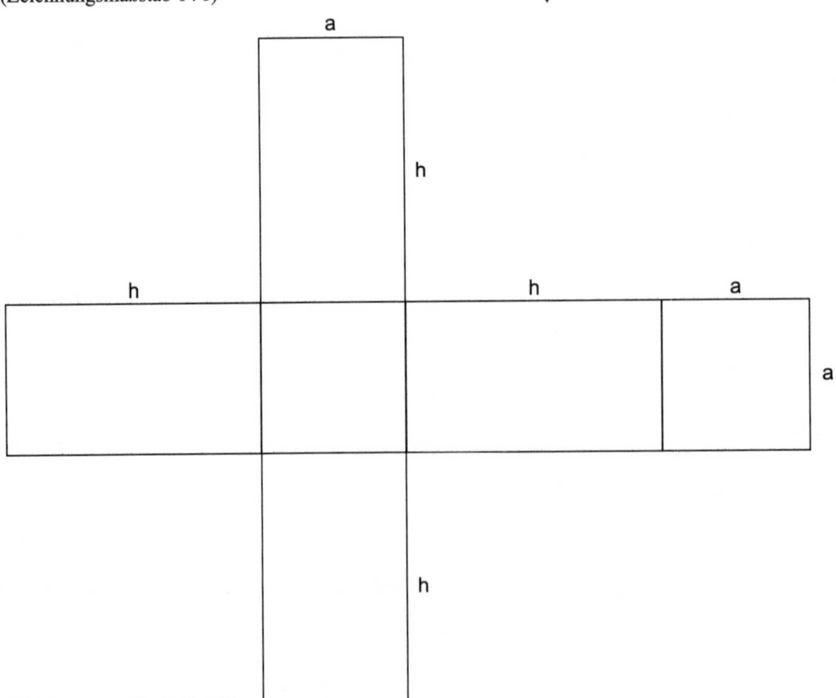

(Zeichnungsmaßstab 1 : 20)

158 $\overline{MA} = 4\text{ cm} \; (= r)$ in wahrer Länge

$\overline{MB}_{Zeichnung} = \frac{1}{2} \cdot \overline{MB}_{wahr} = \frac{1}{2} \cdot r$ verkürzt

$\overline{MN} = 8\text{ cm} \; (= h)$ in wahrer Länge

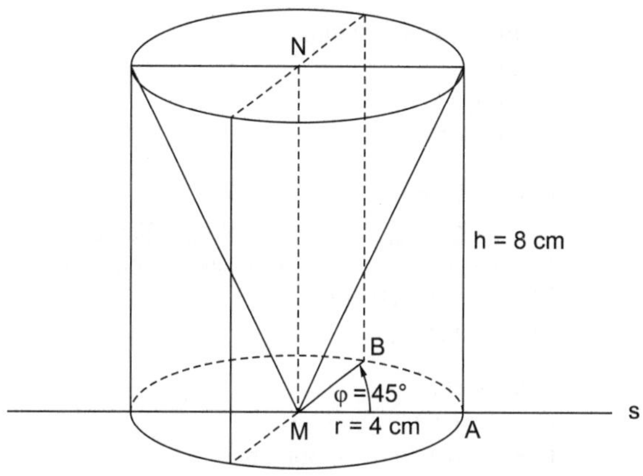

(Zeichnungsmaßstab 1 : 2)

159 $V = 4\text{ cm} \cdot 5\text{ cm} \cdot b$

$V = 20\text{ cm}^2 \cdot b$

$O = 2 \cdot 4\text{ cm} \cdot b + 2 \cdot 5\text{ cm} \cdot b + 2 \cdot 4\text{ cm} \cdot 5\text{ cm}$

$O = 8\text{ cm} \cdot b + 10\text{ cm} \cdot b + 40\text{ cm}^2$

$O = 18\text{ cm} \cdot b + 40\text{ cm}^2$

$O = 184\text{ cm}^2$:

$18\text{ cm} \cdot b + 40\text{ cm}^2 = 184\text{ cm}^2 \quad | -40\text{ cm}^2$

$18\text{ cm} \cdot b = 144\text{ cm}^2 \quad | : 18\text{ cm}$

$b = 8\text{ cm}$

$V = 20\text{ cm}^2 \cdot 8\text{ cm}$

$V = 160\text{ cm}^3$

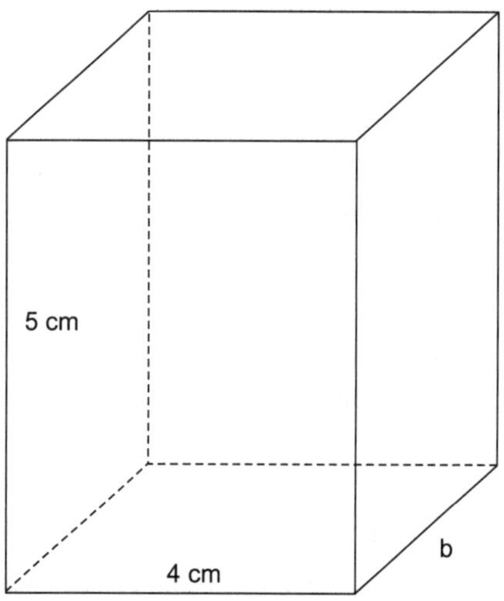

160 Volumen:

$V = G \cdot h$

$V = \frac{1}{2} \cdot 6\text{ cm} \cdot 8\text{ cm} \cdot 6\text{ cm}$ (Das Dreieck ist wegen $10^2 = 6^2 + 8^2$ rechtwinklig.)

$V = 144\text{ cm}^3$

Oberfläche:

$O = 2 \cdot G + A_1 + A_2 + A_3$ (A_1, A_2, A_3 sind die Inhalte der 3 Seitenflächen)

$O = 2 \cdot \frac{1}{2} \cdot 6\text{ cm} \cdot 8\text{ cm} + 6\text{ cm} \cdot 6\text{ cm} + 8\text{ cm} \cdot 6\text{ cm} + 10\text{ cm} \cdot 6\text{ cm}$

$O = 48\text{ cm}^2 + 36\text{ cm}^2 + 48\text{ cm}^2 + 60\text{ cm}^2$

$O = 192\text{ cm}^2$

161 Ein regelmäßiges Sechseck (Grundfläche) besteht aus sechs gleichseitigen Dreiecken mit der Seitenlänge $s = r$ $(= 5\text{cm})$. r ist dabei der Umkreisradius des Sechsecks.

Grundfläche:

$G = 6 \cdot \frac{s^2}{4} \cdot \sqrt{3}$ Flächeninhalt eines gleichseitigen Dreiecks mit Seitenlänge s: $A = \frac{s^2}{4} \cdot \sqrt{3}$

$G = \frac{3}{2} \cdot (5\text{ cm})^2 \cdot \sqrt{3}$

$G \approx 64{,}95\text{ cm}^2$

Volumen des Prismas:
$V = G \cdot h$
$V = 64{,}95\ cm^2 \cdot 10\ cm$
$V = 649{,}5\ cm^3$

Mantelfläche:
$M = 6 \cdot A_{Rechteck}$ Die Seitenflächen sind Rechtecke
$M = 6 \cdot s \cdot h$ mit den Seitenlängen s und h.
$M = 6 \cdot 5\ cm \cdot 10\ cm$
$M = 300\ cm^2$

Oberfläche:
$O = 2 \cdot G + M$
$O = 2 \cdot 64{,}95\ cm^2 + 300\ cm^2$
$O = 429{,}9\ cm^2$

---

162 Grundfläche:

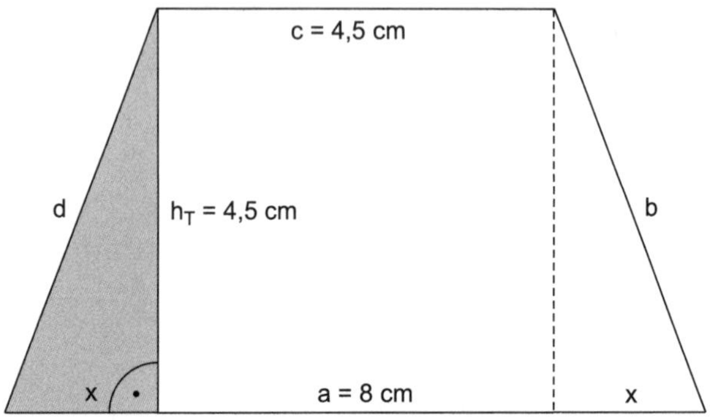

$G = \frac{a + c}{2} \cdot h_T$
$G = \frac{8\ cm + 4{,}5\ cm}{2} \cdot 4{,}5\ cm$
$G = 28{,}125\ cm^2$

Volumen:
$V = G \cdot h$
$V = 28{,}125\ cm^2 \cdot 6\ cm$
$V = 168{,}75\ cm^3$

Mantelfläche:
$M = a \cdot h + b \cdot h + c \cdot h + d \cdot h$
$M = h\ (a + b + c + d)$

Die Seitenlängen b und d sind gleich. Wir müssen sie aber zunächst berechnen:
$2x = a - c$
$x = \frac{a - c}{2}$
$x = \frac{8\ cm - 4{,}5\ cm}{2}$
$x = 1{,}75\ cm$

$d^2 = h^2 + x^2$ Satz des Pythagoras im schraffierten, rechtwinkligen Dreieck
$d^2 = (4{,}5\ cm)^2 + (1{,}75\ cm)^2$
$d^2 = 20{,}25\ cm^2 + 3{,}06\ cm^2$
$d^2 = 23{,}31\ cm^2$
$d \approx 4{,}83\ cm\ (= b)$

$M = h \cdot (a + b + c + d)$
$M = 6\ cm \cdot (8\ cm + 4{,}83\ cm + 4{,}5\ cm + 4{,}83\ cm)$
$M = 132{,}96\ cm^2$

Oberfläche:
$O = 2 \cdot G + M$
$O = 2 \cdot 28{,}125\ cm^2 + 132{,}96\ cm^2$
$O = 189{,}22\ cm^2$

---

163 a) Das Netzbild ist falsch: Die Seitenlängen von Grund- und Deckfläche müssen zu den Seitenlängen der Mantelflächen passen.

Grund- und Deckfläche verändern: oder: Mantelflächen verändern:

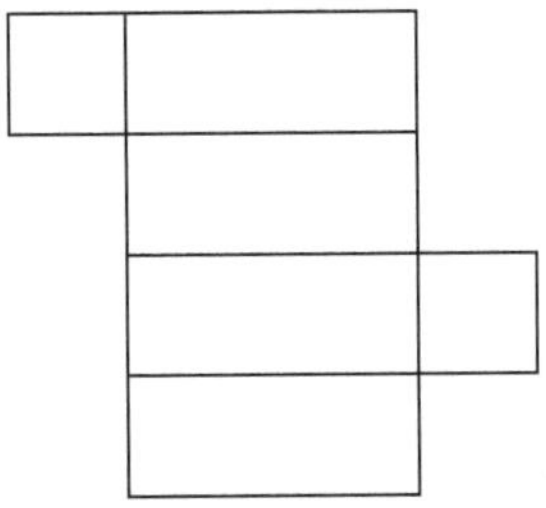

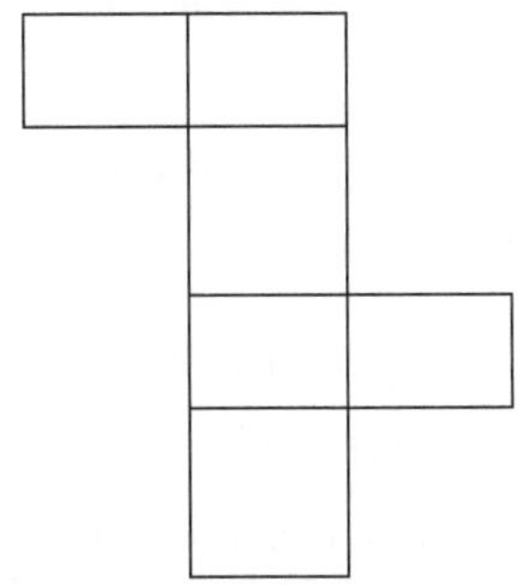

b) Das Netzbild ist richtig.

c) Das Netzbild ist falsch: Die Seitenteile müssen gleich lang zur Seitenlänge des Dreiecks sein.

Grund- und Deckfläche verändern: oder: Mantelflächen verändern:

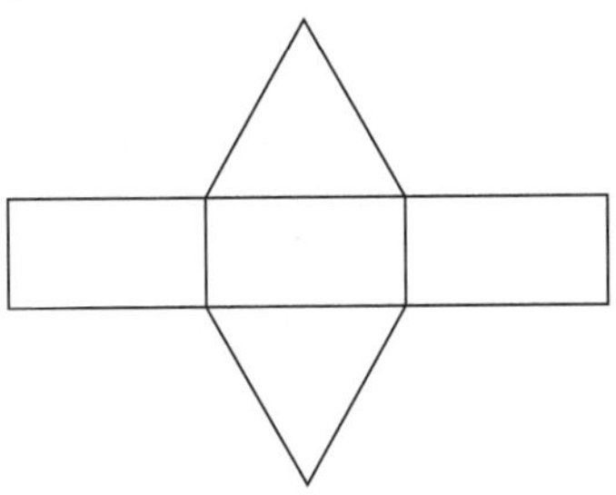

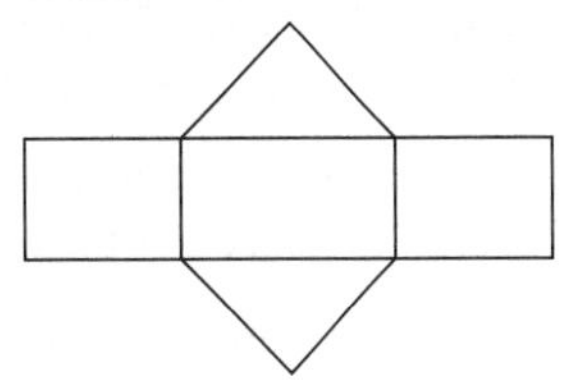

---

164 a) Das Prisma kann im Schrägbild „stehen“ oder „liegen“. Verzerrungswinkel und Verkürzungsfaktor sind zu beachten.

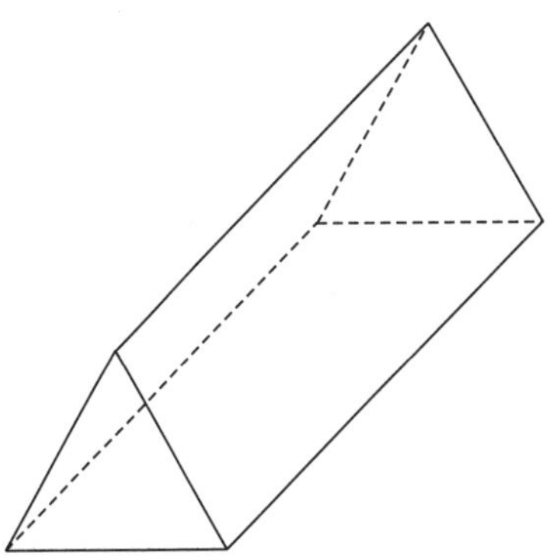

(Zeichnungsmaßstab 1 : 2)

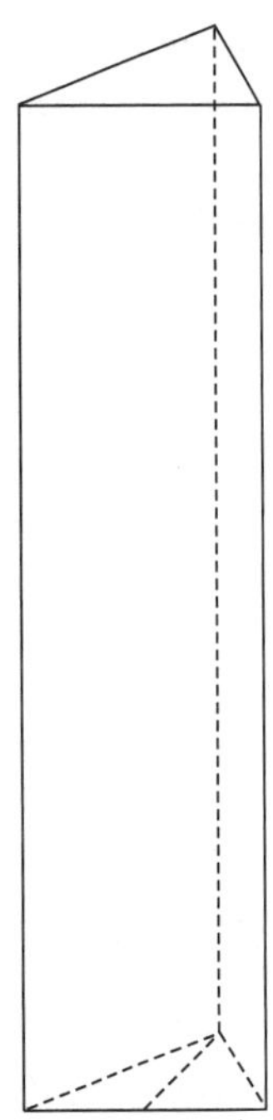

b) Gegeben: Grundseite a = 4 cm und h = 16 cm
Gesucht: Volumen V

Mit der Formel $V = G \cdot h$ lässt sich das Volumen berechnen. Zunächst wird die Grundfläche G berechnet:

$A_{Dreieck} = \frac{1}{2} \cdot a \cdot h_a$ gleichseitiges Dreieck

h_a ist noch nicht bekannt und kann mithilfe des Satzes von Pythagoras berechnet werden:

$$a^2 = h_a{}^2 + \left(\frac{a}{2}\right)^2$$

Grundfläche G

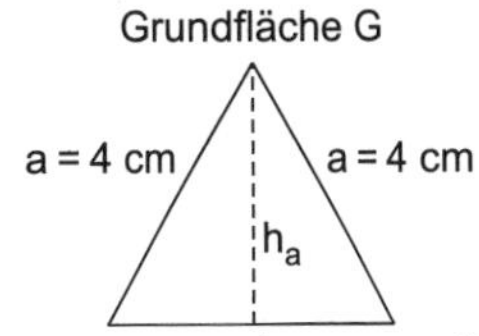

(Zeichnungsmaßstab 1 : 2)

$$(4\,\text{cm})^2 = h_a{}^2 + \left(\frac{4\,\text{cm}}{2}\right)^2 \qquad \Bigg| -\left(\frac{4\,\text{cm}}{2}\right)^2$$

$$h_a{}^2 = (4\,\text{cm})^2 - \left(\frac{4\,\text{cm}}{2}\right)^2$$

$$h_a = \sqrt{(4\,\text{cm})^2 - (2\,\text{cm})^2}$$

$$h_a \approx 3{,}46\,\text{cm}$$

$$A_{\text{Dreieck}} = \frac{1}{2} \cdot 4\,\text{cm} \cdot 3{,}46\,\text{cm}$$

$$A_{\text{Dreieck}} = 6{,}92\,\text{cm}^2$$

Dann ergibt sich für das Volumen des Prismas:
$V = 6{,}92\,\text{cm}^2 \cdot 16\,\text{cm}$
$V = 110{,}72\,\text{cm}^3$

c) Das Volumen des quaderförmigen Kartons beträgt:
$V = 12\,\text{cm} \cdot 11\,\text{cm} \cdot 16\,\text{cm} = 2\,112\,\text{cm}^3$

Wenn man die Prismen „dicht" verpacken könnte (ohne Zwischenräume), würden $2\,112\,\text{cm}^3 : 110{,}72\,\text{cm}^3 \approx 19{,}08$, also 19 ganze Prismen in den Karton passen. Diese Lösung ist aber nicht richtig.

Eine Skizze kann Petras Aussage bestätigen:

Pro „Reihe" passen 5 Prismen in die Schachtel, maximal drei Reihen passen übereinander.
In die entstehenden seitlichen Hohlräume passen keine weiteren Prismen.
Somit passen insgesamt 15 Prismen in die Verpackung.

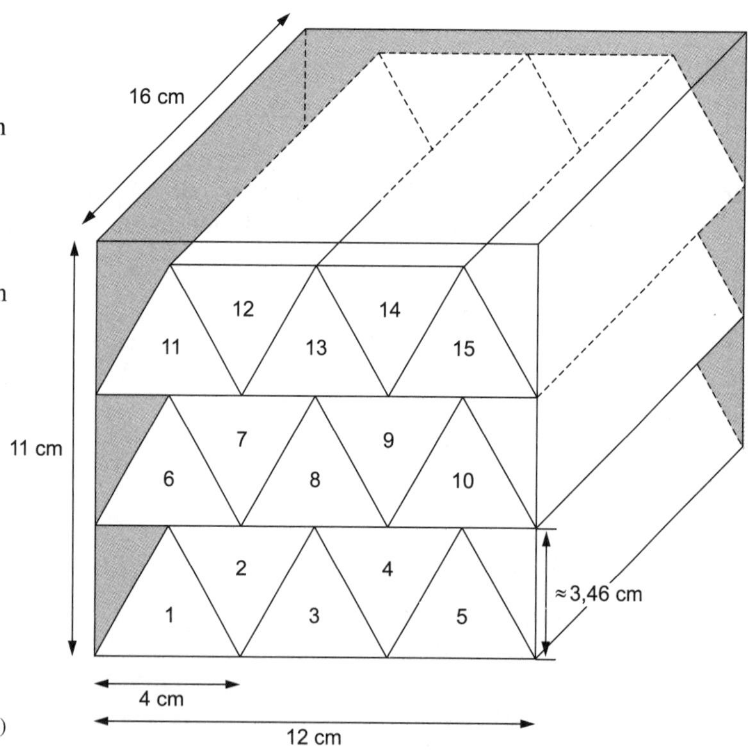

(Zeichnungsmaßstab 1 : 2)

---

165 Der bei der Rotation entstehende Zylinder hat den Radius: $r = \frac{a}{2}$ und die Höhe $h = b$.

Volumen:
$V = \pi \cdot r^2 \cdot h$
$V = \pi \cdot (4\,\text{cm})^2 \cdot 5\,\text{cm}$
$V = 80\pi\,\text{cm}^3$
$V \approx 251{,}33\,\text{cm}^3$

Mantelfläche:
$M = 2 \cdot \pi \cdot r \cdot h$
$M = 2 \cdot \pi \cdot 4\,\text{cm} \cdot 5\,\text{cm}$
$M = 40\pi\,\text{cm}^2$
$M \approx 125{,}66\,\text{cm}^2$

Oberfläche:
$O = 2 \cdot \pi \cdot r^2 + M$
$O = 2 \cdot \pi \cdot (4\,\text{cm})^2 + 40\pi\,\text{cm}^2$
$O = 72\pi\,\text{cm}^2$
$O \approx 226{,}19\,\text{cm}^2$

166 Der Radius des einbeschriebenen Zylinders ist $\frac{a}{2}$, seine Höhe a.

$V = \pi \cdot r^2 \cdot h$

$V = \pi \cdot \left(\frac{a}{2}\right)^2 \cdot a$

$V = \pi \cdot \frac{a^3}{4}$

$V = \pi \cdot \frac{(10\text{ cm})^3}{4}$

$V = 250\pi\text{ cm}^3$

$M = 2 \cdot \pi \cdot r \cdot h$

$M = 2 \cdot \pi \cdot \frac{a}{2} \cdot a$

$M = \pi \cdot a^2$

$M = \pi \cdot (10\text{ cm})^2$

$M = 100\pi\text{ cm}^2$

167

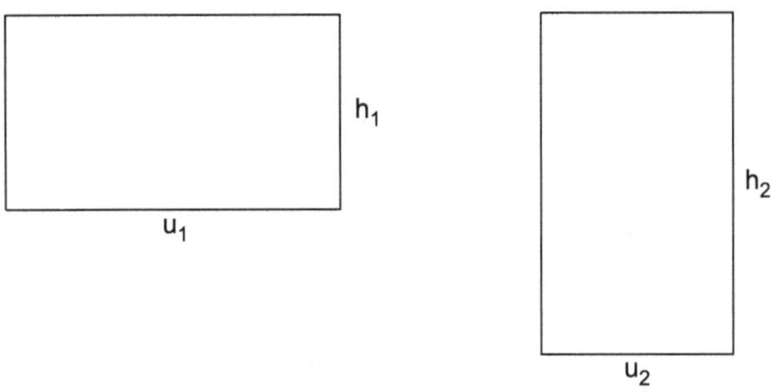

Zylinder 1:

$u_1 = 29{,}7\text{ cm} = 2 \cdot \pi \cdot r_1$

$r_1 = \frac{29{,}7\text{ cm}}{2 \cdot \pi}$

$r_1 \approx 4{,}73\text{ cm}$

$h_1 = 21\text{ cm}$

$V_1 = \pi \cdot r_1^2 \cdot h_1$

$V_1 = \pi \cdot \left(\frac{29{,}7}{2 \cdot \pi}\text{ cm}\right)^2 \cdot 21\text{ cm}$

$V_1 \approx 1\,474{,}08\text{ cm}^3$

$V_1 \approx 1{,}47\text{ dm}^3$

Zylinder 2:

$u_2 = 21\text{ cm} = 2 \cdot r_2 \cdot \pi$

$r_2 = \frac{21\text{ cm}}{2 \cdot \pi}$

$r_2 \approx 3{,}342\text{ cm}$

$h_2 = 29{,}7\text{ cm}$

$V_2 = \pi \cdot r_2^2 \cdot h_2$

$V_2 = \pi \cdot \left(\frac{21{,}1}{2 \cdot \pi}\text{ cm}\right)^2 \cdot 29{,}7\text{ cm}$

$V_2 \approx 1\,042{,}28\text{ cm}^3$

$V_2 \approx 1{,}04\text{ dm}^3$

Der Zylinder mit dem größeren Radius r_1 und der kleineren Höhe h_1 hat das größere Volumen.

---

168 Dosenvolumen:

$V = 0{,}75\text{ dm}^3 + 0{,}75\text{ dm}^3 \cdot \frac{5{,}0}{100}$

$V = 0{,}7875\text{ dm}^3$

$V = 787{,}5\text{ cm}^3$

$V = \pi \cdot r^2 \cdot h$

$V = \pi \cdot \left(\frac{7{,}4\text{ cm}}{2}\right)^2 \cdot h$

$V = \pi \cdot (3{,}7\text{ cm})^2$

V muss gleich dem Dosenvolumen sein:

$\pi \cdot (3{,}7\text{ cm})^2 \cdot h\text{ cm}^2 = 787{,}5\text{ cm}^3 \quad |:[\pi \cdot (3{,}7\text{ cm})^2]$

$h = \frac{787{,}5\text{ cm}^3}{\pi \cdot (3{,}7\text{ cm})^2}$

$h \approx 18{,}31\text{ cm}$

169 $V_{Zylinder} = \pi \cdot r^2 \cdot h$

$V_{Zylinder} = \pi \cdot (4{,}40\ cm)^2 \cdot 8{,}84\ cm$

$V_{Zylinder} \approx 537{,}66\ cm^3$

Der Motor hat 5 Zylinder.

$\text{Anzahl Zylinder} = \frac{2\,687\ cm^3}{537{,}66\ cm^3}$

$\text{Anzahl Zylinder} \approx 5$

---

170 Volumen des Rohrstücks:

$V = G \cdot h$

$V = \pi \cdot (r_2^2 - r_1^2) \cdot h$

$V = \pi \cdot [(31{,}2\ cm)^2 - (30{,}0\ cm)^2] \cdot 850\ cm$

$V \approx 196\,110{,}78\ cm^3$

Masse des Rohrstücks:

$m = \delta \cdot V$

$m = 7{,}8 \frac{g}{cm^3} \cdot 196\,110{,}78\ cm^3$

$m = 1\,529\,664{,}08\ g$

$m \approx 1{,}53\ t$

Grundfläche G ist der Kreisring mit den Radien $r_1 = 30{,}0$ cm und $r_2 = 31{,}2$ cm. Höhe h ist die Rohrlänge mit 850 cm.

---

171 Annahmen aus dem Foto:

Jan ist schätzungsweise 1,80 m groß, die Fässer sind ca. 60 cm hoch und haben einen Durchmesser von ca. 40 cm.

Die Fässer haben die Form eines Zylinders, damit gilt für das Volumen eines Fasses:

$V = \pi \cdot r^2 \cdot h$, wobei der Radius $r = 20$ cm und die Höhe $h = 60$ cm ist.

$V = \pi \cdot (20\ cm)^2 \cdot 60\ cm$

$V \approx 75\,398\ cm^3$ das sind somit ca. 75 Liter Öl pro Fass.

Jan trägt zwei Fässer zu je 75 ℓ, also insgesamt $150\ \ell \cdot 0{,}9 \frac{kg}{\ell} = 135\ kg$.

Es dürfte sich um eine Fotomontage handeln, da Jan – er sieht nicht aus wie ein Bodybuilder – auf diese Weise wohl kaum 135 kg tragen kann. Noch wahrscheinlicher ist aber, dass Jan auf dem Foto zwei leere Fässer trägt.

---

172 a) Volumen:

$V = \frac{1}{3} \cdot G \cdot k$

$V = \frac{1}{3} \cdot (12\ cm)^2 \cdot 18\ cm$

$V = 864\ cm^3$

Oberfläche:

$O = G + 4 \cdot A_{Seitenfläche}$

Seitenflächen sind gleichschenklige Dreiecke ABS, BCS, CDS und ADS. Die Grundlinie dieser Dreiecke ist a und die Höhe $h' = \overline{ES}$.

Die Höhe h' berechnen wir aus dem Dreieck MES mithilfe des Satzes von Pythagoras:

$h_1{}^2 = h^2 + \overline{ME}^2$

$h_1{}^2 = (18\ cm)^2 + (6\ cm)^2$

$h_1{}^2 = 360\ cm^2$

$h_1 \approx 18{,}97\ cm$

$O = (12\ cm)^2 + 4 \cdot \frac{1}{2} \cdot 12\ cm \cdot 18{,}97\ cm$

$O \approx 599\ cm^2$

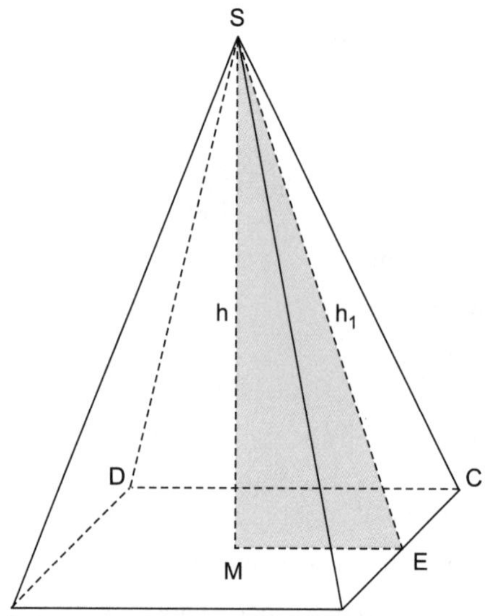

b) Volumen:

$V = \frac{1}{3} \cdot G \cdot h$

$V = \frac{1}{3} \cdot 10\text{ cm} \cdot 8\text{ cm} \cdot 18\text{ cm}$

$V = 480\text{ cm}^3$

Oberfläche:

$O = G + 2 \cdot A_{\text{Seitenfläche 1}} + 2 \cdot A_{\text{Seitenfläche 2}}$

Seitenfläche 1 ist das gleichschenklige Dreieck ABS mit der Grundlinie $\overline{AB} = a$ und der Höhe $h_3 = \overline{FS}$. Seitenfläche 2 ist das gleichschenklige Dreieck BCS mit der Grundlinie $\overline{BC} = b$ und der Höhe $h_2 = \overline{ES}$.

Die beiden Höhen h_2 und h_3 berechnen wir wieder mithilfe des Satzes von Pythagoras aus den Dreiecken MFS und MES.

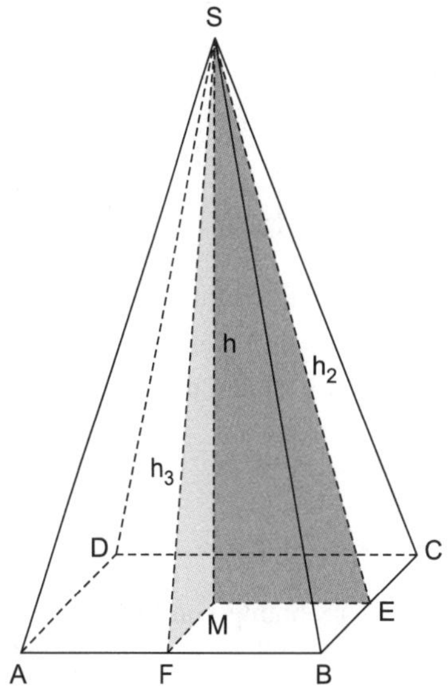

$\overline{FS}^2 = \overline{MF}^2 + \overline{MS}^2$

$h_3^2 = (4\text{ cm})^2 + (18\text{ cm})^2$

$h_3^2 = 340\text{ cm}^2$

$h_3 \approx 18{,}44\text{ cm}$

$\overline{ES}^2 = \overline{ME}^2 + \overline{MS}^2$

$h_2^2 = (5\text{ cm})^2 + (18\text{ cm})^2$

$h_2^2 = 349\text{ cm}^2$

$h_2 \approx 18{,}68\text{ cm}$

$O = 10\text{ cm} \cdot 8\text{ cm} + 2 \cdot \frac{1}{2} \cdot 10\text{cm} \cdot 18{,}44\text{cm} + 2 \cdot \frac{1}{2} \cdot 8\text{ cm} \cdot 18{,}68\text{ cm}$

$O \approx 414\text{ cm}^2$

c) Berechne zunächst die Höhe h_a der Seitenfläche:

Nach Pythagoras gilt:

$h_a{}^2 = \sqrt{h^2 + \left(\frac{a}{2}\right)^2}$

$h_a = \sqrt{144\text{ cm}^2 + 81\text{ cm}^2}$

$h_a = 15\text{ cm}$

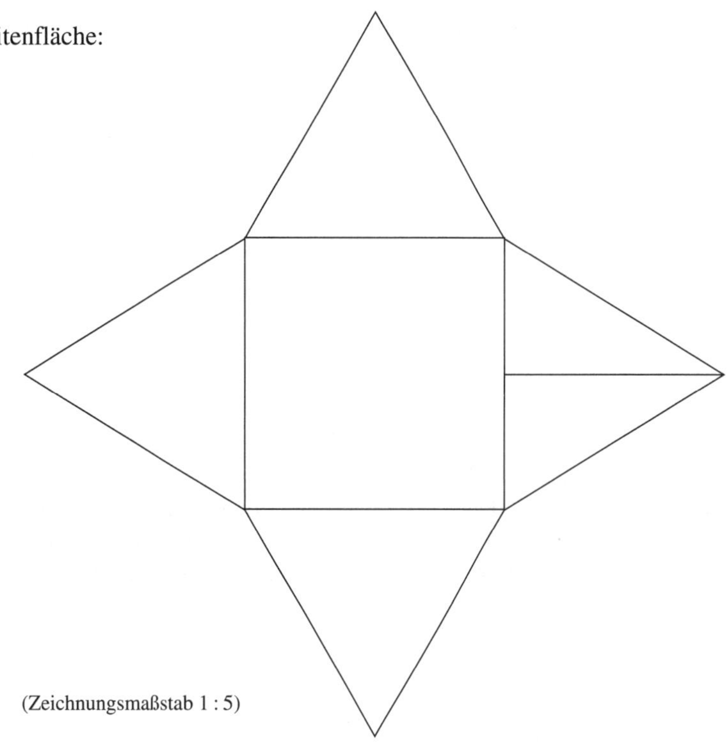

(Zeichnungsmaßstab 1 : 5)

173 a) Schrägbild der Pyramide ABCDS mit $\varphi = 45°$ und $\overline{AB} \in s$.

$\overline{AB} = 9\text{ cm} \quad (= a)$ — in wahrer Länge

$\overline{MS} = 15\text{ cm} \quad (= h)$ — in wahrer Länge

$\overline{BC}_{\text{Zeichnung}} = q \cdot \overline{BC}_{\text{wahr}}$ — verkürzt mit Faktor $\frac{1}{2}$

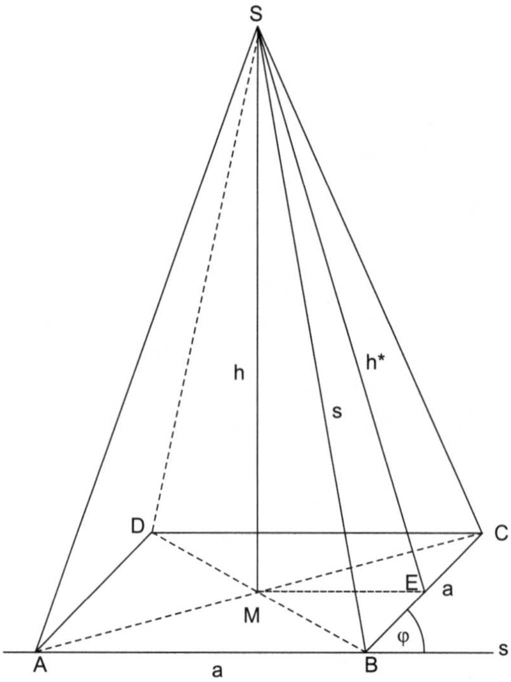

(Zeichnungsmaßstab 1 : 2)

b) Seitenkante s:

Die Länge der Seitenkante erhalten wir aus dem rechtwinkligen Dreieck MBS mithilfe des Satzes von Pythagoras.

$$\overline{BS}^2 = \overline{MS}^2 + \overline{MB}^2$$

$$s^2 = h^2 + \left(\frac{a}{2}\sqrt{2}\right)^2$$

$$s^2 = (15\text{ cm})^2 + \left(\frac{9\text{ cm}}{2}\sqrt{2}\right)^2$$

$$s^2 = 225\text{ cm}^2 + 40{,}5\text{ cm}^2$$

$$s^2 = 265{,}5\text{ cm}^2$$

$$s \approx 16{,}29\text{ cm}$$

Berechnung von $\overline{MB}$:

$$\overline{BD}^2 = a^2 + a^2$$

$$\overline{BD}^2 = 2a^2$$

$$\overline{BD} = a\sqrt{2}$$

$$\overline{MB} = \frac{1}{2} \cdot \overline{BD}$$

$$\overline{MB} = \frac{a}{2}\sqrt{2}$$

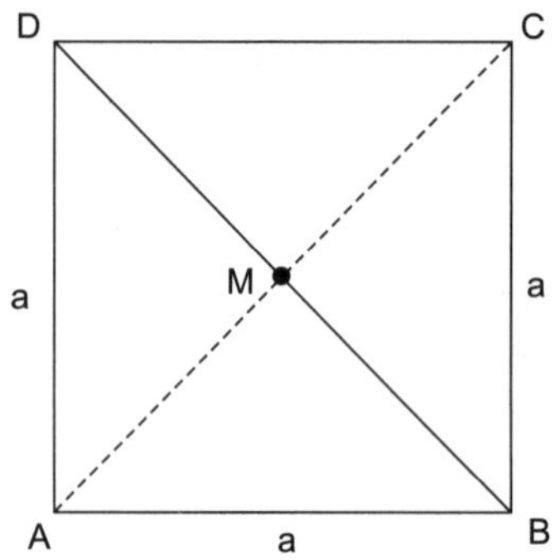

c) Volumen der Pyramide:

$$V = \frac{1}{3} \cdot G \cdot h$$

$$V = \frac{1}{3} \cdot a^2 \cdot h$$

$$V = \frac{1}{3} \cdot (9\text{ cm})^2 \cdot 15\text{ cm}$$

$$V = 405\text{ cm}^3$$

Mantelfläche der Pyramide:

Die Mantelfläche besteht aus vier kongruenten, gleichschenkligen Dreiecken. Um die Fläche dieser Dreiecke berechnen zu können, benötigen wir deren Höhe h*. Diese erhält man wieder mithilfe des Satzes von Pythagoras als Hypotenuse im rechtwinkligen Dreieck MES:

$$\overline{ES}^2 = \overline{MS}^2 + \overline{ME}^2$$

$$h^{*2} = h^2 + \left(\frac{a}{2}\right)^2$$

$$h^{*2} = (15\text{ cm})^2 + (4{,}5\text{ cm})^2$$

$$h^{*2} = 245{,}25\text{ cm}^2$$

$$h^* \approx 15{,}66\text{ cm}$$

Fläche eines Seitendreiecks:

$A = \frac{1}{2} \cdot a \cdot h^*$

$A = \frac{1}{2} \cdot 9\ \text{cm} \cdot 15{,}66\ \text{cm}$

$A = 70{,}47\ \text{cm}^2$

Mantelfläche:

$M = 4 \cdot A$

$M = 4 \cdot 70{,}47\ \text{cm}^2$

$M = 281{,}88\ \text{cm}^2$

---

174 a) $V_{alt} = \frac{1}{3} \cdot G \cdot h$

$V_{alt} = \frac{1}{3} \cdot (230\ \text{m})^2 \cdot 150\ \text{m}$

$V_{alt} = 2\,645\,000\ \text{m}^3$

b) $V_{neu} = \frac{1}{3} \cdot G \cdot h$

$V_{neu} = \frac{1}{3} \cdot (226\ \text{m})^2 \cdot 137\ \text{m}$

$V_{neu} \approx 2\,332\,471\ \text{m}^3$

$\Delta V = \Delta V_{alt} - V_{neu}$

$\Delta V = 2645000\ \text{m}^3 - 2332471\ \text{m}^3$

$\Delta V = 312\,529\ \text{m}^3$

(Im Laufe der Zeit abgetragenes bzw. verwittertes Gestein)

c) Die Ladefläche des Lkw-Kippers ist näherungsweise quaderförmig.
Somit gilt für das genäherte Ladevolumen:

$V_{LKW} = 8\ \text{m} \cdot 2{,}5\ \text{m} \cdot 2\ \text{m} = 40\ \text{m}^3$

$312\,529\ \text{m}^3 : 40\ \text{m}^3 \approx 7\,813{,}2$

Das im Laufe der Jahre verwitterte Gestein ($312\,529\ \text{m}^3$) müsste somit mit 7 814 Lkw-Fahrten abgefahren werden, 3 000 Fahrten reichen sicherlich nicht aus.

---

175 Gegeben: Grundseite $a = 30\ \text{m}$
Seitenkante $s = 25\ \text{m}$

Gesucht: Glasfläche = Mantelfläche der Pyramide

Feststellung:
Der Pyramidenmantel besteht aus vier gleichen Dreiecksflächen:

$M = 4 \cdot \frac{1}{2} \cdot a \cdot h_S = 2 \cdot a \cdot h_S$

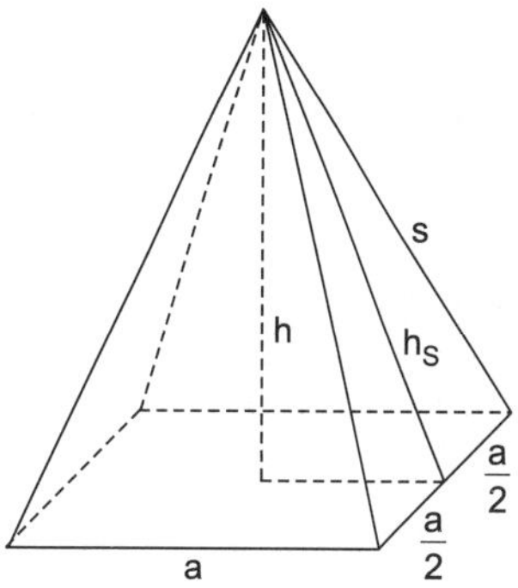

Die Flächenhöhe h_S wird mithilfe des Satzes von Pythagoras berechnet:

$s^2 = h_S{}^2 - \left(\frac{a}{2}\right)^2 \qquad \left| -\left(\frac{a}{2}\right)^2 \right.$

$h_S{}^2 = s^2 - \left(\frac{a}{2}\right)^2$

$h_S = \sqrt{(25\ \text{m})^2 - (15\ \text{m})^2}$

$h_S = 20\ \text{m}$

Damit gilt für die Mantelfläche:

$M = 2 \cdot a \cdot h_S$

$M = 2 \cdot 30\ \text{m} \cdot 20\ \text{m}$

$M = 1\,200\ \text{m}^2$

Die Berechnung des Redakteurs stimmt nicht.

176 a) Ein Tetraeder ist ein Körper aus vier gleichseitigen, kongruenten Dreiecken. Tetraeder heißt eigentlich „Vierflächner“, somit ist im eigentlichen Sinne auch eine Pyramide mit dreieckiger Grundfläche ein Tetraeder.

b) Petras Behauptung kann nur dann richtig sein, wenn beim Parallelogramm die beiden kürzeren parallelen Seiten genau halb so lang sind wie die längeren parallelen Seiten.
Das Parallelogramm lässt sich dann wie nebenstehend einteilen, sodass ein Tetraeder entsteht.

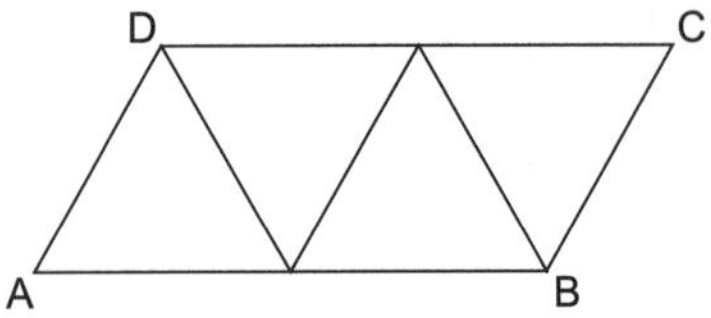

177

	a) r = 8 cm; h = 10 cm	b) r = 5 cm; h = 16 cm
Volumen $V = \frac{1}{3} \cdot \pi \cdot r^2 \cdot h$	$V = \frac{1}{3} \cdot \pi \cdot (8\text{ cm})^2 \cdot 10\text{ cm}$ $V \approx 670{,}21\text{ cm}^3$	$V = \frac{1}{3} \cdot \pi \cdot (5\text{ cm})^2 \cdot 16\text{ cm}$ $V \approx 418{,}88\text{ cm}^3$
Mantellinie $s = \sqrt{r^2 + h^2}$	$s = \sqrt{(8\text{ cm})^2 + (10\text{ cm})^2}$ $s = \sqrt{164\text{ cm}^2}$ $s \approx 12{,}81\text{ cm}$	$s = \sqrt{(5\text{ cm})^2 + (16\text{ cm})^2}$ $s = \sqrt{281\text{ cm}^2}$ $s \approx 16{,}76\text{ cm}$
Oberfläche $O = \pi \cdot r^2 + \pi \cdot r \cdot s$	$O = \pi \cdot (8\text{ cm})^2 + \pi \cdot 8\text{ cm} \cdot 12{,}81\text{ cm}$ $O \approx 523\text{ cm}^2$	$O = \pi \cdot (5\text{ cm})^2 + \pi \cdot 5\text{ cm} \cdot 16{,}76\text{ cm}$ $O \approx 342\text{ cm}^2$

178 a) Höhe des Kegels:

$$h^2 = a^2 - \left(\frac{a}{2}\right)^2$$

$$h^2 = \frac{3}{4}a^2$$

$$h = \frac{a}{2}\sqrt{3}$$

Radius des Kegels:

$$r = \frac{a}{2}$$

Volumen:

$$V = \frac{1}{3} \cdot \pi \cdot \left(\frac{a}{2}\right)^2 \cdot \frac{a}{2}\sqrt{3}$$

$$V = \frac{1}{3} \cdot \pi \cdot \frac{a^2}{4} \cdot \frac{a}{2}\sqrt{3}$$

$$V = \frac{1}{3} \cdot \pi \cdot \sqrt{3} \cdot \frac{a^3}{8}$$

$$V = \frac{1}{3} \cdot \pi \cdot \sqrt{3} \cdot \frac{(8\text{ cm})^3}{8}$$

$$V \approx 116{,}08\text{ cm}^3$$

Oberfläche:

$$O = G + M$$

$$O = \pi \cdot r^2 + \pi \cdot r \cdot s \qquad \left| \; r = \frac{a}{2} = 4\text{ cm};\; s = a = 8\text{ cm} \right.$$

$$O = \pi \cdot (4\text{ cm})^2 + \pi \cdot 4\text{ cm} \cdot 8\text{ cm}$$

$$O \approx 150{,}80\text{ cm}^2$$

b) $\left.\begin{array}{l} M = \pi \cdot s^2 \cdot \dfrac{\omega}{360°} \\ M = \pi \cdot r \cdot s \end{array}\right\}$ $\pi \cdot s^2 \cdot \dfrac{\omega}{360°} = \pi \cdot r \cdot s \quad |:(\pi \cdot s)$

$$s \cdot \frac{\omega}{360°} = r \quad |:s \quad |\cdot 360°$$

$$\omega = \frac{r \cdot 360°}{s}$$ (Hinweis: s ist die Länge der Mantellinie. Hier: s = a = 8 cm)

$$\omega = \frac{4\text{ cm} \cdot 360°}{8\text{ cm}}$$

$$\omega = 180°$$

Die Abwicklung des Kegelmantels ist ein Halbkreis mit dem Radius 8 cm.

c) Falls Teilaufgabe b gelöst wurde, verwende $\omega = 180°$.
Sonst kann auch auf folgende Weise gelöst werden:
Berechne zunächst den Mittelpunktswinkel des Kreissektors im Netzbild des Kegels.
Der Umfang des Grundkreises und die Bogenlänge des Kreissektors sind gleich groß:
Umfang Grundkreis = Bogenlänge Kreissektor

$$2 \cdot \pi \cdot r = 2 \cdot \pi \cdot s \cdot \frac{\omega}{360°} \quad |:2 \cdot \pi$$

$$r = s \cdot \frac{\omega}{360°} \quad \left| \cdot \frac{360°}{s} \right.$$

$$\omega = \frac{r \cdot 360°}{s}$$

$$\omega = \frac{4\text{ cm} \cdot 360°}{8\text{ cm}}$$

$$\omega = 180°$$

Der Mittelpunktswinkel beträgt $\omega = 180°$.

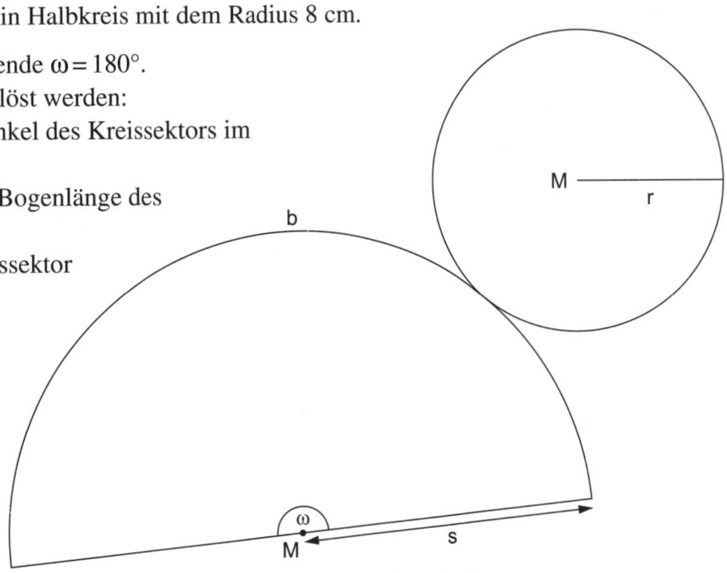

(Zeichnungsmaßstab 1 : 2)

---

179 a) Der Bogen b des Kreissektors ist Umfang u des Grundkreises des Kegels.

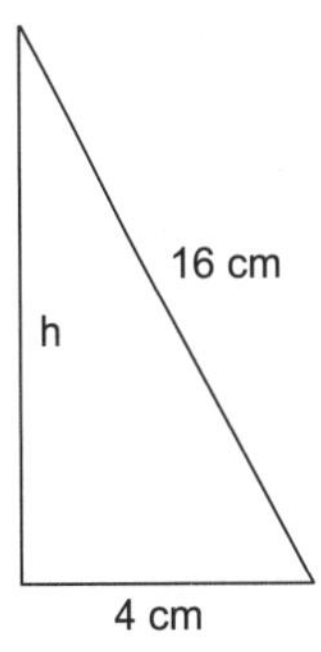

$$b = 2 \cdot \pi \cdot r \cdot \frac{\omega}{360°}$$

$$b = 2 \cdot \pi \cdot 16\text{ cm} \cdot \frac{90°}{360°}$$

$$b = 8\pi\text{ cm}$$

Grundkreisradius:

$$2 \cdot \pi \cdot r = 8\pi\text{ cm} \quad |:2\pi$$
$$r = 4\text{ cm}$$

Höhe des Kegels:

$$h^2 = (16\text{ cm})^2 - (4\text{ cm})^2$$
$$h^2 = 240\text{ cm}^2$$
$$h \approx 15{,}49\text{ cm}$$

b) Volumen:

$$V = \frac{1}{3} \cdot \pi \cdot r^2 \cdot h$$

$$V = \frac{1}{3} \cdot \pi \cdot (4\text{ cm})^2 \cdot 15{,}49\text{ cm}$$

$$V \approx 259{,}57\text{ cm}^3$$

Oberfläche:
$O = G + M$
$O = \pi \cdot r^2 + \pi \cdot r \cdot s$
$O = \pi \cdot (4\text{ cm})^2 + \pi \cdot 4\text{ cm} \cdot 16\text{ cm}$
$O = 16\pi\text{ cm}^2 + 64\pi\text{ cm}^2$
$O = 80\pi\text{ cm}^2$
$O \approx 251,33\text{ cm}^2$

(Die Mantellinie s des Kegels ist gleich dem Radius r des Kreissektors)

---

180 Gegeben: $r = 2,5$ m; $h_K = 1,2$ m

$V = \frac{1}{3} \cdot \pi \cdot r^2 \cdot h$

$V = \frac{1}{3} \cdot \pi \cdot (2,5\text{ m})^2 \cdot 1,2\text{ m}$

$V \approx 7,85\text{ m}^3$

Gewicht des Sandbergs (2,6 t pro 1 m^3): $7,85\text{ m}^3 \cdot 2,6\frac{\text{t}}{\text{m}^3} = 20,41\text{ t}$

Der Lkw-Fahrer wird sagen, dass der Lkw überladen ist.

---

181 a)

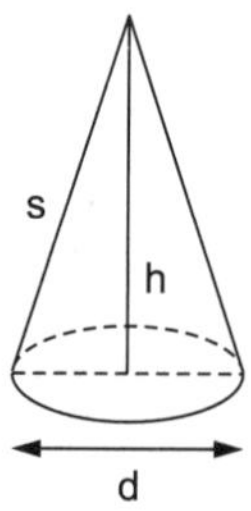

(Zeichnungsmaßstab 1 : 1 000)

b) Gegeben: Mantellinie $s = 25$ m; Turmhöhe $h = 1,5 \cdot d = 3 \cdot r$

Da der Radius $r = \frac{1}{2}d$ ist, gilt nach dem Satz von Pythagoras für den Radius:

$s^2 = r^2 + h^2$
$s^2 = r^2 + (3r)^2$
$s^2 = 10r^2$

$r = \sqrt{\frac{s^2}{10}}$

$r = \sqrt{\frac{(25\text{ m})^2}{10}}$

$r \approx 7,91\text{ m}$

Der Grundkreisradius des kegelförmigen Kirchturmdachs beträgt ca. 7,91 m.

---

182 Volumen:

$V = \frac{4}{3} \cdot \pi \cdot r^3$

$V = \frac{4}{3} \cdot \pi \cdot (12\text{ cm})^3$

$V \approx 7\,238,23\text{ cm}^3$

$V \approx 7,24\text{ dm}^3$

Oberfläche:

$O = 4 \cdot \pi \cdot r^2$

$O = 4 \cdot \pi \cdot (12\text{ cm})^2$

$O \approx 1\,809,56\text{ cm}^2$

$O \approx 18,10\text{ dm}^2$

183 $\left.\begin{array}{l} V = \frac{4}{3} \cdot \pi \cdot r^3 \\ V = 4\,188{,}79\ \text{cm}^3 \end{array}\right\} \frac{4}{3} \cdot \pi \cdot r^3 = 4\,188{,}79\ \text{cm}^3 \quad \Big| \cdot \frac{3}{4\pi}$

$$r^3 = 4\,188{,}79\ \text{cm}^3 \cdot \frac{3}{4\pi}$$

$$r^3 \approx 1\,000\ \text{cm}^3 \quad | \ 1\,000 = 10 \cdot 10 \cdot 10 = 10^3$$

$$r = 10\ \text{cm}$$

$$O = 4 \cdot \pi \cdot r^2$$
$$O = 4 \cdot \pi \cdot (10\ \text{cm})^2$$
$$O = 400\pi\ \text{cm}^2$$
$$O \approx 1\,256{,}64\ \text{cm}^2$$

---

184 a) $V_{alt} = \frac{4}{3} \cdot \pi \cdot r_{alt}^3$

$V_{neu} = 2 \cdot V_{alt}$ $\quad \left.\begin{array}{l} V_{neu} = 2 \cdot \frac{4}{3} \cdot \pi \cdot r_{alt}^3 \\ V_{neu} = \frac{4}{3} \cdot \pi \cdot r_{neu}^3 \end{array}\right\} \frac{4}{3} \cdot \pi \cdot r_{neu}^3 = 2 \cdot \frac{4}{3} \cdot \pi \cdot r_{alt}^3$

$$r_{neu}^3 = 2 \cdot r_{alt}^3$$
$$r_{neu} = r_{alt} \cdot \sqrt[3]{2}$$
$$r_{neu} \approx 1{,}26 \cdot r_{alt}$$

Damit das Volumen verdoppelt wird, muss der Radius der Kugel mit dem Faktor $\sqrt[3]{2} \approx 1{,}26$ multipliziert werden.

b) $O_{alt} = 4 \cdot \pi \cdot r_{alt}^2$

$O_{neu} = 2 \cdot O_{alt}$ $\quad \left.\begin{array}{l} O_{neu} = 2 \cdot 4 \cdot \pi \cdot r_{alt}^2 \\ O_{neu} = 4 \cdot \pi \cdot r_{neu}^2 \end{array}\right\} 4 \cdot \pi \cdot r_{neu}^2 = 2 \cdot 4 \cdot \pi \cdot r_{alt}^2$

$$r_{neu}^2 = 2 \cdot r_{alt}^3$$
$$r_{neu} = r_{alt} \cdot \sqrt{2}$$
$$r_{neu} \approx 1{,}41 \cdot r_{alt}$$

Um die Oberfläche zu verdoppeln, muss der Kugelradius mit dem Faktor $\sqrt{2} \approx 1{,}41$ multipliziert werden.

---

185 $\frac{V_{Erde}}{V_{Mars}} = \frac{\frac{4}{3} \cdot \pi \cdot r_E^3}{\frac{4}{3} \cdot \pi \cdot r_M^3}$

$$\frac{V_{Erde}}{V_{Mars}} = \frac{r_E^3}{r_M^3}$$

$$\frac{V_{Erde}}{V_{Mars}} = \left(\frac{r_E}{r_M}\right)^3$$

$$\frac{V_{Erde}}{V_{Mars}} = \left(\frac{6\,371\ \text{km}}{3\,400\ \text{km}}\right)^3$$

$$\frac{V_{Erde}}{V_{Mars}} \approx 6{,}58 \qquad (V_{Erde} : V_{Mars} \approx 6{,}58 : 1)$$

$$V_{Erde} = 6{,}58 \cdot V_{Mars}$$

---

186 **Protestaktion**

Berechnet wird das Volumen einer Kugel:

$V = \frac{4}{3} \cdot \pi \cdot r^3$

$V = \frac{4}{3} \cdot \pi \cdot (1{,}75\ m)^3$

$V \approx 22{,}4\ m^3$

Damit wiegt eine Kugel ungefähr $22{,}4\ m^3 \cdot \frac{2{,}7\ t}{1\ m^3} \approx 60{,}5\ t$

Ein Gewicht von 60,5 Tonnen lässt sich kaum ohne Maschinenhilfe in Bewegung setzen, deshalb haben die Studenten von ihrem ursprünglichen Plan Abstand genommen.

---

187 a) Es entsteht ein Zylinder mit Radius:

$r = \overline{AD} = 18\ cm$

Höhe:

$h = \overline{AB} = 12\ cm$

Volumen:

$V = \pi \cdot r^2 \cdot h$

$V = \pi \cdot (18\ cm)^2 \cdot 12\ cm$

$V \approx 12\,214{,}51\ cm^3$

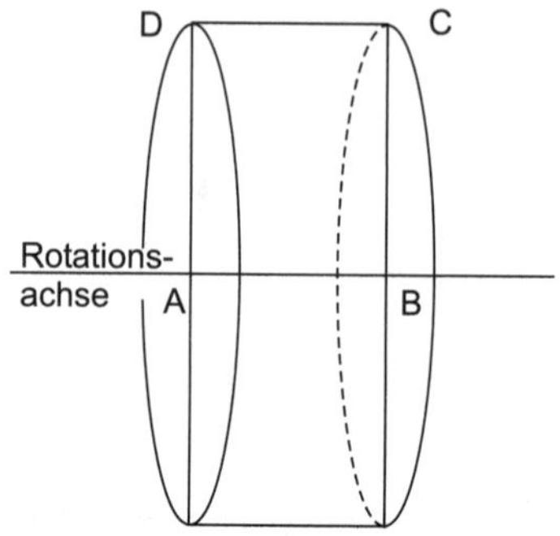

b) Es entsteht ein Zylinder mit Radius:

$r = \overline{AB} = 12\ cm$

Höhe:

$h = \overline{AD} = 18\ cm$

Volumen:

$V = \pi \cdot r^2 \cdot h$

$V = \pi \cdot (12\ cm)^2 \cdot 18\ cm$

$V \approx 8\,143{,}01\ cm^3$

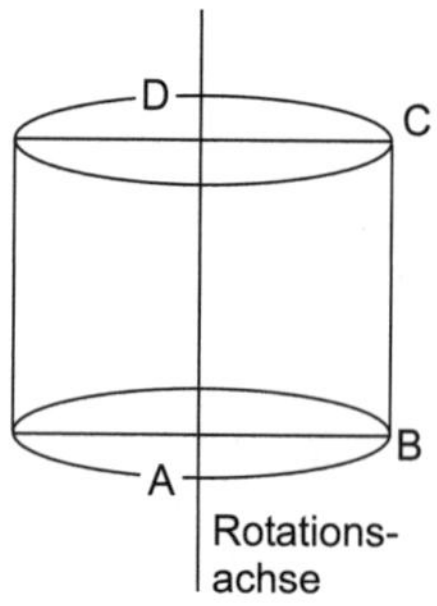

---

188 a) $V_{Würfel} = a^3$

$V_{Würfel} = (6\ cm)^3 = 216\ cm^3$

$V_{Pyramiden} = 6 \cdot \frac{1}{3} \cdot G \cdot h$

$V_{Pyramiden} = 6 \cdot \frac{1}{3} \cdot a^2 \cdot h$

$V_{Pyramiden} = 6 \cdot \frac{1}{3} \cdot (6\ cm)^2 \cdot 6\ cm$

$V_{Pyramiden} = 432\ cm^3$

Die Volumen von Pyramiden und Würfel stehen im Verhältnis 2 : 1.

b) $V = V_{Würfel} + 6 \cdot V_{Pyramide}$

$V = a^3 + 6 \cdot \frac{1}{3} \cdot a^2 \cdot h$

$V = (6\text{ cm})^3 + 6 \cdot \frac{1}{3} \cdot (6\text{ cm})^2 \cdot 6\text{ cm}$

$V = 648\text{ cm}^3$

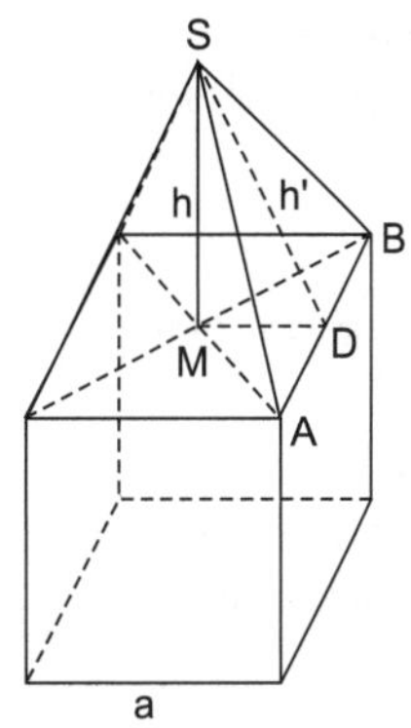

Oberfläche des Körpers:
Die Oberfläche besteht aus $6 \cdot 4 = 24$ Dreiecken. Dreieck ABS ist eines dieser Dreiecke. Die Seitenflächen des Würfels liegen im Inneren des Körpers, zählen also nicht zur Oberfläche.
Die 24 Dreiecke haben die Grundlinie a und die Höhe h'.

Die Höhe h' dieser Dreiecke gewinnen wir aus dem Dreieck MDS mithilfe des Satzes des Pythagoras:

$\overline{DS}^2 = \overline{MS}^2 + \overline{MD}^2$

$h'^2 = h^2 + \left(\frac{a}{2}\right)^2$

$h'^2 = (6\text{ cm})^2 + (3\text{ cm})^2$

$h'^2 = 45\text{ cm}^2$

$h' = \sqrt{45\text{ cm}^2}$

$h' \approx 6{,}71\text{ cm}$

$O = 24 \cdot A_{\Delta ABS}$

$O = 24 \cdot \frac{1}{2} \cdot a \cdot h'$

$O = 24 \cdot \frac{1}{2} \cdot 6\text{ cm} \cdot 6{,}71\text{ cm}$

$O \approx 483\text{ cm}^2$

---

189 a) $V = V_{Pyramide\,1} + V_{Pyramide\,2}$

$V = \frac{1}{3} \cdot a^2 \cdot h_1 + \frac{1}{3} \cdot a^2 \cdot h_2$

$V = \frac{1}{3} \cdot a^2 \cdot (h_1 + h_2)$

$V = \frac{1}{3} \cdot (10\text{ cm})^2 \cdot (8\text{ cm} + 16\text{ cm})$

$V = 800\text{ cm}^3$

b) $O = 4 \cdot A_{Dreieck,\,Pyramide\,1} + 4 \cdot A_{Dreieck,\,Pyramide\,2}$

Um den Flächeninhalt der Seitendreiecke beider Pyramiden berechnen zu können, benötigen wir wieder deren Höhen h_1' und h_2'. Diese gewinnen wir aus der Beziehung (siehe Aufgabe 199): $(h')^2 = h^2 + \left(\frac{a}{2}\right)^2$

$(h_1')^2 = (h_1)^2 + \left(\frac{a}{2}\right)^2$

$(h_1')^2 = (8\text{ cm})^2 + (5\text{ cm})^2$

$(h_1')^2 = 89\text{ cm}^2$

$h_1' \approx 9{,}43\text{ cm}$

$(h_2')^2 = (h_2)^2 + \left(\frac{a}{2}\right)^2$

$(h_2')^2 = (16\text{ cm})^2 + (5\text{ cm})^2$

$(h_2')^2 = 281\text{ cm}^2$

$h_2' \approx 16{,}76\text{ cm}$

Oberfläche:

$O = 4 \cdot \frac{1}{2} \cdot a \cdot h_1' + 4 \cdot \frac{1}{2} \cdot a \cdot h_2'$

$O = 2a \cdot (h_1' + h_2')$

$O = 2 \cdot 10\text{ cm} \cdot (9{,}43\text{ cm} + 16{,}76\text{ cm})$

$O \approx 524\text{ cm}^2$

190 **Geodreieck-Rotation**

1. Rotationskörper (Kegel) mit r = 11,2 cm und h = 11,2 cm

$V = \frac{1}{3} \cdot \pi \cdot r^2 \cdot h$

$V = \frac{1}{3} \cdot \pi \cdot (11,2\ \text{cm})^2 \cdot 11,2\ \text{cm}$

$V \approx 1\,471,24\ \text{cm}^3$

2. Rotationskörper (Doppelkegel) mit r = 7,9 cm und h = 15,8 cm

Für den halben Rotationskörper $V_{\frac{1}{2}}$ gilt dann:

$V_{\frac{1}{2}} = \frac{1}{3} \cdot \pi \cdot r^2 \cdot \frac{h}{2}$

$V_{\frac{1}{2}} = \frac{1}{3} \cdot \pi \cdot (7,9\ \text{cm})^2 \cdot 7,9\ \text{cm}$

$V_{\frac{1}{2}} \approx 516,31\ \text{cm}^3$

Der Rotationskörper hat dann ein Volumen von ca. 1 032,62 cm^3.
Der 2. Rotationskörper hat somit das größere Volumen.

---

191 Volumen:

$V = V_{\text{Halbkugel}} + V_{\text{Kegel}}$

$V = \frac{1}{2} \cdot \frac{4}{3} \cdot \pi \cdot r^3 + \frac{1}{3} \cdot r^2 \cdot \pi \cdot h$

$V = \frac{1}{2} \cdot \frac{4}{3} \cdot \pi \cdot (5\ \text{cm})^3 + \frac{1}{3} \cdot (5\ \text{cm})^2 \cdot \pi \cdot 7\ \text{cm}$

$V \approx 261,80\ \text{cm}^3 + 183,26\ \text{cm}^3$

$V = 445,06\ \text{cm}^3$

Oberfläche:

$O = O_{\text{Halbkugel}} + M_{\text{Kegel}}$

$O = \frac{1}{2} \cdot 4 \cdot \pi \cdot r^2 + \pi \cdot r \cdot s$

$O = \frac{1}{2} \cdot 4 \cdot \pi \cdot (5\ \text{cm})^2 + \pi \cdot 5\ \text{cm} \cdot 8,60\ \text{cm}$

$O \approx 157,08\ \text{cm}^2 + 135,09\ \text{cm}^2$

$O \approx 292,2\ \text{cm}^2$

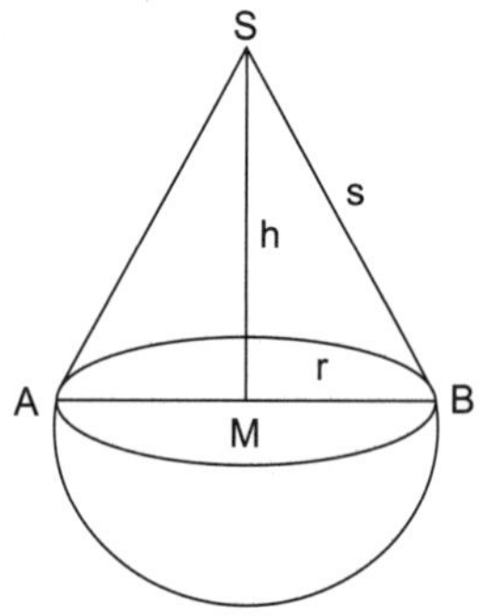

Satz des Pythagoras im Dreieck MBS:

$s^2 = h^2 + r^2$

$s^2 = (7\ \text{cm})^2 + (5\ \text{cm})^2$

$s^2 = 74\ \text{cm}^2$

$s \approx 8,60\ \text{cm}$

11 Stochastik

192 Um das Ergebnis in einem Boxplot darzustellen, müssen zunächst Minimum, Maximum, Zentralwert, unteres Quartil und oberes Quartil bestimmt werden. Dazu werden die Daten in einer Rangliste zunächst der Größe nach geordnet.

Rangliste:

Rang	1	2	3	4	5	6	7	8	9	10	11	12	13	14
Wert in min	20	32	35	45	46	50	53	57	65	70	75	78	80	95

Vorgehensweise 1:

Rang	1	2	3	4	5	6	7	8	9	10	11	12	13	14
Wert in min	**20**	32	35	**45**	46	50	**53**	**57**	65	70	75	78	80	**95**
	$\mathbf{a_{min}}$			$\mathbf{q_u}$			**z = 55**				$\mathbf{q_o}$			$\mathbf{a_{max}}$

Vorgehensweise 2:

Minimum: $a_{min} = a_1 = 20$ min

unteres Quartil: $n \cdot 0,25 = 14 \cdot 0,25 = 3,5 \notin \mathbb{Z} \quad \Rightarrow \quad q_u = a_4 = 45$ min

Zentralwert: $n \cdot 0,5 = 14 \cdot 0,5 = 7 \in \mathbb{Z} \quad \Rightarrow \quad z = \frac{a_7 + a_8}{2} = \frac{53 \text{ min} + 57 \text{ min}}{2} = 55$ min

oberes Quartil: $n \cdot 0,75 = 14 \cdot 0,75 = 10,5 \notin \mathbb{Z} \quad \Rightarrow \quad q_o = a_{11} = 75$ min

Maximum: $a_{max} = a_{14} = 95$ min

Boxplot:

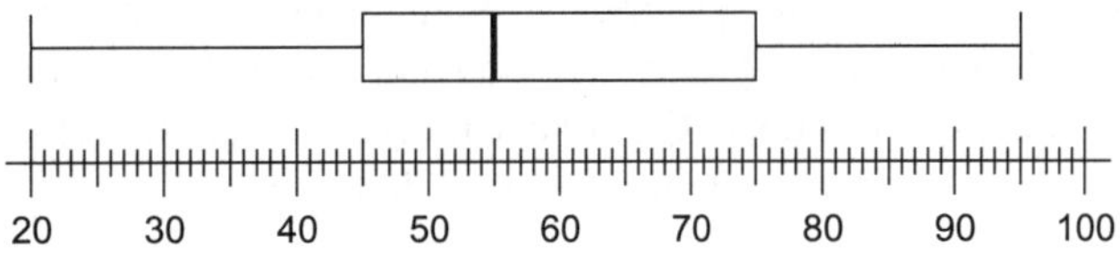

193 a) Zunächst werden die Daten jeweils der Größe nach sortiert.

Jungen:

Vorgehensweise 1:

Rang	1	2	3	4	5	6	7	8	9	10	11	12	13	14	15
Wert in €	**0**	5	7	**7**	10	10	12	**12**	14	14	15	**20**	21	30	**45**
	$\mathbf{a_{min}}$			$\mathbf{q_u}$				**z**				$\mathbf{q_o}$			$\mathbf{a_{max}}$

Vorgehensweise 2:

Minimum: $a_{min} = a_1 = 0$ €

unteres Quartil: $n \cdot 0,25 = 15 \cdot 0,25 = 3,75 \notin \mathbb{Z} \Rightarrow q_u = a_4 = 7$ €

Zentralwert: $n \cdot 0,5 = 15 \cdot 0,5 = 7,5 \notin \mathbb{Z} \quad \Rightarrow \quad z = a_8 = 12$ €

oberes Quartil: $n \cdot 0,75 = 15 \cdot 0,75 = 11,25 \notin \mathbb{Z} \Rightarrow q_o = a_{12} = 20$ €

Maximum: $a_{max} = a_{15} = 45$ €

Mädchen:

Vorgehensweise 1:

Rang	1	2	3	4	5	6	7	8	9	10	11	12	13
Wert in €	**5**	5	**6**	**7**	7	10	**10**	12	14	**15**	**18**	20	**28**
	$\mathbf{a_{min}}$		$\mathbf{q_u = 6,5}$							$\mathbf{q_u = 16,5}$			$\mathbf{a_{max}}$

Vorgehensweise 2:

Minimum: $a_{min} = a_1 = 5$ €

unteres Quartil: $n \cdot 0{,}25 = 13 \cdot 0{,}25 = 3{,}25 \notin \mathbb{Z} \Rightarrow q_u = a_4 = 7$ €

Zentralwert: $n \cdot 0{,}5 = 13 \cdot 0{,}5 = 6{,}5 \notin \mathbb{Z} \Rightarrow z = a_7 = 10$ €

oberes Quartil: $n \cdot 0{,}75 = 13 \cdot 0{,}75 = 9{,}75 \notin \mathbb{Z} \Rightarrow q_o = a_{10} = 15$ €

Maximum: $a_{max} = a_{13} = 28$ €

Hinweis: Bei den Mädchen unterscheiden sich die ermittelten Werte für die Quartile bei Vorgehensweise 1 und 2. Der unten stehende Boxplot der Mädchen passt zu den Werten von Vorgehensweise 1.

Boxplots:

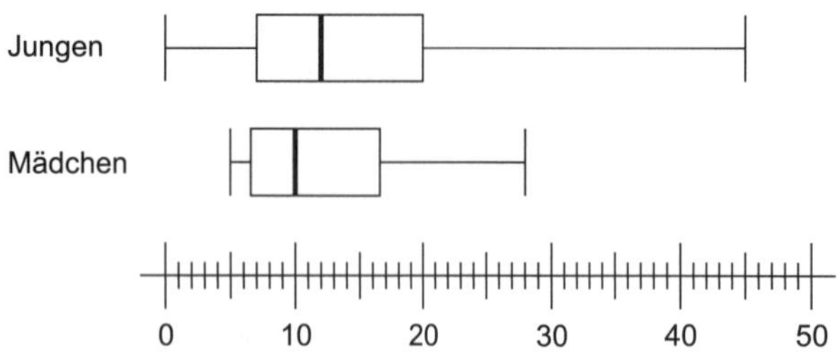

b) Den Boxplots kann man entnehmen, dass die Spannweite der Taschengeldverteilung bei den Jungen sehr viel größer ist als bei den Mädchen. Betrachtet man die einzelnen statistischen Kenngrößen, die man aus den Boxplots ablesen kann, erkennt man, dass als einzige Kenngröße das Minimum bei den Mädchen größer ist als bei den Jungen. Maximum, Median, unteres Quartil und oberes Quartil sind bei den Jungen größer als bei den Mädchen.
Das Minimum der Mädchen liegt hier deutlich über dem Minimum der Jungen. Während das untere Quartil der Jungen und das der Mädchen annähernd gleich groß sind und der Median der Jungen auch nur leicht über dem der Mädchen liegt, befindet sich das obere Quartil der Jungen bereits deutlich über dem der Mädchen. Das Maximum der Jungen liegt besonders weit über dem der Mädchen.

194 a)

Altersgruppe	Minimum	Maximum	Median	unteres Quartil	oberes Quartil
21–25	5 €	51 €	26 €	17 €	31 €
16–20	5 €	53 €	17 €	12 €	31 €
11–15	0 €	35 €	9 €	6 €	19 €

b)

	richtig	falsch	nicht entscheidbar
1. Die 16- bis 20-Jährigen geben durchschnittlich mehr Geld für das Handy aus als die 21- bis 25-Jährigen.	☐	☐	☒
2. Es gibt 21- bis 25-Jährige, die weniger Geld für das Handy ausgeben als 11- bis 15-Jährige.	☒	☐	☐
3. Die Hälfte der 11- bis 15-Jährigen gibt monatlich mindestens 9 € für das Handy aus.	☒	☐	☐
4. Mindestens drei Viertel aller 16- bis 20-Jährigen gibt monatlich weniger als 35 € für das Handy aus.	☒	☐	☐
5. Die 16- bis 20-Jährigen geben am meisten Geld für das Handy aus.	☐	☐	☒
6. Es gibt 11- bis 15-Jährige, die kein Geld für das Handy ausgeben.	☒	☐	☐

Begründungen:

1. Nicht entscheidbar: Aus den Boxplots kann der Kennwert für den Durchschnitt (arithmetisches Mittel) nicht entnommen werden.
2. Richtig: Es gibt 21- bis 25-Jährige, die 5 € (Minimum) für das Handy ausgeben und 11- bis 15-Jährige, die monatlich 35 € (Maximum) für das Handy ausgeben.
3. Richtig: Der Zentralwert (Median) in dieser Altersgruppe liegt bei 9 €, also gibt die Hälfte der 11- bis 15-Jährigen 9 € oder mehr aus.
4. Richtig: Das obere Quartil in dieser Altersgruppe liegt bei 31 €, das bedeutet, dass 75 % der 16- bis 20-Jährigen höchstens 31 € monatlich ausgibt. Also geben mindestens drei Viertel dieser Altersgruppe weniger als 35 € aus.
5. Nicht entscheidbar: Aus dem Boxplot kann nicht entnommen werden, wie hoch die gesamten Ausgaben einer Altersgruppe sind.
6. Richtig: Das Minimum in dieser Altersgruppe liegt bei 0 €.

---

195 a) Anzahl der Noten: $n = 33\ (= 2+4+10+9+6+2)$

Note	1	2	3	4	5	6	
Relative Häufigkeit h	0,061 6,1 %	0,12 12 %	0,30 30 %	0,27 27 %	0,18 18 %	0,061 6,1 %	dezimal prozentual

b) Absolute Häufigkeit: $H = 25$

Relative Häufigkeit: $h = \frac{25}{33} \approx 0,76$ bzw. $76\ \%$

c) Arithmetisches Mittel: $\overline{m} = \frac{2\cdot 1+4\cdot 2+10\cdot 3+9\cdot 4+6\cdot 5+2\cdot 6}{33}$

$\overline{m} = \frac{118}{33}$

$\overline{m} = 3,58$

d) Absolute Häufigkeit/Säulendiagramm

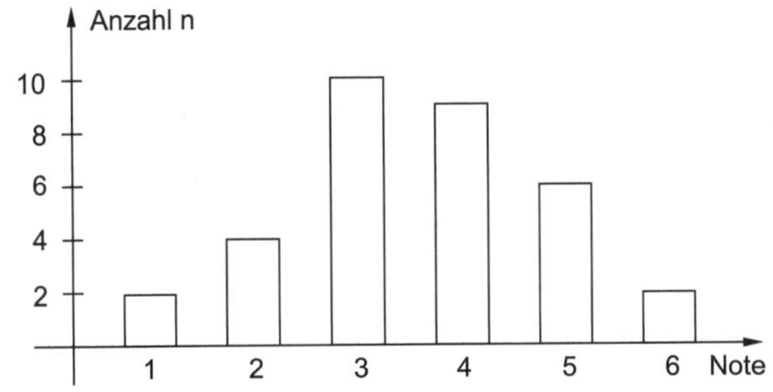

Relative Häufigkeit/Torten-Diagramm

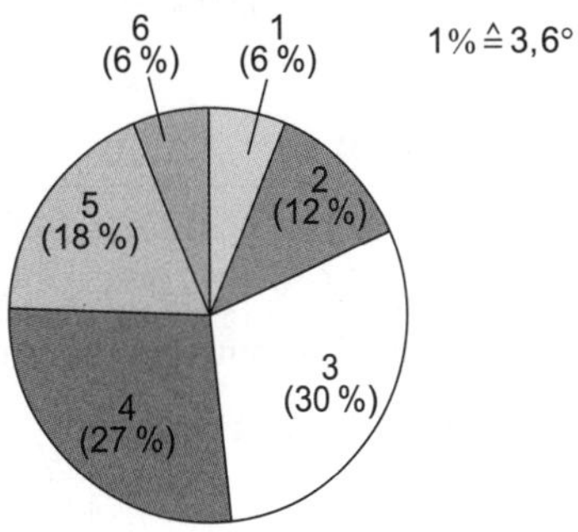

---

196 a) Weibliche Personen:

$w = \frac{2\,805}{5\,387} \cdot 100\ \%$

$w \approx 52,07\ \%$

b) Unter 18 Jahren:

$n = \frac{5\,387}{100} \cdot 18,5$

$n \approx 997$

c) Weibliche unter 18 Jahren:

$$w_n = \frac{997}{100} \cdot 52{,}6$$

$$w_n \approx 524$$

d)

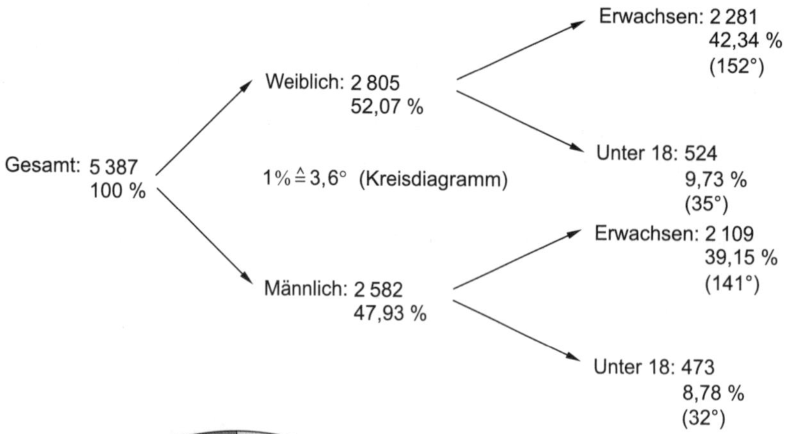

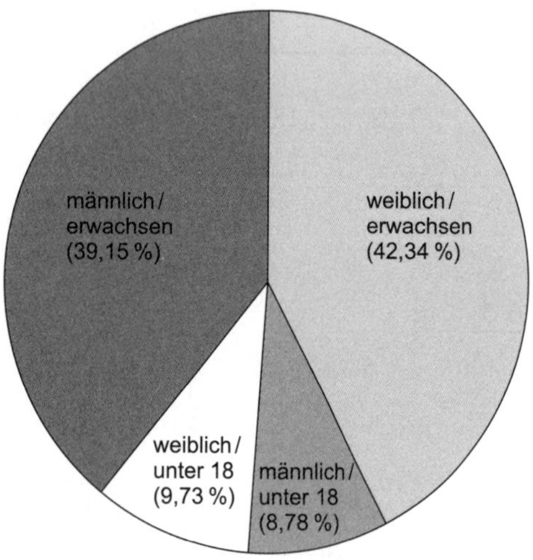

Hinweis: Die Werte sind gegebenenfalls gerundet.

e)

Jahre	0–10	11–20	21–30	31–40	41–50	51–60	61–70	71–80	>80	
Relative	0,116	0,126	0,138	0,161	0,163	0,136	0,88	0,52	0,20	dezimal
Häufigkeit	11,6 %	12,6 %	13,8 %	16,1 %	16,3 %	13,6 %	8,8 %	5,2 %	2,0 %	prozentual

Hinweis: Die Werte sind gegebenenfalls gerundet.

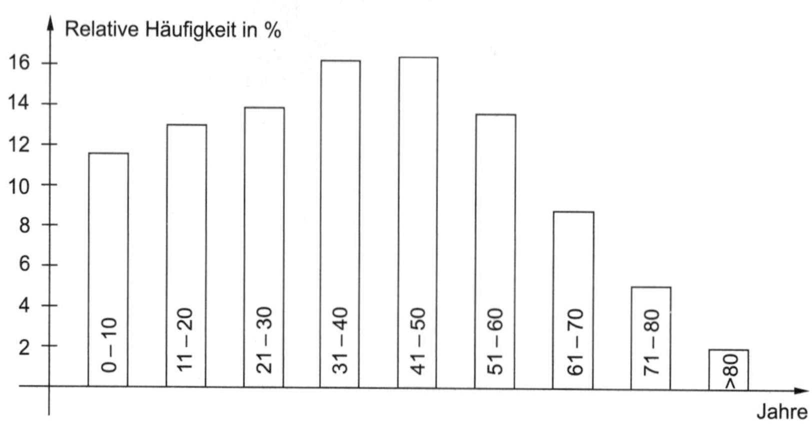

f) Anzahl der weiblichen Personen über 18 Jahre: 2 281 (siehe d)

Relative Häufigkeit: $h = \frac{2\,281}{5\,387} \approx 0{,}4234$ bzw. $42{,}34\ \%$

197 a) Formel in B9: **=SUMME(B2:B7)**
oder: **=B2+B3+B4+B5+B6+B7**

b) Formel in C2: **=B2/B9*100**

c) Vor dem Kopieren müssen $-Zeichen bei B9 eingefügt werden.
=B2/$B$9*100

d) Zahlenwert in C9: 100
Formel in C9: **=B9/$B$9*100**

e) Erläuterung: Die hellen Säulen stellen die absolute Häufigkeit und die dunklen Säulen die relative Häufigkeit für die einzelnen Sportarten dar.

---

198 a)
b)

	A	B	C	D
1	Lieblingssportart	absolute Häufigkeit	relative Häufigkeit in %	
2	Fußball	20	50,0	
3	Basketball	8	20,0	
4	Handball	12	30,0	
5				
6	Summe	40	100	

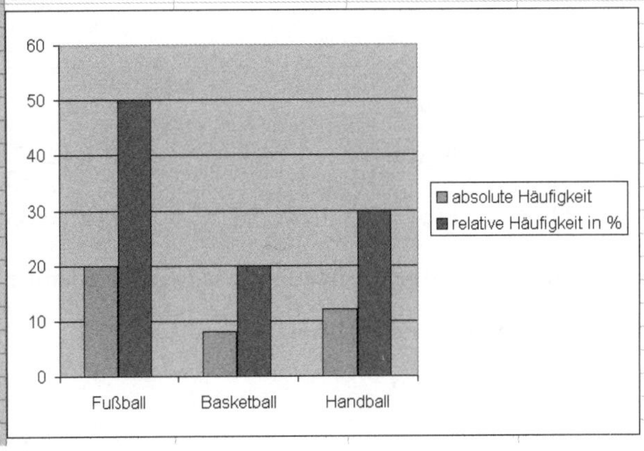

---

199 Ereignis 1:
Zahl $\geq 3 \rightarrow n_{E_1} = 6$

$$P(E_1) = \frac{n_{E_1}}{n}$$

$$P(E_1) = \frac{6}{8}$$

$P(E_1) = 0,75$ bzw. 75 %

Ereignis 2:
Zahl $< 3 \rightarrow n_{E_2} = 2$

$$P(E_2) = \frac{n_{E_2}}{n}$$

$$P(E_2) = \frac{2}{8}$$

$P(E_2) = 0,25$ bzw. 25 %

oder: Ereignis 2 ist das „Gegenereignis" zu Ereignis 1:

$P(E_2) = 1 - P(E_1)$
$P(E_2) = 1 - 0,75 = 0,25$

---

200 E_1: gerade
$n_{E_1} = 7$

$$P(E_1) = \frac{7}{15}$$

$P(E_1) \approx 0,467$ bzw. 46,7 %

E_2: ungerade
$n_{E_2} = 8$

$$P(E_2) = \frac{8}{15}$$

$P(E_2) \approx 0,533$ bzw. 53,3 %

201 a) E_1: Karo oder Herz

$n_{E_1} = 16$

$P(E_1) = \frac{16}{32}$

$P(E_1) = 0{,}5$ bzw. 50 %

b) E_2: Ein As

$n_{E_2} = 4$

$P(E_2) = \frac{4}{32}$

$P(E_2) = 0{,}125$ bzw. 12,5 %

c) E_3: Kreuz As

$n_{E_3} = 1$

$P(E_3) = \frac{1}{32}$

$P(E_3) \approx 0{,}031$ bzw. 3,1 %

d) E_4: Bube oder Dame oder König

$n_{E_4} = 12$

$P(E_4) = \frac{12}{32}$

$P(E_4) = 0{,}375$ bzw. 37,5 %

e) E_5: keine 7

$n_{E_5} = 28$

$P(E_5) = \frac{28}{32}$

$P(E_5) = 0{,}875$ bzw. 87,5 %

---

202 a)

rot:	schwarz:	blau:	weiß:
$P(r) = \frac{1}{10}$	$P(s) = \frac{2}{10}$	$P(b) = \frac{3}{10}$	$P(w) = \frac{4}{10}$
$P(r) = 0{,}1$ bzw. 10 %	$P(s) = 0{,}2$ bzw. 20 %	$P(b) = 0{,}3$ bzw. 30 %	$P(w) = 0{,}4$ bzw. 40 %

b) Nein. Durch das Zurücklegen der Kugel stellt man die Ausgangssituation (wie bei a) wieder her.

c) Es befinden sich noch 9 Kugeln in der Urne. Zwei Kugeln sind schwarz.

$P(s) = \frac{2}{9}$

$P(s) \approx 0{,}22$ bzw. 22 %

---

203 a) Ergebnismenge

$$\Omega = \{\begin{matrix}(1;1) & (1;2)\ldots & (1;6)\\ (2;1) & \ldots\ldots\ldots & (2;6)\\ (3;1) & \ldots\ldots\ldots & (3;6)\\ (4;1) & \ldots\ldots\ldots & (4;6)\\ (5;1) & \ldots\ldots\ldots & (5;6)\\ (6;1) & \ldots\ldots\ldots & (6;6)\end{matrix}\}$$

b) $n_\Omega = 36$

Ereignis E_1: mindestens eine 6

$n_{E_1} = 11$

$P(E_1) = \frac{11}{36}$

$P(E_1) \approx 0{,}306$ bzw. 30,6 %

Ereignis E_2: genau eine 6

$n_{E_2} = 10$

$P(E_2) = \frac{10}{36}$

$P(E_2) \approx 0{,}278$ bzw. 27,8 %

Ereignis E_3: Augensumme ≥ 9

$n_{E_3} = 10$ [(3; 6) (4; 5) (4; 6) (5; 4) (5; 5) (5; 6) (6; 3) (6; 4) (6; 5) (6; 6)]

$P(E_3) = \frac{10}{36}$

$P(E_3) \approx 0{,}278$ bzw. 27,8 %

204 a) Merkmal „weiblich“:

$n=37$

$P=\frac{37}{100}$

$P=0,37$ bzw. 37 %

b) Merkmal „Raucher/-in“:

$n=42$

$P=\frac{42}{100}$

$P=0,42$ bzw. 42 %

c) Merkmal „Nichtraucherin“:

$n=20$

$P=\frac{20}{100}$

$P=0,20$ bzw. 20 %

205

	Relative Häufigkeit	
Schüler	Kopf	Kante
1	0,756	0,244
2	0,802	0,198
3	0,739	0,261
4	0,779	0,221
5	0,793	0,207

Gesamtanzahl der Würfe: 5 000
Gesamtanzahl Kopf: 3 869
(Gesamtanzahl Kante: 1 131)
Wahrscheinlichkeit für das Ereignis „landet auf dem Kopf“:

$P=\frac{3\,869}{5\,000}\approx 0,774$ bzw. 77,4 %

---

206 Ereignis 1: 97 % brauchbar → $P(E_1)=0,97$
Ereignis 2: von 100 brauchbaren sind 75 Güteklasse I → $P(E_2)=0,75$
Damit das Produkt erstklassig ist, muss es sowohl brauchbar als auch als Güteklasse I sein.
$P(E)=P(E_1)\cdot P(E_2)=0,97\cdot 0,75=0,7275$ bzw. 72,75 %
Wahrscheinlichkeit $P(\overline{E})$ dafür, dass das Produkt nicht zur Güteklasse 1 gehört:
$P(\overline{E})=1-P(E)=1-0,7275=0,2725$

---

207 Wir erstellen für das Zufallsexperiment ein Baumdiagramm. ⊗ bedeutet: kein König.

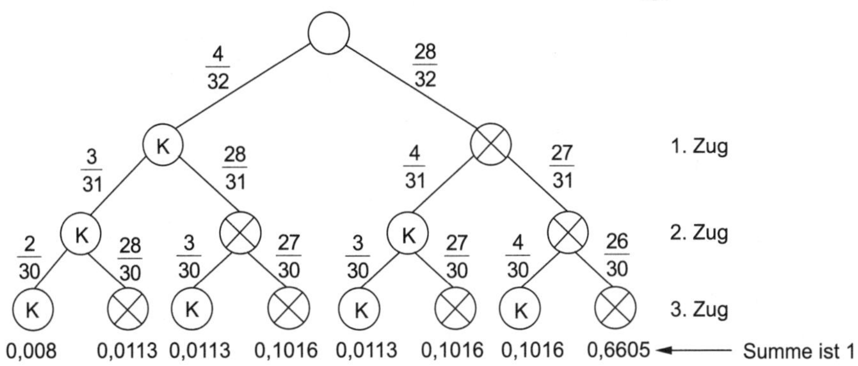

Hinweis: Die Werte sind gegebenenfalls gerundet.

Die Zahlen im Baumdiagramm bedeuten die Wahrscheinlichkeiten auf den entsprechenden Zweigen.

1 König bei 3 Zügen:

3 Wege →

Wahrscheinlichkeit:

$$P=\frac{4}{32}\cdot\frac{28}{31}\cdot\frac{27}{30}+\frac{28}{32}\cdot\frac{4}{31}\cdot\frac{27}{30}+\frac{28}{32}\cdot\frac{27}{31}\cdot\frac{4}{30}$$

$P\approx 3\cdot 0,1016$

$P=0,3048$ bzw. 30,48 %

2 Könige bei 3 Zügen:

3 Wege →

Wahrscheinlichkeit:

$$P=\frac{4}{32}\cdot\frac{3}{31}\cdot\frac{28}{30}+\frac{4}{32}\cdot\frac{28}{31}\cdot\frac{3}{30}+\frac{28}{32}\cdot\frac{4}{31}\cdot\frac{3}{30}$$

$P\approx 3\cdot 0{,}01129$

$P=0{,}0339$ bzw. $3{,}39\,\%$

3 Könige bei 3 Zügen:

1 Weg → ○ (K) (K) (K)

Wahrscheinlichkeit:

$$P=\frac{4}{32}\cdot\frac{3}{31}\cdot\frac{2}{30}$$

$P\approx 0{,}00081$ bzw. $0{,}081\,\%$

208

Hinweis: Die Werte sind gegebenenfalls gerundet.

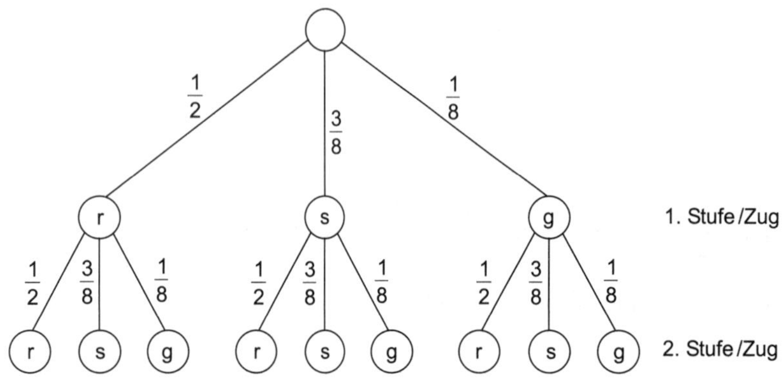

Ereignisse	(r; r)	(r; s)	(r; g)	(s; r)	(s; s)	(s; g)	(g; r)	(g; s)	(g; g)
Wahrscheinlichkeit	$\frac{1}{4}$	$\frac{3}{16}$	$\frac{1}{16}$	$\frac{3}{16}$	$\frac{9}{64}$	$\frac{3}{64}$	$\frac{1}{16}$	$\frac{3}{64}$	$\frac{1}{64}$
	0,25	0,19	0,063	0,19	0,14	0,047	0,063	0,047	0,016

b) E_1: zweite gezogene Kugel schwarz → (r; s) (s; s) (g; s)

Wahrscheinlichkeit $P(E_1)=\frac{3}{16}+\frac{9}{64}+\frac{3}{64}$

$P(E_1)=\frac{24}{64}$

$P(E_1)=0{,}375$ bzw. $37{,}5\,\%$

c) E_2: beide Kugeln grün → (g; g)

Wahrscheinlichkeit $P(E_2)=\frac{1}{8}\cdot\frac{1}{8}=\frac{1}{64}$

$P(E_2)\approx 0{,}016$ bzw. $1{,}6\,\%$

---

209 a) Relative Häufigkeit der Fehlwürfe von Spieler C mit $H=18$ und $n=60$:

$$h=\frac{H}{n}$$

$$h=\frac{18}{60}=\frac{3}{10}=0{,}3=30\,\%$$

b) Zum Vergleich der Leistungen sollte die relative Häufigkeit der Treffer der vier Spieler verglichen werden:

$h_A = \frac{38}{54} \approx 0,704 = 70,4\ \%$

$h_B = \frac{35}{48} \approx 0,729 = 72,9\ \%$

$h_C = \frac{42}{60} = 0,70 = 70\ \%$

$h_D = \frac{50}{72} \approx 0,694 = 69,4\ \%$

Spieler B hat somit die höchste Trefferquote und könnte vom Trainer eingesetzt werden.

c) Mithilfe der Pfadregel (Produktregel) errechnet man die Wahrscheinlichkeit zweimal hintereinander zu treffen:

$P(T; T) = 0,75 \cdot 0,75 = 0,5625 \approx 56,3\ \%$

Somit hat Elena mit ihrer Einschätzung recht.

d) Gesucht wird die Wahrscheinlichkeit für n Würfe, so dass $P(T; T; \ldots) = 0,75^n > 0,25$.

Lösung durch Probieren:

$P(T; T; T) = 0,75 \cdot 0,75 \cdot 0,75 \approx 0,422$

$P(T; T; T; T) = 0,75^4 \approx 0,316$

$P(T; T; T; T; T) = 0,75^5 \approx 0,237$

D. h. bei maximal vier Würfen hintereinander liegt die Wahrscheinlichkeit keinen Fehlwurf zu haben noch über 25 %. Bei fünf Würfen liegt sie bei ca. 23,7 %, also unter 25 %.

Alternative Lösungsmöglichkeit mithilfe einer Exponentialungleichung:

$0,75^n > 0,25$

$n > \frac{\log 0,25}{\log 0,75}$

$n > 4,818\ldots$

D. h., wenn $n > 4,818\ldots$ stimmt die Ungleichung nicht mehr, also gilt die Ungleichung nur für Werte von n mit $n \le 4$.

e) Die Trefferwahrscheinlichkeit liegt bei $0,8 = 80\ \%$.

f)

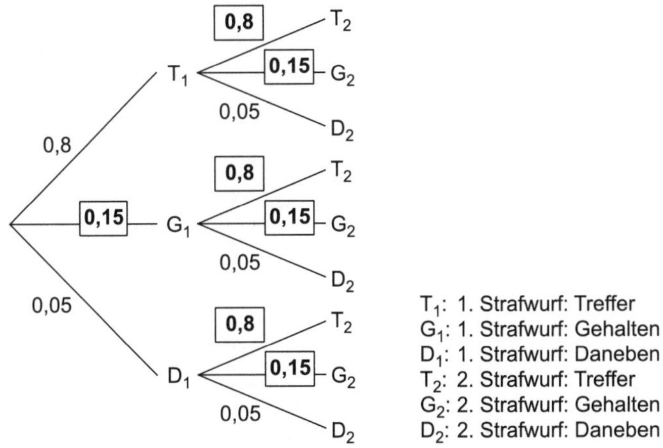

g) Gesucht ist die Wahrscheinlichkeit für das Ereignis mit den günstigen Ergebnissen $(G_1; G_2)$, $(G_1; D_2)$, $(D_1; G_2)$ und $(D_1; D_2)$.

$P(\text{„kein Treffer"}) = 0,15 \cdot 0,15 + 0,15 \cdot 0,05 + 0,05 \cdot 0,15 + 0,05 \cdot 0,05 = 0,04$

Mit einer Wahrscheinlichkeit von 4 % erzielt ein Nationalspieler bei 2 Würfen kein Tor.

h) Gesucht ist die Wahrscheinlichkeit für das Ereignis mit den günstigen Ergebnissen $(T_1; G_2)$, $(T_1; D_2)$, $(G_1; T_2)$ und $(D_1; T_2)$.
P(„genau ein Treffer“) $= 0{,}8 \cdot 0{,}15 + 0{,}8 \cdot 0{,}05 + 0{,}15 \cdot 0{,}8 + 0{,}05 \cdot 0{,}8 = 0{,}32$
Mit einer Wahrscheinlichkeit von 32 % erzielt ein Nationalspieler bei 2 Würfen genau ein Tor.

---

210 a)

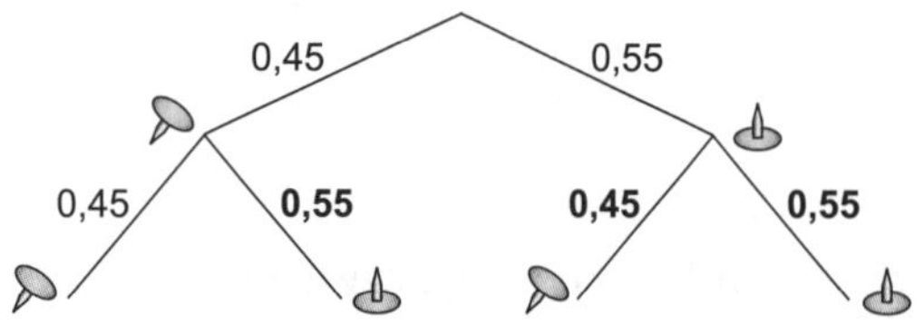

b) Mithilfe der Pfadregel (Produktregel) gilt:
P(Spitze; Spitze) $= 0{,}45 \cdot 0{,}45 \approx 0{,}2025 = 20{,}25\ \%$
Die Wahrscheinlichkeit, dass der Reißnagel dreimal auf der Spitze landet, beträgt etwa 20,25 %.

c) P(einmal Spitze und einmal Kopf) = P(Spitze; Kopf) + P(Kopf; Spitze)
$= 0{,}45 \cdot 0{,}55 + 0{,}55 \cdot 0{,}45 = 0{,}495 = 49{,}5\ \%$
Die Wahrscheinlichkeit beträgt 49,5 %.

d) Formel in Zelle B15: **=B14/B12** Formel in Zelle F15: **=F14/F12** Formel in Zelle K15: **=K14/K12**
Formel in Zelle B18: **=B17/B12** Formel in Zelle F18: **=F17/F12** Formel in Zelle K18: **=K17/K12**

e) Bei nur 20 Zufallszahlen haben die Zahlen 1–9 („Spitze“) einen relativen Anteil von $\frac{9}{20} = 0{,}45 = 45\ \%$ und die Zahlen 10–20 („Kopf“) einen relativen Anteil von $\frac{11}{20} = 0{,}55 = 55\ \%$. Diese Anteile entsprechen genau den Wahrscheinlichkeiten von „Kopf“ und „Spitze“ im tatsächlichen Versuch. Daher lässt sich mit diesen Vereinbarungen das Werfen von Reißnägeln genauso gut simulieren.

f) Diese Beobachtung steht im Einklang mit dem Gesetz der großen Zahlen. Je höher die Anzahl der Versuche, um so besser nähert die relative Häufigkeit eines Ereignisses seine tatsächliche Wahrscheinlichkeit an.

12 Werkzeuge

Hinweis: Bei manchen Taschenrechnern ist die Speicherfunktion [STO] über die [SHIFT]-Taste zu erreichen. In den Lösungen wird dies nicht gesondert erwähnt.

211

a) 0,7 [STO] [A]

b) 11,4 [STO] [B]

c) [(-)] 3 [a b/c] 4 [STO] [C]

d)	[ALPHA] [A] [+] [ALPHA] [B] [+] [ALPHA] [C] [=]	Anzeige: 11,35
e)	3 [−] [ALPHA] [C] [=]	Anzeige: 3⌟3⌟4 (Lies: $3\frac{3}{4}$)
f)	[ALPHA] [C] [x^2] [=]	Anzeige: 0,5625
g)	[ALPHA] [A] [×] [(-)] [ALPHA] [B] [=]	Anzeige: −7,98
h)	[(-)] [ALPHA] [C] [−] 3 [=]	Anzeige: −2⌟1⌟4
i)	5 [ALPHA] [B] [−] 3 [ALPHA] [A] [=]	Anzeige: 54,9
j)	[(-)] [ALPHA] [B] [÷] [(-)] [ALPHA] [C] [=]	Anzeige: −15,2
k)	[ALPHA] [A] [−] [(-)] [ALPHA] [B] [×] [(-)] [ALPHA] [C] [=]	Anzeige: 9,25

212

a)	26,3 [−] 12,4 [−] 5,9 [=]	0,4 [÷] [ANS] [=]	Anzeige: 0,05
b)	0,2 [x^2] [×] 100 [−] 2,9 [=]	[√] 1,21 [÷] [ANS] [=]	Anzeige: 1
c)	12 [−] 5 [×] 3 [+] 5,53 [=]	7,59 [÷] [ANS] [=]	Anzeige: 3
d)	4 [√] 2 [=]	[SIN] 45 [÷] [ANS] [=]	Anzeige: 0,125

213

a)	147,7 [+] 213,3 [=]	[√] [ANS] [=]	Anzeige: 19
b)	4,7 [x^2] [+] 0,95 [=]	[√] [ANS] [=]	Anzeige: 4,8
c)	1,23 [x^2] [−] 1 [−] 0,0009 [=]	[∛] [ANS] [=]	Anzeige: 0,8
d)	[(] [SIN] 45 [×] 2 [)] [^] 4 [=]	[√] [ANS] [=]	Anzeige: 2

Bei den folgenden Aufgaben 217 bis 219 sind unterschiedliche Vorgehensweisen möglich. Sinnvoll ist die Speicherung von Zwischenergebnissen. Die [ANS]-Taste kann natürlich jederzeit benutzt werden. Eine Eingabe mit Klammern ohne Zwischenspeicherung ist bei komplexen Aufgaben möglich, jedoch passieren hier die meisten Fehler.

214

a)	[(] 15 [×] 0,5 [+] 7 [)] [÷] [(] 580 [×] 00,5 [)] [=]	Anzeige: 0,5
b)	[(] 48 [×] 0,9 [)] [÷] [(] 2,4 [×] 30 [)] [=]	Anzeige: 0,6
c)	[(] 480 [−] 500 [+] 5 [)] [÷] [(] [(-)] 5 [−] [(-)] 3 [)] [=]	Anzeige: 7,5
d)	[(-)] 4 [a b/c] 5 [+] [(] 230 [−] 0,8 [)] [÷] 0,2 [=]	Anzeige: 1145⌟1⌟5

215

a)	1 [÷] 0,09 [=]	[√] [ANS] [=]	Anzeige: 3,333333333
b)	[(-)] [(-)] 15,86 [+] 0,14 [=]	[√] [ANS] [=]	Anzeige: 4
c)	[√] [(] [√] 1,21 [+] 0,59 [)] [=]		Anzeige: 1,3
d)	[(] 9,9 [+] 4,5 [)] [÷] [(] 8,7 [+] 1,3 [)] [=]	[√] [ANS] [=]	Anzeige: 1,2

216 Bei den einzelnen Teilaufgaben werden unterschiedliche Vorgehensweisen gezeigt.

a) 15 [−] [√] [(] 30 [×] 0,3 [)] [=] [STO] [A]
0,36 [^] [(] 1 [÷] 2 [)] [=]
[ANS] [÷] [ALPHA] [A] [=] Anzeige: 0,05

b) [∛] [(] 625 [×] 0,2 [)] [−] 4 [=] [STO] [A]
256 [^] [(] 1 [÷] 4 [)] [+] 1 [=] [STO] [B]
[ALPHA] [A] [÷] [ALPHA] [B] [=] Anzeige: 0,2

c) 5 [÷] [√] [(] 4,7 [+] 4,3 [)] [=] [STO] [A]
3 [a b/c] 4 [+] 1 [=] [STO] [B]
[ALPHA] [B] [÷] [ALPHA] [A] [=] Anzeige: 1,05

d) 343 [^] [(] 3 [−] 7 [a b/c] 3 [)] [=] Anzeige: 49

e) [√] [∛] 343 [x^2] [=]
[ANS] [÷] 49 [^] [(] 1 [÷] 2 [)] [=] Anzeige: 1

f) [(] 537 [−] 213 [)] [÷] [√] 0,81 [+] 1 [=]
[√] [ANS] [=] Anzeige: 19

g) [√] [(] 0,69 [+] 2 [×] 0,3 [+] 0,4 [)] [÷] [(] 890 [÷] 10 [−] 63 [)] [=] [STO] [A]
45 [−] [ALPHA] [A] [−] 1 [a b/c] 4 [=] Anzeige: 44,7

---

217 a) In Zelle D4 steht die Formel: **=A4*C4**

b) Formel in D5: **=A5*C5**
Formel in D6: **=A6*C6**

c) Formel in D7: **=SUMME(D4:D6)**
oder: **=D4+D5+D6**

d) Formel in D8: **=D7*19/100**

e) Formel in D9: **=D7+D8**
oder: **=D7*1,19**

f) – Zelle markieren
– rechte Maustaste
– Zellen formatieren
– Zahl/2 Nachkommastellen

---

218 a) Formel in C4: **=A4*B4/100**
Formel in C5: **=A5*B5/100**
Formel in C6: **=A6*B6/100**
Formel in C7: **=A7*B7/100**

b) Formel in D2: **=A2–C2**

c) – Zelle D2 markieren
– Inhalt in den Zwischenspeicher kopieren
– Zellen D3 bis D7 markieren
– Inhalt aus dem Zwischenspeicher einfügen.

d) Zahlenwert in D7: 21,85
Formel in D7: **=A7–C7**

---

219 Formel in B6: **=A6*$B$1/100**

---

220 a) Es wurden 31 Schüler befragt.

b)

	A	B
1	Tier	Anzahl Schüler
2	Hund	13
3	Katze	8
4	Hamster	6
5	Vogel	2
6	Maus	2

---

221 a) Die Formel lautet: **=F6–D6**

b) Der Verkaufspreis in Zelle E6 beträgt 360 € : 450 = 0,80 €.

c) Mögliche Lösungen (durch Probieren/Erkunden):

Einzelpreis (Verkauf)	Gesamtpreis (Verkauf)	Gewinn
0,90 €	288,00 €	192,00 €
1,19 €	261,80 €	173,80 €
1,02 €	459,00 €	234,00 €
	Gesamtgewinn:	599,80 €

Einzelpreis (Verkauf)	Gesamtpreis (Verkauf)	Gewinn
1,20 €	384,00 €	288,00 €
1,00 €	220,00 €	132,00 €
0,90 €	405,00 €	180,00 €
	Gesamtgewinn:	600,00 €

Einzelpreis (Verkauf)	Gesamtpreis (Verkauf)	Gewinn
1,30 €	416,00 €	320,00 €
1,00 €	220,00 €	132,00 €
0,83 €	373,50 €	148,50 €
	Gesamtgewinn:	600,50 €

Aufgabe im Stil der Zentralen Prüfung

Hinweise und Tipps

Prüfungsteil 1 – Variante A

Aufgabe 1

a) Mögliche Nebenrechnungen:

$0{,}025;\ -2^{-2} = -\frac{1}{2^2} = -\frac{1}{4} = -0{,}25;\ \frac{1}{25} = 0{,}04;\ -0{,}04$

Lösung:

$-2^{-2} < -0{,}04 < 0{,}025 < \frac{1}{25}$

Wandle die Brüche in Dezimalzahlen um und beachte beim Vergleichen die Vorzeichen.

b) $83\,000\,000\,000 = 8{,}3 \cdot 10^{10}$

$0{,}0005 > 5 \cdot 10^{-5}$, denn $5 \cdot 10^{-5} = 0{,}00005$

Wandle die wissenschaftliche Schreibweise um.

Aufgabe 2

a) Die größtmögliche Zahl lautet 23.

Das linke Glücksrad steht für die Zehner und das rechte Glücksrad für die Einer.

b)

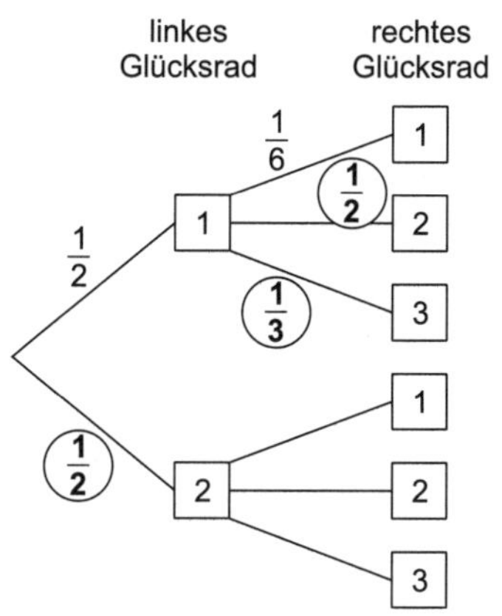

Beachte, dass die Summe der Wahrscheinlichkeiten an einer Verzweigung immer 1 ergibt.

Beim rechten Glücksrad sind 3 von 6 Feldern mit „2" beschriftet und 2 von 6 Feldern mit „3":

$\frac{3}{6} = \frac{1}{2}$ und $\frac{2}{6} = \frac{1}{3}$

c) $P(22) = \frac{1}{2} \cdot \frac{1}{2} = \frac{1}{4} = 0{,}25 = 25\ \%$

Die Wahrscheinlichkeit, dass beide Glücksräder die „2" anzeigen, errechnet man mithilfe des Baumdiagramms aus Teilaufgabe b nach der Produktregel.

Aufgabe 3

a) Gegeben: Kantenlängen des Pools mit $a = 6$ m; $b = 3$ m; $c = 1{,}5$ m

Gesucht: Volumen des Quaders

Berechnung:

$V = a \cdot b \cdot c$

$V = 6\ \text{m} \cdot 3\ \text{m} \cdot 1{,}5\ \text{m} = 27\ \text{m}^3$

Gesamtkosten = Volumen · Kosten pro m^3

Gesamtkosten $= 27\ \text{m}^3 \cdot \frac{4{,}50\ €}{\text{m}^3} = 121{,}50\ €$

☐ ca. 27 € ☐ ca. 80 € ☒ ca. 120 € ☐ ca. 240 €

Um die Kosten für eine Füllung abschätzen zu können, muss zunächst das Volumen des Pools (hier ein Quader) bestimmt werden.

Eine Überschlagsrechnung reicht hier aus, um das passende Ergebnis anzukreuzen.

Hinweise und Tipps

Beachte, dass der Pool gleichmäßig befüllt wird, das bedeutet, dass die Steigung immer gleich ist.
Es wird eine Pause von 1 Stunde gemacht, während dieser Zeit muss die Steigung null sein.

b)

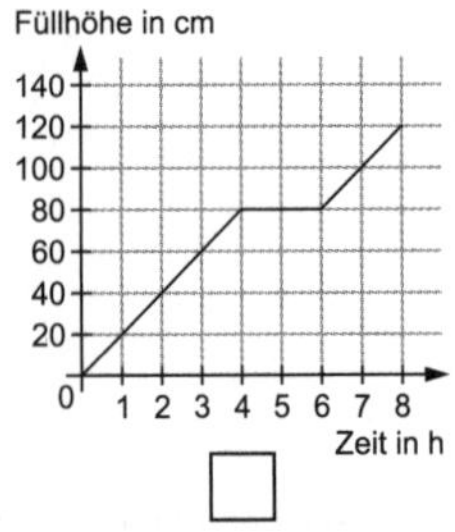

Beim 1. Füllgraphen wird eine 2-stündige Pause eingelegt.

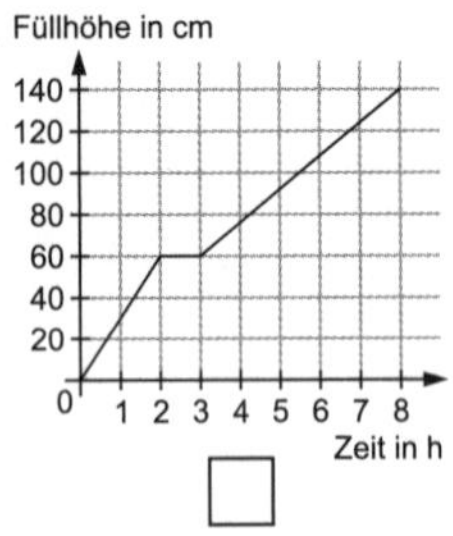

Beim 2. Füllgraphen ist die Steigung vor und nach der Pause unterschiedlich.

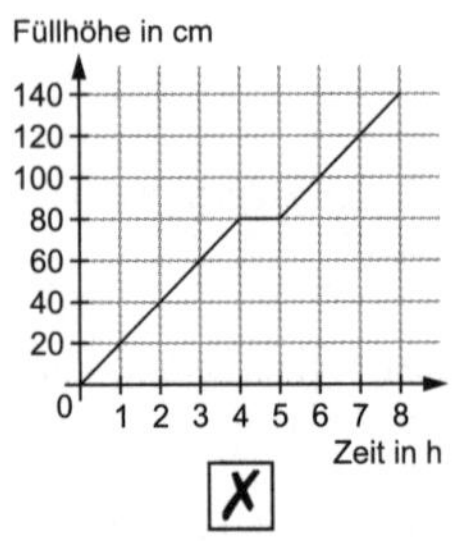

Der 3. Füllgraph passt.

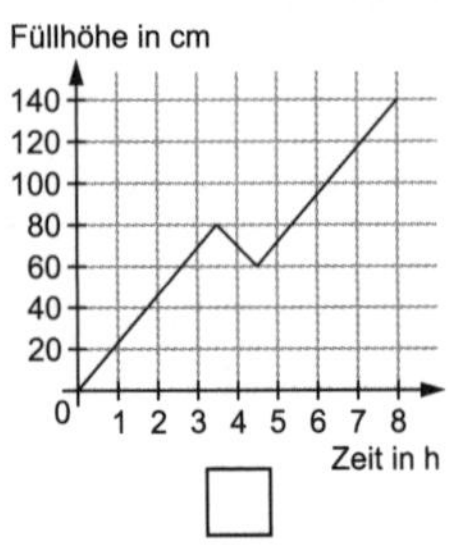

Beim 4. Füllgraphen wird zwischenzeitlich Wasser abgelassen.
Es wird keine Pause gemacht.

Aufgabe 4

a) In der Zelle D10 wird der Einzelpreis für ein Türschloss (9,50 €) angegeben.

b) **= B6 * D6**
oder:
= D6 * B6

In der Zelle E6 steht der Preis für alle Kanthölzer. Die Formel in Zelle E6 bezieht sich also auf die Zellen B6 und D6.

c) Die Formel **= SUMME(E4 : E11)** bezieht sich auf die Zelle E12 und gibt die Gesamtkosten an.

Aufgabe 5

1. Lösungsmöglichkeit (Gleichsetzungsverfahren):

$$\begin{array}{lrl} \text{I} & 4x+2y=4 & \mid :2 \\ \text{II} & 2x-y=4 & \\ \hline \text{I'} & 2x+y=2 & \mid -y \\ \text{II} & 2x-y=4 & \mid +y \\ \hline \text{I''} & 2x=2-y & \\ \text{II'} & 2x=4+y & \\ \hline \end{array}$$

Gleichsetzungsverfahren:

$$\begin{array}{rl} 2-y=4+y & \mid +y \\ 2=4+2y & \mid -4 \\ -2=2y & \mid :2 \\ -1=y & \end{array}$$

Einsetzen von $y=-1$ in Gleichung II:

$$\begin{array}{rl} 2x-(-1)=4 & \\ 2x+1=4 & \mid -1 \\ 2x=3 & \mid :2 \\ x=\frac{3}{2} & \end{array}$$

Lösungsmenge des Gleichungssystems:

$$\mathbb{L}=\left\{\left(\frac{3}{2}\middle|-1\right)\right\}$$

2. Lösungsmöglichkeit (Einsetzungsverfahren):

$$\begin{array}{lrl} \text{I} & 4x+2y=4 & \\ \text{II} & 2x-y=4 & \mid -2x \\ \hline \text{I} & 4x+2y=4 & \\ \text{II'} & -y=4-2x & \mid \cdot(-1) \\ \hline \text{I} & 4x+2y=4 & \\ \text{II''} & y=-4+2x & \\ \hline \end{array}$$

Einsetzungsverfahren mit II'' in I:

$$\begin{array}{rl} 4x+2\cdot(-4+2x)=4 & \mid \text{Klammer auflösen} \\ 4x-8+4x=4 & \mid \text{zusammenfassen} \\ 8x-8=4 & \mid +8 \\ 8x=12 & \mid :8 \\ x=\frac{12}{8} & \\ x=\frac{3}{2} & \end{array}$$

Einsetzen von $x=\frac{3}{2}$ in Gleichung I:

$$\begin{array}{rl} 4\cdot\frac{3}{2}+2y=4 & \\ 6+2y=4 & \mid -6 \\ 2y=-2 & \mid :2 \\ y=-1 & \end{array}$$

Lösungsmenge des Gleichungssystems:

$$\mathbb{L}=\left\{\left(\frac{3}{2}\middle|-1\right)\right\}$$

Hinweise und Tipps

Alle linearen Gleichungssysteme lassen sich mit dem Gleichsetzungsverfahren, dem Einsetzungsverfahren und dem Additionsverfahren lösen (auch eine zeichnerische Lösung ist möglich, führt aber häufig zu ungenauen Ergebnissen). Da sich bei diesem Gleichungssystem kein Verfahren direkt anwenden lässt, sind alle Verfahren gleich gut zur Lösung geeignet.

Löse beide Gleichungen nach 2x auf und setze sie dann gleich.

Zur Überprüfung kann eine Probe durchgeführt werden. Probe: Einsetzen von $x=\frac{3}{2}$ und $y=-1$:

I $\;4\cdot\left(\mathbf{\frac{3}{2}}\right)+2\cdot(\mathbf{-1})=4\;$ (wahr)

II $\;2\cdot\left(\mathbf{\frac{3}{2}}\right)-(\mathbf{-1})=4\;$ (wahr)

Löse Gleichung II nach y auf und setze sie dann in Gleichung I ein.

3. Lösungsmöglichkeit (Additionsverfahren):

I $4x + 2y = 4$

II $2x - y = 4 \quad | \cdot 2$

I $4x + 2y = 4$

II' $4x - 2y = 8$

Additionsverfahren mit I + II':

$8x = 12 \quad | : 8$

$x = \frac{12}{8} = \frac{3}{2}$

Einsetzen von $x = \frac{3}{2}$ in Gleichung I:

$4 \cdot \frac{3}{2} + 2y = 4$

$6 + 2y = 4 \quad | -6$

$2y = -2 \quad | : 2$

$y = -1$

Lösungsmenge des Gleichungssystems:

$\mathbb{L} = \left\{ \left(\frac{3}{2} \middle| -1 \right) \right\}$

Hinweise und Tipps

Multipliziere Gleichung II mit 2, sodass bei Addition der beiden Gleichungen die Variable y herausfällt.

Aufgabe 6

- [x] Spiegelt man das Dreieck an der Seite c, erhält man ein Quadrat.

  Die gleich langen Seiten a und b sind die Katheten, da die Hypotenuse immer die längste Seite ist.

- [x] Die Winkelgrößen im Dreieck sind: $\alpha = 45°$; $\beta = 45°$; $\gamma = 90°$

  Beachte die Winkelsumme im Dreieck und insbesondere die Winkelgrößen im gleichschenkligen Dreieck.

- [ ] Die Seite c des Dreiecks ist 10 cm lang.

  Beachte den Lehrsatz des Pythagoras: $a^2 + b^2 = c^2$

- [ ] Der Flächeninhalt des Dreiecks ist 25 cm^2.

  Beachte die Formel zur Flächenberechnung im Dreieck: $A = \frac{g \cdot h}{2}$ bzw. hier: $A = \frac{a \cdot b}{2}$

- [x] Verdoppelt man die Seitenlängen a und b, dann verdoppelt sich der Umfang des Dreiecks.

  Beachte, dass ähnliche Figuren im Verhältnis entsprechender Seitenlängen übereinstimmen.

Hinweise und Tipps

Prüfungsteil 1 – Variante B

Aufgabe 1

a) Mögliche Nebenrechnungen:

$-2^{-2} = -\frac{1}{2^2} = -\frac{1}{4} = -0,25; \quad \frac{1}{5} = 0,2$

Lösung:

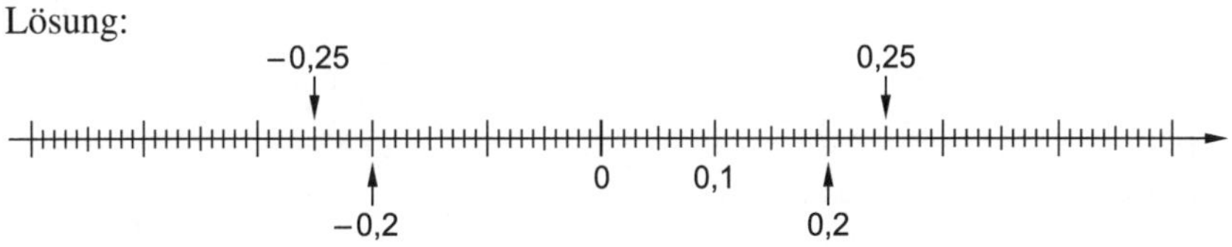

Wandle die Brüche in Dezimalzahlen um und beachte die Vorzeichen.

b) $3^{-2} = \frac{1}{3^2} = \frac{1}{9}$

$3^{-2} = \frac{1}{9}$

Aufgabe 2

a) $0,2 \cdot 25 + 0,3 \cdot 25 + 0,5 \cdot 25 = (0,2 + 0,3 + 0,5) \cdot 25 = 1 \cdot 25 = 25$

$2 \cdot 19,3 \cdot 5 = 2 \cdot 5 \cdot 19,3 = 10 \cdot 19,3 = 193$

$\sqrt{2} \cdot \sqrt{8} = \sqrt{2 \cdot 8} = \sqrt{16} = 4$

Nutze Rechenregeln (Klammer vor Punkt- vor Strichrechnung) sowie Rechengesetze: Vertauschungsgesetz (Kommutativgesetz), Verbindungsgesetz (Assoziativgesetz) und Verteilungsgesetz (Distributivgesetz)

b) $24 - 6 \cdot (5 - 2) + 2 = 24 - 6 \cdot 3 + 2 = 24 - 18 + 2 = 8$

☐ 14 ☐ 56 ☒ 8 ☐ 60

Beachte: Klammer vor Punkt- vor Strichrechnung

Aufgabe 3

a) Ein Würfel hat 12 Kanten.
Die Summe der Kanten ist $12 \cdot 5\ \text{cm} = 60\ \text{cm}$.

Ein Würfel hat 8 Ecken, 12 Kanten und 6 Flächen.

b) ☐ Ja ☒ Nein

Die Aussage ist falsch.
Verdoppelt man die Seitenlänge des Würfels, dann verachtfacht sich das Volumen, denn es gilt:
$V_{\text{Würfel }1} = a^3$ und $V_{\text{Würfel }2} = (2a)^3 = 8a^3$

Für das Volumen V eines Würfels gilt: $V = a^3$

Aufgabe 4

a) $P(\text{rot}) = \frac{5}{20} = \frac{1}{4} = 25\ \%$

Beachte die Gesamtzahl aller Kugeln (n) und die Anzahl der Kugeln, die das Merkmal „rote Kugel" haben (absolute Häufigkeit H), und ermittle hieraus die relative Häufigkeit (h): $h = \frac{H}{n}$

b) Die Behauptung stimmt, da in jedem Lostopf insgesamt 20 Kugeln sind, wobei in jedem Lostopf 5 rote Kugeln sind. Somit ist die Wahrscheinlichkeit, eine rote Kugel zu ziehen, in beiden Lostöpfen gleich.

Vergleiche die Gesamtzahl der Kugeln und die Anzahl der roten Kugeln.

Hinweise und Tipps

Aufgabe 5

a) $t = 3$, da der Graph die y-Achse bei 3 schneidet.

Die allgemeine lineare Funktion lautet: $y = m \cdot x + t$
Der Schnittpunkt mit der y-Achse hat die Koordinaten $T(0 \mid t)$.

b) Es gibt unendlich viele Graphen, die den Graphen im Punkt $P(2 \mid 7)$ scheiden.
Mögliche Lösung:

Beachte: Beide Graphen haben ein gemeinsames Wertepaar $P(x \mid y)$.

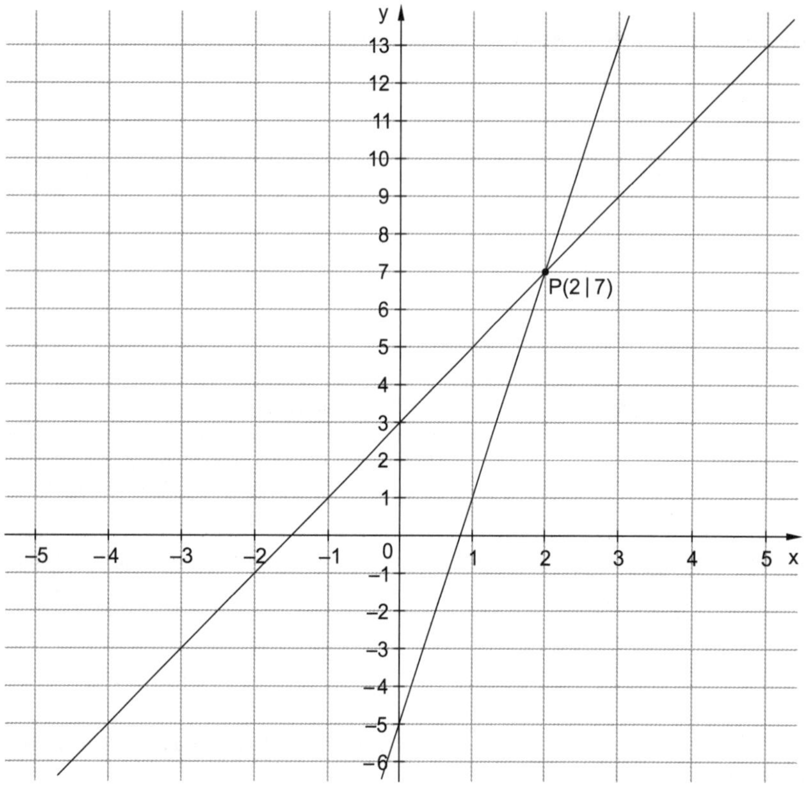

c) ☒ Ja ☐ Nein

Simon hat recht.
Da bei beiden Geraden die Steigung $m = 2$ ist, verlaufen die Geraden parallel und schneiden sich somit nicht.

Die allgemeine lineare Funktion lautet: $y = m \cdot x + t$
m ist die Steigung der Geraden, t der y-Achsenabschnitt.
Beachte: Geraden mit gleicher Steigung verlaufen parallel.

Hinweise und Tipps

Prüfungsteil 1 – Variante C

Aufgabe 1

a) $\frac{2}{3}+\frac{1}{6}=\frac{4}{6}+\frac{1}{6}=\frac{5}{6}$

Bringe die Brüche auf einen gemeinsamen Nenner und addiere dann.

b) $0{,}5 \cdot 0{,}2 = 0{,}10 = 0{,}1$

Beachte: Multipliziere zunächst, indem du das Komma weglässt. Beim Ergebnis zählst du die Nachkommastellen der Faktoren und setzt das Komma an der entsprechenden Stelle.

c) $15 + 5 \cdot (2+3) = 40$

Beachte: Klammer vor Punkt- vor Strichrechnung

d)
- ☐ $\sqrt{49}+5=7+5=12$
- ☐ $3+2\cdot 4=3+8=11$
- ☐ $2^4=16$
- ☒ $(-2)\cdot(-9)=18$

Berechne die Werte der einzelnen Terme und wähle dann den größten Wert aus.

Aufgabe 2

a) $P(\text{rot}) = \frac{\text{Anzahl der roten Eier}}{\text{Anzahl aller Eier}}$

$P(\text{rot}) = \frac{5}{10} = \frac{1}{2} = 0{,}5 = 50\ \%$

5 der insgesamt 10 Eier sind rot.

b)
- ☐ kleiner
- ☐ gleich groß
- ☒ größer

Begründung:
Es sind dann noch 7 Eier in der Dose: 1 grünes, 2 blaue und 4 rote.
Also sind mehr als die Hälfte der verbliebenen Eier rot.

$P(\text{rot}) = \frac{4}{7} > 50\ \%$

Mache dir klar, wie viele Eier von welcher Farbe jetzt noch in der Dose liegen.

Aufgabe 3

Gegeben: $a = 4$ m und $b = 3$ m
Satz des Pythagoras:

$d^2 = a^2 + b^2$

$d^2 = (4\text{ m})^2 + (3\text{ m})^2$

$d = \sqrt{16\text{ m}^2 + 9\text{ m}^2}$

$d = \sqrt{25\text{ m}^2}$

$d = 5\text{ m}$

Die Diagonale d ist die Hypotenuse in einem rechtwinkligen Dreieck, somit gilt der Satz des Pythagoras.

Aufgabe 4

Gegeben: a = 6,4 cm; b = 4,8 cm; c = 2,9 cm
Gesucht: Volumen V des Quaders (ungefähr)

Wenn man die Kantenlängen rundet, ergibt sich:
$a \approx 6\text{ cm}$; $b \approx 5\text{ cm}$; $c \approx 3\text{ cm}$

Die Formel für das Volumen eines Quaders lautet:
$V = a \cdot b \cdot c$
$V \approx 6\text{ cm} \cdot 5\text{ cm} \cdot 3\text{ cm}$
$V \approx 90\text{ cm}^3$

Die dritte Angabe passt am besten.

- [ ] $V \approx 14\text{ cm}^3$
- [ ] $V \approx 28\text{ cm}^3$
- [x] $V \approx 90\text{ cm}^3$
- [ ] $V \approx 188\text{ cm}^3$

Hinweise und Tipps

Berechne das ungefähre Volumen des Quaders durch eine Überschlagsrechnung.

Eine genaue Berechnung ist nicht nötig, um die richtige Antwort auszuwählen.

Aufgabe 5

a) Ein Schnittpunkt der Graphen liegt bei S(−1 | −1), der andere bei (3 | 7).

Lies die Koordinaten eines der beiden Schnittpunkte aus der Abbildung ab (nur einer ist verlangt!).

b) Die Lage der Geraden wird parallel um zwei Einheiten nach oben verschoben.

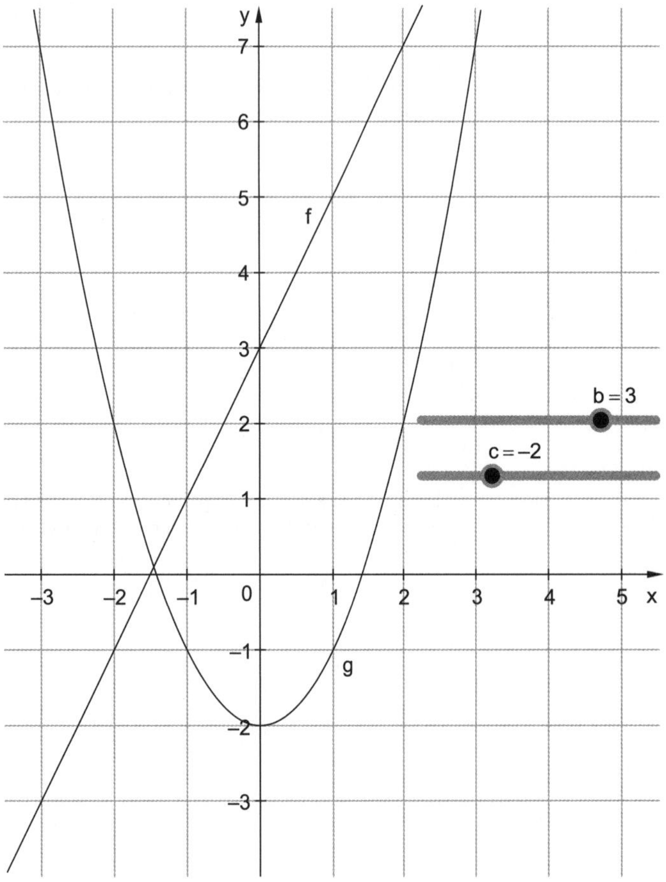

Der Schieberegler für b gibt den Wert für den y-Achsenabschnitt der Geraden f an. Bei einem Wert von b = 3 schneidet die Gerade die y-Achse im Punkt (0 | 3). Die Steigung der Geraden (hier m = 2) bleibt unverändert.

c) Die Werte für b und/oder c an den Schiebereglern müssen verändert werden.

Möglichkeit 1:
Für Schieberegler b wird ein kleinerer Wert ($b < -3$) eingestellt.

Möglichkeit 2:
Für Schieberegler c wird ein größerer Wert ($c > 2$) eingestellt.

Möglichkeit 3:
Für Schieberegler b wird ein kleinerer und für Schieberegler c ein größerer Wert eingestellt.

✎ Hinweise und Tipps

Damit sich Gerade und Parabel nicht schneiden, muss die Gerade vollständig unterhalb der Parabel liegen. Die Gerade muss also nach unten und/oder die Parabel nach oben verschoben werden.

Hinweise und Tipps

Prüfungsteil 2

Aufgabe 1: Höhe eines Brückenbogens

a) Gleichung III kann die Brücke näherungsweise beschreiben. Nur diese Gleichung beschreibt eine nach unten geöffnete Parabel mit einem Scheitelpunkt oberhalb der x-Achse.

Gleichung I und Gleichung IV sind nach oben geöffnete Parabeln. Gleichung II ist eine Parabel mit einem Scheitelpunkt unterhalb der x-Achse.

$y = ax^2 + b$
$a > 0 \Rightarrow$ Die Parabel ist nach oben geöffnet und hat ein Minimum.
$a < 0 \Rightarrow$ Die Parabel ist nach unten geöffnet und hat ein Maximum.

b) Geeignetes Koordinatensystem einzeichnen:

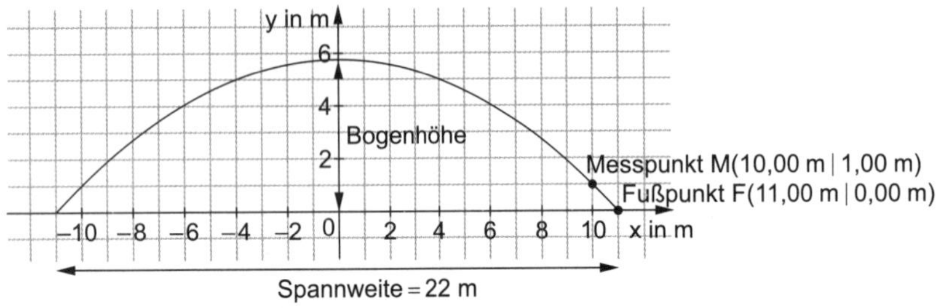

Die y-Achse teilt den Bogen in zwei Hälften. Mithilfe der Spannweite des Brückenbogens von 22,00 m bestimmt man die Lage des rechten Fußpunktes und des Messpunktes:

F(11,00 m | 0,00 m)

M(10,00 m | 1,00 m)

Beide Fußpunkte liegen 22 m auseinander und symmetrisch zur y-Achse.
Der Messpunkt liegt 1 m weiter links und 1 m weiter oben als der rechte Fußpunkt.

Die allgemeine Funktionsgleichung einer nach unten geöffneten und um b nach oben verschobenen Parabel lautet:

$y = ax^2 + b$

b ist die Höhe bzw. die y-Koordinate des Scheitelpunktes S.

Durch Einsetzen der Punkte F und M erhält man ein lineares Gleichungssystem (Rechnung ohne Maßeinheiten):

I $\quad 0 = a \cdot 11^2 + b$

II $\quad 1 = a \cdot 10^2 + b$

Mit dem Subtraktionsverfahren (I – II) erhält man:

$-1 = a \cdot 11^2 - a \cdot 10^2$

$-1 = 121a - 100a$

$-1 = 21a \qquad |:21$

$a = -\frac{1}{21}$

Mit der Gleichung I oder der Gleichung II lässt sich nun die Höhe b des Brückenbogens bestimmen.
Einsetzen von $a = -\frac{1}{21}$ in Gleichung I:

$0 = -\frac{1}{21} \cdot 11^2 + b$

$b = \frac{1}{21} \cdot 121 \approx 5{,}76$

Antwort: An der höchsten Stelle (dem Scheitelpunkt) ist die Brücke 5,76 m hoch.

Eine Funktionsgleichung für diese parabelförmige Brücke lautet:

$y = -\frac{1}{21}x^2 + 5{,}76$

Hinweise und Tipps

c) Gegeben: maximale Breite des EU-Lastzugs: 2,55 m
maximale Höhe des EU-Lastzugs: 4,00 m
Sicherheitsabstand zur Brücke: 20 cm = 0,20 m
Brückengleichung: $y = -\frac{1}{21}x^2 + 5,76$

x-Koordinate entspricht der (maximalen) Breite des EU-Lastzugs.

Gesucht: Brückenhöhe bei x = 2,55

y-Koordinate entspricht der Höhe des Brückenbogens an der (maximalen) Breite des EU-Lastzugs.

Skizze:

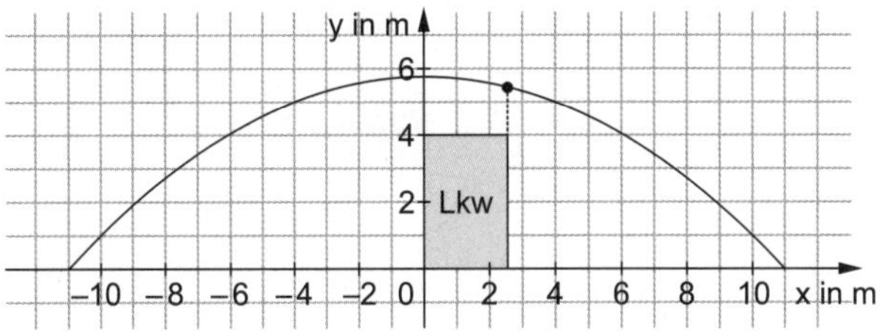

Rechnung:

$y = -\frac{1}{21} \cdot 2,55^2 + 5,76 \approx 5,45$

$5,45 \text{ m} - 0,20 \text{ m} = 5,25 \text{ m} > 4,00 \text{ m}$

Antwort: Jeder EU-Lastzug kann diese Straße unter Beachtung der Straßenverkehrsordnung befahren.

Aufgabe 2: Werbeplakate und Bildschirmformate

a) Gesamte Höhe = Sockelhöhe + Höhe der Werbefläche + Höhe der Kopfzarge + Höhe der Spitze

Gesamte Höhe = 150 mm + 2 400 mm + 200 mm + 150 mm
= 2 900 mm = 2,90 m

Die gesamte Höhe der Litfaßsäule beträgt 2,90 m.

Entnimm alle notwendigen Maße aus der Skizze des Querschnitts. Achte darauf, dass alle Maße in Millimeter angegeben sind.

b) Gegeben: Durchmesser d = 1 200 mm ⇒ Radius r = 600 mm

Gesucht: Umfang des Zylinders

Die Litfaßsäule ist ein zylindrischer Körper. In der Skizze ist der Durchmesser der Werbefläche angegeben.

Rechnung:

$u = \pi \cdot d$

$u = \pi \cdot 1200 \text{ mm} \approx 3769{,}91 \text{ mm} \approx 3{,}77 \text{ m}$

oder

$u = 2 \cdot \pi \cdot r$

$u = 2 \cdot \pi \cdot 600 \text{ mm} \approx 3769{,}91 \text{ mm} \approx 3{,}77 \text{ m}$

Der Umfang der Werbefläche beträgt etwa 3,77 m.

c) Gegeben: Höhe des Sockels $h_K = 150$ mm
Durchmesser des Sockels d = 1 300 mm
⇒ Radius des Sockels r = 650 mm

Der Sockel der Litfaßsäule ist ein Zylinder. Das Volumen muss berechnet werden.

Gesucht: Volumen des Sockels

Rechnung:

$V = \pi \cdot r^2 \cdot h_K$

$V = \pi \cdot (650 \text{ mm})^2 \cdot 150 \text{ mm} \approx 199\,098\,434{,}4 \text{ mm}^3 \approx 0{,}20 \text{ m}^3$

Man benötigt etwa 0,2 m^3 Beton.

Beachte die Einheiten: $1 \text{ m}^3 = 1000 \text{ dm}^3$
$1 \text{ dm}^3 = 1000 \text{ cm}^3$
$1 \text{ cm}^3 = 1000 \text{ mm}^3$

Hinweise und Tipps

d) Gegeben: Breite b = 3 560 mm
Höhe a = 2 520 mm

Gesucht: Flächeninhalt des Werbeplakats

Rechnung:

$A = a \cdot b$

$A = 2\,520\text{ mm} \cdot 3\,560\text{ mm} = 8\,971\,200\text{ mm}^2 \approx 8{,}97\text{ m}^2$

Die Werbefläche der Litfaßsäule ist etwas größer als die Werbefläche des Plakats.

Berechne die Fläche des Werbeplakats.

Beachte die Einheiten und wandle für den Vergleich in m^2 um: $1\text{ m}^2 = 100\text{ dm}^2$
$1\text{ dm}^2 = 100\text{ cm}^2$
$1\text{ cm}^2 = 100\text{ mm}^2$

e) Gegeben: kürzere Seite a = 297 mm

Gesucht: längere Seite b

Rechnung:

$b = a \cdot \sqrt{2}$

$b = 297\text{ mm} \cdot \sqrt{2} \approx 420{,}02\text{ mm}$

Die längere Seite eines DIN-A3-Blattes ist etwa 420 mm lang.

Multipliziere die kürzere Seite mit $\sqrt{2}$.

f) Gegeben: längere Seite b = 3 560 mm
kürzere Seite a = 2 520 mm

Gesucht: Gilt der Zusammenhang $b = a \cdot \sqrt{2}$ für das Werbeplakat?

Rechnung:

$b = a \cdot \sqrt{2}$

$b = 2\,520\text{ mm} \cdot \sqrt{2} \approx 3\,563{,}82\text{ mm}$

Das entspricht ungefähr der Länge von b = 3 560 mm.

Der Zusammenhang $b = a \cdot \sqrt{2}$ gilt nahezu auch für dieses Werbeplakat.

Alternative Lösungsmöglichkeit:

$b : a = 3\,560\text{ mm} : 2\,520\text{ mm} \approx 1{,}4127$

Das entspricht ungefähr dem Wert für $\sqrt{2} \approx 1{,}4142$.

Bestimme das Seitenverhältnis b : a.

g) Gegeben: Seitenverhältnis beim Fernseher: Breite : Höhe = 1,78

Gesucht: Welchem Format (16 : 9 oder 4 : 3) entspricht das?

Rechnung:

Beim 16 : 9-Format ist das Seitenverhältnis: $\frac{16}{9} = 1{,}\overline{7} \approx 1{,}78$

Beim 4 : 3-Format ist das Seitenverhältnis: $\frac{4}{3} = 1{,}\overline{3}$

Der Bildschirm des Fernsehers mit einem Seitenverhältnis von 1,78 entspricht somit genau dem 16 : 9-Format.

h) Gegeben: Breite a = 105 mm
Höhe b = 59 mm

Gesucht: Länge der Diagonale e im Rechteck

Rechnung:

$e^2 = a^2 + b^2$

$e^2 = (105\text{ mm})^2 + (59\text{ mm})^2 \quad | \sqrt{}$

$e = \sqrt{(105\text{ mm})^2 + (59\text{ mm})^2}$

$e \approx 120{,}44\text{ mm}$

Die Bildschirmdiagonale beim Handy beträgt ca. 120 mm.

Alle Beispiele haben einen rechteckigen Bildschirm. Deshalb kann zur Bestimmung der Diagonale der Satz des Pythagoras angewendet werden.

i) Gegeben: Bedingung 1: Seitenverhältnis $a:b=1{,}5$
Bedingung 2: Flächeninhalt $A=a\cdot b=9\ m^2$

Gesucht: Werte für a und b

Aufstellen des Gleichungssystems (ohne Maßeinheiten):

$$\begin{array}{ll} \text{I} & \frac{a}{b}=1{,}5 \quad |\cdot b \\ \text{II} & a\cdot b=9 \\ \hline \text{I'} & a=1{,}5\cdot b \\ \text{II} & a\cdot b=9 \end{array}$$

Einsetzungsverfahren mit I' in II:

$$1{,}5\cdot b\cdot b=9$$
$$1{,}5\cdot b^2=9 \quad |:1{,}5$$
$$b^2=6 \quad |\sqrt{\ }$$
$$b=\pm\sqrt{6}$$
$$b_1=+\sqrt{6};\quad b_2=-\sqrt{6}$$
$$b_1=\sqrt{6}\approx 2{,}45$$

Einsetzen von b_1 in Gleichung II:

$$a\cdot 2{,}45=9 \quad |:2{,}45$$
$$a\approx 3{,}67$$

Die Videoleinwand hat eine Breite von 3,67 m und eine Höhe von 2,45 m.

Für das Seitenverhältnis gilt dann: $a:b=3{,}67\ m:2{,}45\ m\approx 1{,}50$
Für den Flächeninhalt gilt dann: $a\cdot b=3{,}67\ m\cdot 2{,}45\ m\approx 8{,}99\ m^2$

Alternative Lösung durch Probieren:
Durch geschicktes Probieren kann man sich schnell einer passenden Lösung nähern:

Breite a	**Höhe b**	**Seitenverhältnis a : b**	**Flächeninhalt a · b**	**Bemerkung**
3	2	1,50	6	Fläche zu klein → Werte für a und b vergrößern
4	2,7	1,48	10,8	Fläche zu groß → Werte für a und b verkleinern
3,5	2,3	1,52	8,05	Fläche zu klein → Werte für a und b vergrößern
⋮	⋮	⋮	⋮	⋮
3,65	2,43	1,50	8,87	Fläche etwas zu klein → …

Hinweise und Tipps

Da zwei Größen unbekannt, aber zwei Bedingungen bekannt sind (Seitenverhältnis und Flächeninhalt), kannst du die Aufgabe mithilfe eines Gleichungssystems lösen.

Da b eine Seitenlänge ist, fällt die negative Lösung weg.

Durch eine Probe kann man die Werte überprüfen.

Lege eine Tabelle an und setze Zahlen für a und b ein. Berechne jeweils das Seitenverhältnis a : b und den Flächeninhalt a · b.

Aufgabe 3: Würfelspiel

a) Mick hat 5-mal gewürfelt und insgesamt 19 Punkte erspielt ($5+2+4+5+3=19$).

Beachte die Spielregeln.

b) Jenny hat 5-mal gewürfelt und insgesamt 17 Punkte erspielt.

Begründung: Die Summe ihrer gewürfelten Augenzahlen ergibt 22 ($5+6+2+4+5=22$), aber die Regel besagt, dass der letzte Wurf mit null gewertet wird, falls man die Punktzahl 21 überschreitet. Somit werden nur die ersten vier Würfe ($5+6+2+4=17$) gewertet.

Beachte vor allem die dritte Spielregel: Überschreitet ein Spieler oder eine Spielerin bei einem Wurf die Punktzahl 21, wird dieser Wurf mit null Punkten gewertet.

c) Piet muss die „4" würfeln, um zu gewinnen.
Die Wahrscheinlichkeit dafür ist:

$$P(4)=\frac{1}{6}=0{,}1\overline{6}\approx 16{,}7\ \%$$

Bei jedem Wurf des Spiels handelt es sich um einen einstufigen Zufallsversuch. Die Wahrscheinlichkeit bei einem Spielwürfel ist für jede Zahl gleich:

$$P=\frac{1}{6}$$

Hinweise und Tipps

d) Chiara muss die „1" würfeln, um zu gewinnen.
Die Wahrscheinlichkeit dafür ist:

$P(1) = \frac{1}{6} = 0{,}1\overline{6} \approx 16{,}7\,\%$

Chiaras Gewinnwahrscheinlichkeit ist somit genauso groß wie die von Piet.

e) Beurteilung der Aussagen:

Aussage	RICHTIG	FALSCH
Ben hat 5-mal gewürfelt: 10; 7; 12; 6; 11 Sein aktueller Punktestand ist nun: 46	☒	☐
Ayla hat 6-mal gewürfelt: 9; 6; 11; 4; 12; 10 Mit diesem Punktestand gewinnt Ayla.	☐	☒
Man kann mit nur 5 Würfen 51 Punkte erzielen und somit gewinnen.	☒	☐
Wenn man 50 Punkte hat, kann man mit dem nächsten Wurf gewinnen.	☐	☒

Beachte die Spielregeln für dieses abgeänderte Spiel. Mit zwei Würfeln kann man in einem Wurf alle Punktzahlen von 2 bis 12 erzielen.

Richtig, denn Ben hat 5-mal gewürfelt und insgesamt 46 Punkte erspielt $(10+7+12+6+11=46)$.

Falsch, denn Ayla hat die Punktzahl von 51 überschritten $(9+6+11+4+12+10=52)$. Damit hat sie nicht gewonnen.

Richtig, denn mit 5 Würfen kann man 51 Punkte erzielen, z. B. $11+12+9+8+11=51$.

Falsch, denn mit zwei Würfeln ist die kleinste Punktzahl, die man erhalten kann, eine 2.

f) Ben benötigt 12 Punkte, um beim nächsten Wurf auf 49 Punkte zu kommen; er muss also zwei Sechser würfeln.

Die Wahrscheinlichkeit, mit einem Würfel eine 6 zu würfeln, liegt jeweils bei $\frac{1}{6}$. Die einzelnen Wahrscheinlichkeiten werden nach der Produktregel multipliziert. In Prozent ausgedrückt sind das:

$\frac{1}{6} \cdot \frac{1}{6} = \frac{1}{36} \approx 2{,}78\,\%$

Bens Wahrscheinlichkeit, nach dem nächsten Wurf 49 Punkte zu haben, liegt bei ca. 2,78 %.

Bei jedem Wurf des Spiels handelt es sich um einen zweistufigen Zufallsversuch. Hier alle möglichen Ergebnisse bei einem Wurf mit zwei Würfeln:

Erg.	Wurfmöglichkeiten	W. keit
2	1+1	$\frac{1}{36} \approx 2{,}78\,\%$
3	1+2 2+1	$\frac{1}{18} \approx 5{,}56\,\%$
4	1+3 2+2 3+1	$\frac{1}{12} \approx 8{,}33\,\%$
5	1+4 2+3 3+2 4+1	$\frac{1}{9} \approx 11{,}11\,\%$
6	1+5 2+4 3+3 4+2 5+1	$\frac{5}{36} \approx 13{,}89\,\%$
7	1+6 2+5 3+4 4+3 5+2 6+1	$\frac{1}{6} \approx 16{,}67\,\%$
8	2+6 3+5 4+4 5+3 6+2	$\frac{5}{36} \approx 13{,}89\,\%$
9	3+6 4+5 5+4 6+3	$\frac{1}{9} \approx 11{,}11\,\%$
10	4+6 5+5 6+4	$\frac{1}{12} \approx 8{,}33\,\%$
11	5+6 6+5	$\frac{1}{18} \approx 5{,}56\,\%$
12	6+6	$\frac{1}{36} \approx 2{,}78\,\%$

g) Ben benötigt noch 8 Punkte und Ayla 5 Punkte, um zu gewinnen.

Für Ben gibt es 5 Möglichkeiten, die zur Summe 8 führen: — siehe Tabelle oben

$P(\text{Summe } 8) = P(2+6) + P(3+5) + P(4+4) + P(5+3) + P(6+2)$ — Summenregel

$P(8) = \frac{1}{6} \cdot \frac{1}{6} + \frac{1}{6} \cdot \frac{1}{6} + \frac{1}{6} \cdot \frac{1}{6} + \frac{1}{6} \cdot \frac{1}{6} + \frac{1}{6} \cdot \frac{1}{6} = \frac{5}{36} \approx 13{,}89\,\%$ — Produktregel

Die Wahrscheinlichkeiten werden addiert und ergeben eine Wahrscheinlichkeit für die Summe 8 von 13,89 %.

Für Ayla gibt es 4 Möglichkeiten, die zur Summe 5 führen:

$P(\text{Summe } 5) = P(1+4) + P(2+3) + P(3+2) + P(4+1)$ — Summenregel

$P(5) = \frac{1}{6} \cdot \frac{1}{6} + \frac{1}{6} \cdot \frac{1}{6} + \frac{1}{6} \cdot \frac{1}{6} + \frac{1}{6} \cdot \frac{1}{6} = \frac{4}{36} \approx 11{,}11\,\%$ — Produktregel

Die Wahrscheinlichkeiten werden addiert und ergeben eine Wahrscheinlichkeit für die Summe 5 von 11,11 %.

Somit hat Ben die höhere Gewinnwahrscheinlichkeit.

✎ Hinweise und Tipps

h) Die Behauptung stimmt.

Begründung: Um bei 44 Punkten mit dem nächsten Wurf zu gewinnen, sind 7 Punkte nötig. Dieses Wurfergebnis ist deshalb am wahrscheinlichsten, weil es am meisten Möglichkeiten gibt, die Summe 7 aus den Einzelergebnissen der beiden Würfel zu kombinieren. 6 Möglichkeiten sind es, um genau zu sein.

siehe Tabelle oben

Da es insgesamt $6^2 = 36$ verschiedene Wurfergebnisse gibt, beträgt die Wahrscheinlichkeit also genau 6 von 36:

$$P(\text{Summe } 7) = \frac{6}{36} = \frac{1}{6} \approx 16{,}67\ \%$$

Zentrale Prüfung 2017

✐ Hinweise und Tipps

Prüfungsteil 1

Aufgabe 1

a) Gegeben: Hypotenuse: $h = 70$ cm
Kathete$_1$: $k_1 = 55$ cm
Gesucht: Kathete$_2$: k_2
Rechnung:
Nach dem Satz des Pythagoras gilt:

$$h^2 = k_1^2 + k_2^2 \qquad |-k_1^2$$
$$k_2^2 = h^2 - k_1^2$$
$$k_2^2 = (70\text{ cm})^2 - (55\text{ cm})^2 \qquad |\sqrt{}$$
$$k_2 = \sqrt{4\,900\text{ cm}^2 - 3\,025\text{ cm}^2}$$
$$k_2 \approx 43{,}30\text{ cm}$$

Beachte, dass ein rechtwinkliges Dreieck vorliegt.

b) Wenn der Satz des Pythagoras in einem Dreieck gilt, dann ist es rechtwinklig.
Da die Hypotenuse in einem rechtwinkligen Dreieck immer die längste Seite ist und im hier vorliegenden Dreieck c die längste Seite ist, ist hier also zu prüfen, ob $a^2 + b^2 = c^2$ gilt:

$$a^2 + b^2 \stackrel{?}{=} c^2$$
$$(6\text{ cm})^2 + (8\text{ cm}^2) \stackrel{?}{=} (10\text{ cm})^2$$
$$36\text{ cm}^2 + 64\text{ cm}^2 \stackrel{?}{=} 100\text{ cm}^2$$
$$100\text{ cm}^2 = 100\text{ cm}^2 \quad \text{(wahr)}$$

Im gegebenen Dreieck gilt der Satz des Pythagoras, also ist das Dreieck rechtwinklig.

Wenn ein Dreieck rechtwinklig ist, dann gilt der Satz des Pythagoras. Es gilt aber auch umgekehrt: Wenn der Satz des Pythagoras in einem Dreieck gilt, dann ist das Dreieck rechtwinklig. Überprüfe also, ob im vorliegenden Dreieck der Satz des Pythagoras gilt. Setze dabei die längste Seite als Hypotenuse an.

Aufgabe 2

- $\frac{5}{10} < \frac{5}{7}$
- $0{,}05 > 5 \cdot 10^{-3}$
- $-0{,}1 = -\frac{1}{10}$

Bei Brüchen mit gleichem Zähler gilt:
Je größer der Nenner, desto kleiner der Wert.

Wandle die unterschiedlichen Schreibweisen der Zahlen so um, dass sie direkt vergleichbar werden.
$0{,}05 = \frac{5}{100}$; $5 \cdot 10^{-3} = \frac{5}{10^3} = \frac{5}{1\,000}$

✎ Hinweise und Tipps

Aufgabe 3

a) Gegeben: Grundwert (Handelsumsatz 2015 in D):
$G = 1{,}14$ Mrd. €
Prozentsatz (Umsatzanteil Kaffee): $p\,\% = 35\,\%$

Gesucht: Prozentwert (Kaffeeumsatz): P

Rechnung:

$$P = \frac{G \cdot p}{100}$$

$$P = \frac{1{,}14 \text{ Mrd. €} \cdot 35}{100}$$

$$P = 0{,}399 \text{ Mrd. €}$$

Antwort: Im Jahr 2015 betrug der Umsatz mit Kaffee 0,399 Milliarden €.

Entnimm dem Aufgabentext das Gesamtumsatzvolumen (entspricht 100 %) und der Grafik den Umsatzanteil des Kaffees.
Denke daran, den Umsatz mit Kaffee in Milliarden Euro anzugeben.

b)

Aussage	trifft zu	trifft nicht zu
Ein Zehntel des Gesamtumsatzes wurde mit Blumen erzielt.	☒	☐
Mehr als 40 % des Gesamtumsatzes wurden mit Kaffee und Tee erzielt.	☐	☒
Der Umsatz mit Textilien und Kunsthandwerk war dreimal so hoch wie mit Schokolade.	☒	☐

Vom Gesamtumsatz entfielen $10\,\% = \frac{10}{100} = \frac{1}{10}$ auf Blumen.

Der Kaffee- und Teeumsatz betrug zusammen $35\,\% + 2\,\% = 37\,\% \leq 40\,\%$.

Auf Schokolade entfielen 4 % vom Umsatz. Mit Textilien und Kunsthandwerk wurden insgesamt $7\,\% + 5\,\% = 12\,\%$ umgesetzt. Es gilt $3 \cdot 4\,\% = 12\,\%$.

Aufgabe 4

a) *1. Lösungsmöglichkeit (Additionsverfahren):*

$$\begin{array}{ll} \text{I} & 2x + y = 14 \quad |\cdot 2 \\ \text{II} & 3x - 2y = 7 \\ \hline \text{I'} & 4x + 2y = 28 \\ \text{II} & 3x - 2y = 7 \\ \hline \end{array}$$

Additionsverfahren:

$$7x = 35 \quad |:7$$
$$x = 5$$

Einsetzen von $x = 5$ in Gleichung I:

$$2 \cdot 5 + y = 14 \quad |-10$$
$$y = 4$$

Lösungsmenge des Gleichungssystems:
$\mathbb{L} = \{(5|4)\}$

Alle linearen Gleichungssysteme lassen sich mit dem Gleichsetzungsverfahren, dem Einsetzungsverfahren und dem Additionsverfahren lösen. Da sich im vorliegenden Fall kein Verfahren direkt (d. h. ohne vorherige Umformungen) anwenden lässt, sind hier alle Verfahren gleich gut zur Lösung geeignet.

Zur Überprüfung der Ergebnisse kann eine Probe durchgeführt werden.

Probe: Einsetzen von $x = 5$ und $y = 4$:

I $\quad 2 \cdot \mathbf{5} + \mathbf{4} = 14$ (wahr)

II $\quad 3 \cdot \mathbf{5} - 2 \cdot \mathbf{4} = 7$ (wahr)

Hinweise und Tipps

2. Lösungsmöglichkeit (Einsetzungsverfahren):

$$\begin{array}{ll|l} \text{I} & 2x+y=14 & -2x \\ \text{II} & 3x-2y=7 & \\ \hline \text{I'} & y=14-2x & \\ \text{II} & 3x-2y=7 & \\ \hline \end{array}$$

Einsetzungsverfahren mit I' in II:

$$3x-2(14-2x)=7$$

$$\begin{aligned} 3x-28+4x &= 7 \quad &|+28 \\ 7x &= 35 \quad &|:7 \\ x &= 5 \end{aligned}$$

Löse die Klammer auf und beachte dabei das Minuszeichen.

Ab hier wie beim Additionsverfahren die Variable y bestimmen.

3. Lösungsmöglichkeit (Gleichsetzungsverfahren):

$$\begin{array}{ll|l} \text{I} & 2x+y=14 & \cdot 3 \\ \text{II} & 3x-2y=7 & \cdot 2 \\ \hline \text{I'} & 6x+3y=42 & -3y \\ \text{II'} & 6x-4y=14 & +4y \\ \hline \text{I''} & 6x=42-3y & \\ \text{II''} & 6x=14+4y & \\ \hline \end{array}$$

Gleichsetzungsverfahren:

$$\begin{aligned} 42-3y &= 14+4y \quad &|+3y-14 \\ 28 &= 7y \quad &|:7 \\ y &= 4 \end{aligned}$$

Einsetzen von $y=4$ in Gleichung I:

$$\begin{aligned} 2x+4 &= 14 \quad &|-4 \\ 2x &= 10 \quad &|:2 \\ x &= 5 \end{aligned}$$

Lösungsmenge des Gleichungssystems:

$\mathbb{L}=\{(5|4)\}$

b) Die Steigung m ist bei beiden Gleichungen gleich, der y-Achsenabschnitt t ist bei beiden Gleichungen verschieden. Somit verlaufen die zugehörigen Geraden parallel. Es kann daher keinen gemeinsamen Schnittpunkt, also keine Lösung geben.

Beachte die Merkmale einer linearen Funktion $y=mx+t$.

Alternative Lösungsmöglichkeit:

Durch Gleichsetzen von Gleichung I und II erhält man:

$$\begin{aligned} 4x+8 &= 4x+5 \quad &|-4x \\ 8 &= 5 \quad &\text{(falsch)} \end{aligned}$$

Dies ist eine falsche Aussage, sodass es für dieses Gleichungssystem keine Lösung gibt.

Aufgabe 5

a)

Formel	geeignet	nicht geeignet
= B3 * (1 + B1 / 100)	☐	☒
= B3 – C3	☒	☐
= B3 * (1 – B1 / 100)	☒	☐
= B3 + C3	☐	☒

b) Der Wert wird kleiner.

Begründung:
In Zelle B1 steht der Rabatt in Prozent. Erhöht sich der Rabatt, verringert sich der zu zahlende Preis. Der in den Zellen D3 bis D7 (hier D6) angegebene neue Preis wird also kleiner.

Kurz: Je höher der Rabatt in Zelle B1, desto geringer ist der neue Preis (Wert in Zelle D6).

✎ Hinweise und Tipps

Beachte die jeweiligen Zellbezüge in den Formeln und bedenke, dass der neue Preis sich aus dem alten Preis nach Abzug des Rabatts ergibt.

Bei dieser Formel kommen zum alten Preis noch 10 % dazu – also keine Preissenkung, sondern eine Preiserhöhung.

Hier wird vom alten Preis der Rabatt subtrahiert.

1 – B1 / 100 liefert den richtigen Abnahmefaktor.

Hier wird zum alten Preis der Rabatt addiert – also keine Preissenkung, sondern eine Preiserhöhung.

✐ Hinweise und Tipps

Prüfungsteil 2

Aufgabe 1: Schokoladenkugeln

a) Gegeben: Durchmesser einer Schokoladenkugel:
$d = 1{,}5\ \text{cm} \Rightarrow r = 0{,}75\ \text{cm}$

Gesucht: Volumen der Schokoladenkugel: V

Rechnung:

$$V = \frac{4}{3} \cdot \pi \cdot r^3$$

$$V = \frac{4}{3} \cdot \pi \cdot (0{,}75\ \text{cm})^3$$

$$V \approx 1{,}77\ \text{cm}^3$$

Bestimme den Kugelradius und setze diesen in die Volumenformel für Kugeln ein.

b) Berechnung der Masse von 100 Schokoladenkugeln:

Gegeben: Volumen einer Schokoladenkugel: $V = 1{,}77\ \text{cm}^3$

Dichte von Schokolade: $\rho = \frac{1{,}3\ \text{g}}{1\ \text{cm}^3}$

Gesucht: Masse von 1 Schokoladenkugel: m
Masse von 100 Schokoladenkugeln: m_{100}

Rechnung:

$$m = \rho \cdot V$$

$$m = \frac{1{,}3\ \text{g}}{1\ \text{cm}^3} \cdot 1{,}77\ \text{cm}^3$$

$$m = 2{,}301\ \text{g}$$

$$\Rightarrow\ m_{100} = 100 \cdot 2{,}301\ \text{g} = 230{,}1\ \text{g}$$

Die Masse eines Stoffs (hier: Schokolade) ergibt sich aus dem Produkt der Dichte und des Volumens:
Masse = Dichte · Volumen

Berechnung der benötigten Masse, wenn nach Abzug von 5 % Verlust noch 230,1 g übrigbleiben sollen:

Gegeben: Prozentwert (verminderter Grundwert): $P = 230{,}1$ g
Prozentsatz: $p\ \% = 100\ \% - 5\ \% = 95\ \%$

Gesucht: Grundwert: G

Rechnung:

$$G = \frac{P \cdot 100}{p}$$

$$G = \frac{230{,}1\ \text{g} \cdot 100}{95}$$

$$G \approx 242{,}21\ \text{g}$$

Achtung: Die Masse, die nach Abzug des Verlusts übrigbleibt, entspricht 95 % der einzukaufenden Masse.

Antwort: Kara sollte ca. 250 g Vollmilchschokolade kaufen.
oder:
Antwort: Wenn Kara Schokoladentafeln zu jeweils 100 g kauft, sollte sie drei Tafeln kaufen.

Bedenke, dass man Schokolade nicht in beliebigen Grammzahlen kaufen kann, und gib eine sinnvolle Masse in der Antwort an.

c) Ein quadratisches Stück Folie hat eine Kantenlänge von $a = 5$ cm. Der Umfang einer Kugel entspricht dem Umfang eines Kreises mit gleichem Radius. Eine Schokoladenkugel hat daher einen Umfang von $u = \pi \cdot d = \pi \cdot 1{,}5 \text{ cm} \approx 4{,}71 \text{ cm}$.

Antwort: Da die Kantenlänge eines Folienstücks größer ist als der Kugelumfang, kann man eine Schokoladenkugel mit einem solchen quadratischen Stück Folie einpacken.

Alternative Lösungsmöglichkeit:

Vergleich der Fläche eines quadratischen Stücks Folie und der Oberfläche der Schokoladenkugel:

$A_{Folie} = a^2$

$A_{Folie} = (5 \text{ cm})^2$

$A_{Folie} = 25 \text{ cm}^2$

$O_{Kugel} = 4 \cdot \pi \cdot r^2$

$O_{Kugel} = 4 \cdot \pi \cdot (0{,}75 \text{ cm})^2$

$O_{Kugel} \approx 7{,}07 \text{ cm}^2$

Antwort: Da die Fläche eines Folienstücks größer ist als die Kugeloberfläche, kann man eine Schokoladenkugel mit einem solchen quadratischen Stück Folie einpacken.

Hinweise und Tipps

Vergleiche den Umfang einer Kugel mit der Kantenlänge eines quadratischen Stücks Folie.

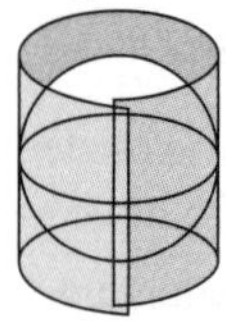

Vergleiche die Oberfläche einer Kugel mit der Fläche eines quadratischen Stücks Folie.

d) Da 6 von 24 Schokoladenkugeln aus weißer Schokolade sind, beträgt die Wahrscheinlichkeit, eine weiße Schokoladenkugel aus der Tüte zu holen:

$$P(W) = \frac{6}{24} = \frac{1}{4}$$

Teile die Anzahl der Kugeln mit dem gewünschten Merkmal durch die Gesamtzahl der Schokoladenkugeln.

e)

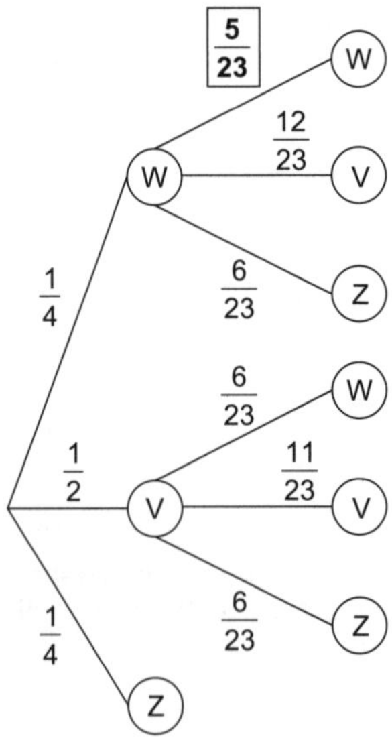

Beachte, dass eine (weiße) Kugel weniger in der Tüte ist.

Da von 23 verbliebenen Schokoladenkugeln nun noch 5 aus weißer Schokolade sind, ist die Wahrscheinlichkeit, noch einmal eine weiße Schokoladenkugel aus der Tüte zu holen:

$$P = \frac{5}{23}$$

alternativ:

Da sich die Wahrscheinlichkeiten an den Ästen eines Knotens im Baumdiagramm immer zu 1 summieren, gilt:

$$P = 1 - \frac{12}{23} - \frac{6}{23} = \frac{23 - 12 - 6}{23} = \frac{5}{23}$$

f) $P(W;V)+P(V;W)=\frac{1}{4}\cdot\frac{12}{23}+\frac{1}{2}\cdot\frac{6}{23}=\frac{6}{23}$

Hinweise und Tipps

Bestimme im Baumdiagramm die Pfade, die zu dem Ereignis „1 weiße Schokoladenkugel und 1 Vollmilchschokoladenkugel“ führen.

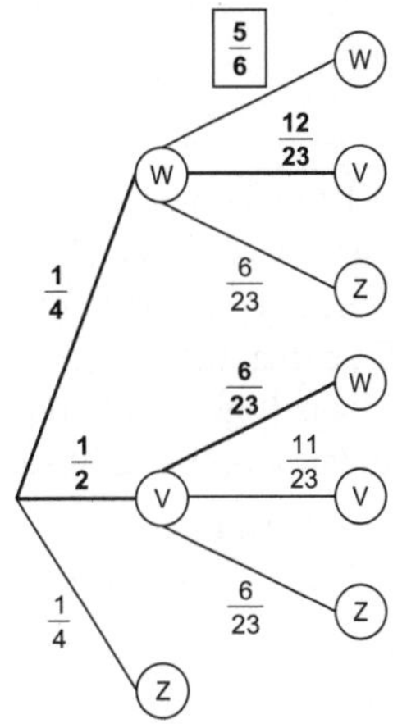

Verwende dann die Pfadregeln, um die Wahrscheinlichkeit zu berechnen.

Aufgabe 2: Quadrate

a)

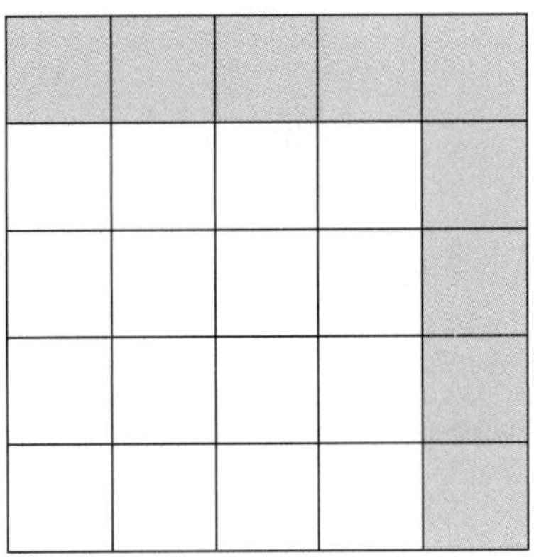

Jede neue Figur hat eine Zeile und eine Spalte mehr als die vorhergehende. In allen Figuren bestehen die erste Zeile und die letzte Spalte aus grauen Quadraten, der Rest ist weiß.

b)

Figur	**5**	**6**	**7**
Anzahl aller Quadrate	**25**	36	**49**
Anzahl der weißen Quadrate	**16**	**25**	**36**
Anzahl der grauen Quadrate	**9**	**11**	13

Figur	**5**	**6**	**7**
Anzahl aller Quadrate	**5 · 5**	36	**7 · 7**
Anzahl der weißen Quadrate	**4 · 4**	**5 · 5**	**6 · 6**
Anzahl der grauen Quadrate	**25 – 16**	**36 – 25**	13

c) Die Anzahl der weißen Quadrate ist in jeder Figur eine Quadratzahl. Da 200 keine Quadratzahl ist, kann die Anzahl der weißen Quadrate bei keiner Figur 200 betragen.

Alternative Lösungsmöglichkeit:

Die Figur n hat $(n-1)^2$ weiße Quadrate. Somit hat die Figur 15 genau $(15-1)^2=14^2=196$ weiße Quadrate (<200) und die Figur 16 hat $(16-1)^2=15^2=225$ weiße Quadrate (>200). Somit kann die Anzahl der weißen Quadrate bei keiner Figur 200 betragen.

Entnimm der Lösung der Teilaufgabe b, wie die Anzahl der weißen Quadrate zu berechnen ist.

Hinweise und Tipps

d) $n^2 - (n-1)^2 = n^2 - (n^2 - 2n + 1)$
$= n^2 - n^2 + 2n - 1$
$= 2n - 1$

Wende die 2. binomische Formel an.

Löse die Klammer auf und beachte das Minuszeichen.

Zusammenfassen.

Hinweis: Achte bei diesem Aufgabentyp darauf, alle notwendigen Termumformungsschritte zu notieren.

e) Beschreibung für den Term $2 \cdot n - 1$:
Man zählt bei der Figur n in der ersten Zeile n graue Quadrate und in der letzten Spalte ebenfalls n graue Quadrate. Das ergibt zusammen $2 \cdot n$ Quadrate. Da dabei allerdings das graue Quadrat in der oberen rechten Ecke doppelt gezählt wird, muss von der Summe noch 1 subtrahiert werden. Somit ergibt sich der Term $2 \cdot n - 1$.

Alternative Lösungsmöglichkeit:

Beschreibung für den Term $n^2 - (n-1)^2$:
Jede Figur n hat eine Gesamtzahl von n^2 Quadraten. Die Anzahl der weißen Quadrate beträgt $(n-1)^2$.
Die Anzahl der grauen Quadrate erhält man, indem man von der Gesamtzahl der Quadrate die Anzahl der weißen Quadrate subtrahiert. Somit erhält man den Term $n^2 - (n-1)^2$.

f) Die Anzahl der grauen Quadrate nimmt linear zu.
Begründung:

Figur	1	2	3	4	5	6	7
Anzahl der grauen Quadrate	1	3	5	7	9	11	13

Bei jeder neuen Figur kommen immer 2 neue graue Quadrate hinzu. Die Anzahl der grauen Quadrate wächst in jedem Schritt um einen festen Betrag und nimmt daher linear zu.

Alternative Lösungsmöglichkeit:

Die Anzahl der grauen Quadrate wird durch den Term $2n - 1$ beschrieben. Dieser Term stellt einen linearen Zusammenhang mit der Steigung $m = 2$ und dem y-Achsenabschnitt $t = -1$ dar.

Gleichmäßiges Wachstum ist linear.

Lineare Funktionen haben die Form: $y = mx + t$

g) Anna hat recht.
Begründung:
Die Anzahl der weißen Quadrate wird durch den Term $(n-1)^2$ beschrieben, und wächst somit quadratisch an. Die Anzahl der grauen Quadrate wächst nur linear.

Alternative Begründung:

Figur	1	2	3	4	5	6	7
Anzahl der grauen Quadrate	1	3	5	7	9	11	13
Anzahl der weißen Quadrate	0	1	4	9	16	25	36

Bei jeder neuen Figur kommen immer mehr neue weiße Quadrate hinzu, sodass ihre Anzahl (wie auch aus der Tabelle entnommen werden kann) immer schneller wächst:
von Figur 1 zu Figur 2: +1 Quadrat
von Figur 2 zu Figur 3: +3 Quadrate
von Figur 3 zu Figur 4: +5 Quadrate
von Figur 4 zu Figur 5: +7 Quadrate …
Dagegen wächst die Anzahl der grauen Quadrate immer nur um 2.

Schau dir die gegebenen Abbildungen genau an.

Hinweise und Tipps

Aufgabe 3: Gletschereis-Brücke

a) Der Abbildung 1 lässt sich entnehmen, dass die Höhe des Brückenbogens h = 35 m beträgt.
Die Spannweite des Brückenbogens ist der Abstand zwischen den beiden Nullstellen der Parabel, die bei $x_1 = -50$ m und $x_2 = 50$ m liegen. Somit beträgt die Spannweite 100 m.

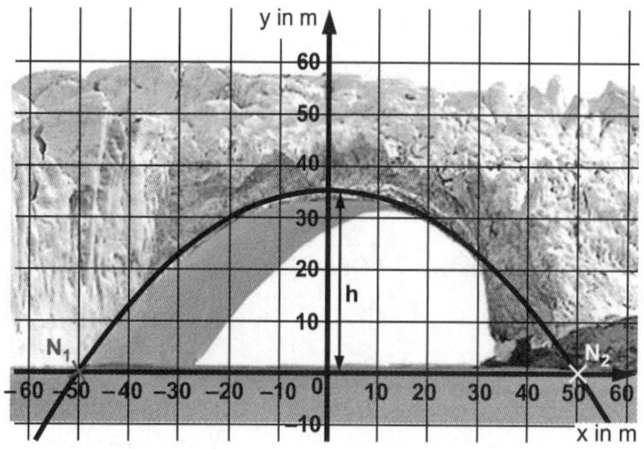

b) Bestimmung von c:
Der Scheitelpunkt der Parabel liegt bei S(0 | 35), also gilt für den Parameter c: c = 35

Bestimmung von a mit c = 35 und $N_2(50\,|\,0)$:

$$f(x) = ax^2 + c \qquad | N_2(50\,|\,0);\ c = 35$$
$$0 = a \cdot 50^2 + 35$$
$$0 = a \cdot 2\,500 + 35 \qquad | -35$$
$$-35 = a \cdot 2\,500 \qquad | : 2\,500$$
$$\frac{-35}{2\,500} = a$$
$$a = -0{,}014$$

Somit lautet die Funktionsgleichung $f(x) = -0{,}014x^2 + 35$.

Die Graphen von quadratischen Funktionen der Form $f(x) = ax^2 + c$ sind um c Einheiten nach oben/unten verschobene Parabeln und haben somit ihren Scheitelpunkt bei S(0 | c).
Die Koordinaten weiterer bekannter Punkte können zur Bestimmung von a in die Funktionsgleichung eingesetzt werden, z. B. die Koordinaten des zweiten Schnittpunkts mit der x-Achse $N_2(50\,|\,0)$.
Durch Umformung erhält man einen Wert für a.

c) Mit Ricos Idee wird die eingestürzte Eismenge größer eingeschätzt, als sie tatsächlich ist.

Begründung:
Ricos schräge Hilfslinien im Bild verlaufen durchweg unterhalb des eigentlichen Parabelbogens. Wenn er diese Linien zur Berechnung nutzt, wird das berechnete Volumen des gedachten Körpers (Prisma) größer als das Volumen der tatsächlichen Eismenge.

Alternative Begründung:
Bei Ricos Idee wird bei der Körperberechnung an den Stellen zwischen Parabelbogen und Hilfslinien etwas „Luft" eingerechnet. Somit ist die tatsächliche Eismenge kleiner.

d) *1. Lösungsmöglichkeit (Additionsmethode):*
Die Eismenge hat in Abbildung 3 die Form eines Prismas.
Für das Volumen des Prismas gilt V = G · h.

Die Körperhöhe h kann der Skizze entnommen werden: h = 40 m

Die Grundfläche G setzt sich aus zwei gleich großen Trapezen zusammen (Trapez ABEF und Trapez BCDE).

$$V = G \cdot h$$
$$V = 2 \cdot A_{BCDE} \cdot h$$
$$V = 2 \cdot \frac{a + c}{2} \cdot h_{Trapez} \cdot h$$
$$V = 2 \cdot \frac{60\text{ m} + 25\text{ m}}{2} \cdot 50\text{ m} \cdot 40\text{ m}$$

Fasse die gesamte Eismenge als zwei volumengleiche trapezförmige Prismen auf.

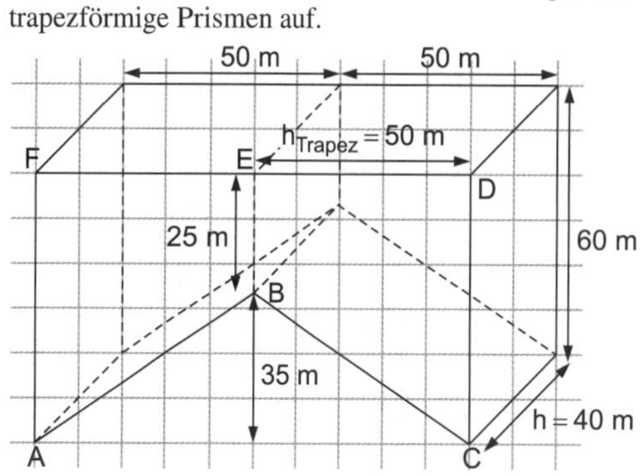

$V = 85\ \text{m} \cdot 50\ \text{m} \cdot 40\ \text{m}$

$V = 170\,000\ \text{m}^3$

2. Lösungsmöglichkeit (Subtraktionsmethode):
Die Eismenge hat in Abbildung 3 die Form eines Prismas. Dessen Volumen kann als Differenz des umgebenden Quaders und des unteren Dreiecksprismas bestimmt werden:

$V = V_{\text{Quader}} - V_{\text{Dreiecksprisma}}$

$V = a \cdot b \cdot c - G \cdot h$

$V = a \cdot b \cdot c - \frac{g \cdot h_{\text{Dreieck}}}{2} \cdot h$

$V = 100\ \text{m} \cdot 60\ \text{m} \cdot 40\ \text{m} - \frac{100\ \text{m} \cdot 35\ \text{m}}{2} \cdot 40\ \text{m}$

$V = 240\,000\ \text{m}^3 - 70\,000\ \text{m}^3$

$V = 170\,000\ \text{m}^3$

✎ Hinweise und Tipps

Fasse die gesamte Eismenge als Quader auf, von dem ein Dreiecksprisma subtrahiert wird.

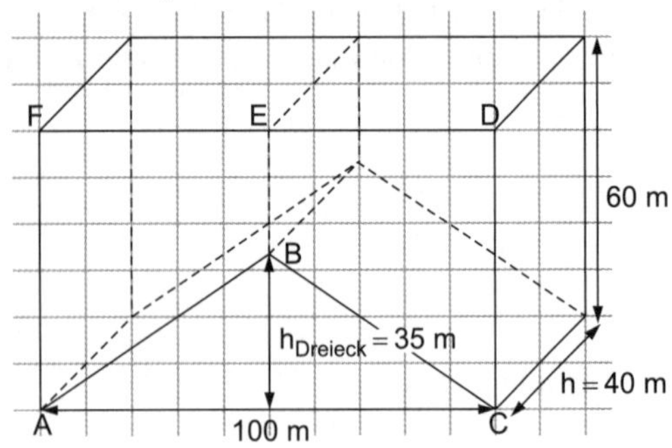

e) Die tatsächliche Eismenge könnte besser abgeschätzt werden, wenn Rico die Hilfslinien zur Berechnung so einzeichnen würde, dass sie näher am Brückenbogen/der Parabel liegen.

Dies kann zum Beispiel erreicht werden durch:

- Einzeichnen weiterer Punkte auf der Parabel, sodass sich die Grundfläche des Eisprismas in kleinere Trapeze zerlegen lässt.

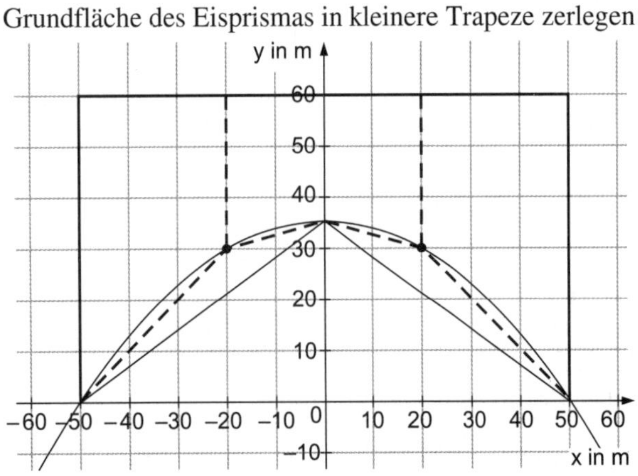

- Einzeichnen weiterer Punkte auf der Parabel, sodass die Fläche unterhalb des Graphen in mehrere Rechtecke unterteilt wird, die dann von der rechteckigen Gesamtfläche subtrahiert werden können.

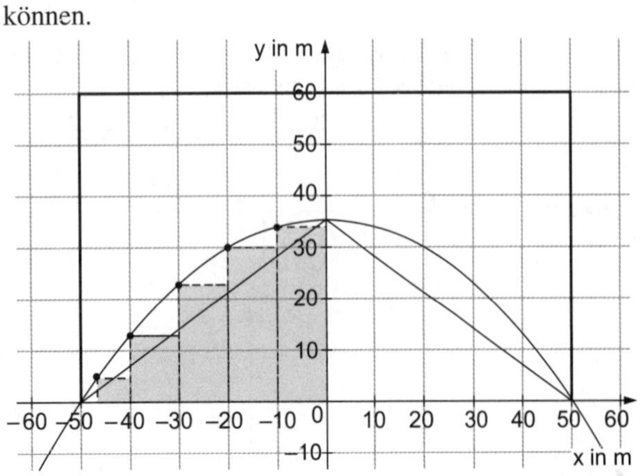

Hinweis: Die Idee, eine genauere Lösung mithilfe eines Halbkreises/Halbzylinders zu erzielen, ist nicht richtig, da hierbei die tatsächliche Eismenge noch ungenauer abgeschätzt würde, wie die Skizze zeigt:

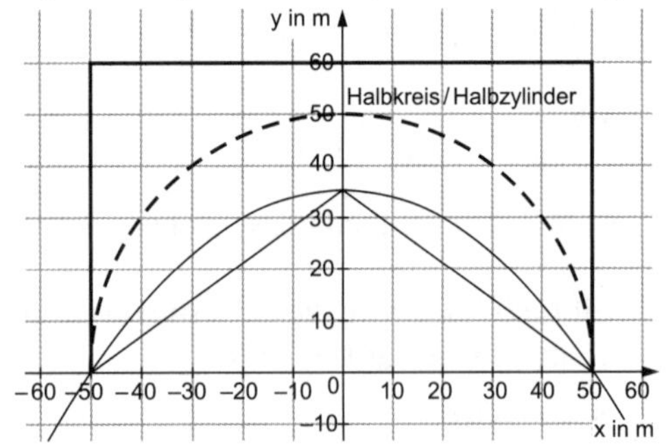

Hinweise und Tipps

- Einfügen von berechenbaren Flächen in den „Hohlräumen", (z. B. Kreise), die dann von der Grundfläche des Eisprismas subtrahiert werden können.

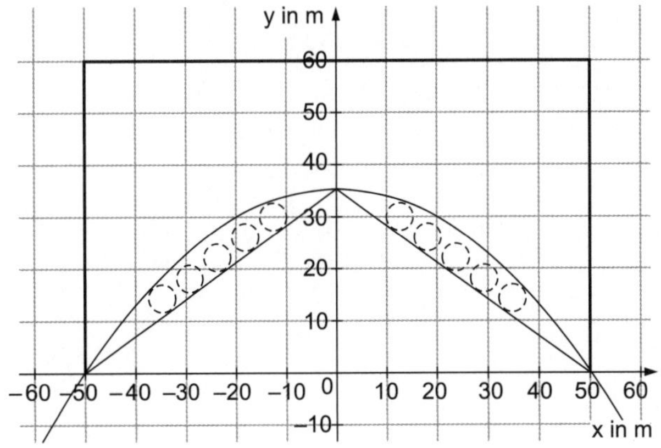

Zentrale Prüfung 2018

✎ Hinweise und Tipps

Prüfungsteil 1

Aufgabe 1

a) Mögliche Nebenrechnungen:

$-0{,}7;\quad \frac{7}{100}=0{,}07;\quad -\frac{1}{7}=-0{,}142\ldots;\quad 0{,}17$

Lösung:

$-0{,}7<-\frac{1}{7}<\frac{7}{100}<0{,}17$

Wandle die Brüche in Dezimalzahlen um und beachte beim Vergleichen die Vorzeichen. Veranschauliche die Zahlen zur besseren Vorstellung ggf. auf einer Zahlengeraden.

b) $\frac{25}{30}=0{,}8\overline{3}\approx 0{,}83=83\,\%>65\,\%$

Wandle den Bruch in eine Prozentzahl um.

Alternative Lösungsmöglichkeit:

$\frac{25}{30}=0{,}8\overline{3}\approx 0{,}83$ und $65\,\%=0{,}65 \quad\Rightarrow\quad \frac{25}{30}>65\,\%$

Wandle den Bruch und die Prozentzahl in eine Dezimalzahl um.

$\frac{25}{30}$ sind mehr als 65 %, somit ist Miriams Behauptung falsch, sie hat nicht recht.

Aufgabe 2

a) $P(\text{blau})=\frac{\text{Anzahl der blauen Kugeln}}{\text{Anzahl aller Kugeln}}$

$P(\text{blau})=\frac{2}{8+2+6}=\frac{2}{16}=\frac{1}{8}$ oder 12,5 %

Teile die Anzahl der günstigen Ergebnisse durch die Anzahl der möglichen Ergebnisse.

b) $P(\text{rot oder grün})=\frac{\text{Anzahl der roten bzw. grünen Kugeln}}{\text{Anzahl aller Kugeln}}$

$P(\text{rot oder grün})=\frac{8+6}{16}=\frac{14}{16}=\frac{7}{8}$ oder 87,5 %

Alternative Lösungsmöglichkeit:

Wahrscheinlichkeit für das Ereignis „eine rote Kugel wird gezogen“:

$P(\text{rot})=\frac{\text{Anzahl der roten Kugeln}}{\text{Anzahl aller Kugeln}}=\frac{8}{16}=\frac{1}{2}$ oder 50 %

Das Ereignis „eine rote oder grüne Kugel wird gezogen“ setzt sich aus den beiden Ereignissen „eine rote Kugel wird gezogen“ und „eine grüne Kugel wird gezogen“ zusammen und kann mithilfe der Summenregel berechnet werden.

Wahrscheinlichkeit für das Ereignis „eine grüne Kugel wird gezogen“:

$P(\text{grün})=\frac{\text{Anzahl der grünen Kugeln}}{\text{Anzahl aller Kugeln}}=\frac{6}{16}=\frac{3}{8}$ oder 37,5 %

Damit gilt für das Ereignis „eine rote oder grüne Kugel wird gezogen“:

$P(\text{rot oder grün})=P(\text{rot})+P(\text{grün})=\frac{1}{2}+\frac{3}{8}=\frac{4}{8}+\frac{3}{8}=\frac{7}{8}$ oder 87,5 %

Alternative Lösungsmöglichkeit:

Das Ereignis „eine rote oder eine grüne Kugel ziehen“ ist das Gegenereignis von „eine blaue Kugel ziehen“ aus Teilaufgabe a.

Verwende das Gegenereignis.

Hinweise und Tipps

Somit gilt für die gesuchte Wahrscheinlichkeit:

$P(\text{rot oder grün}) = P(\overline{\text{blau}})$

$P(\text{rot oder grün}) = 1 - P(\text{blau})$

$P(\text{rot oder grün}) = 1 - \frac{1}{8} = \frac{7}{8}$ oder 87,5 %

Aufgabe 3

a) Berechnung der Oberfläche:

$O = 4 \cdot \pi \cdot r^2$

$O = 4 \cdot \pi \cdot (6\ \text{cm})^2$

$O = 452{,}389\ldots\ \text{cm}^2$

$O \approx 452{,}39\ \text{cm}^2$

b) Radius nach der Verdopplung: $r_{neu} = 12$ cm

Berechnung der Oberfläche bei verdoppeltem Radius:

$O_{neu} = 4 \cdot \pi \cdot r_{neu}{}^2$

$O_{neu} = 4 \cdot \pi \cdot (12\ \text{cm})^2$

$O_{neu} \approx 1\,809{,}56\ \text{cm}^2$

Berechnung der verdoppelten alten Oberfläche:

$2 \cdot O_{alt} = 2 \cdot 452{,}39\ \text{cm}^2 = 904{,}78\ \text{cm}^2$

Sina hat nicht recht, die Oberfläche wird mehr als nur doppelt so groß bei Verdopplung des Radius.

Alternative Lösungsmöglichkeit:

$O_{alt} = 4 \cdot \pi \cdot r^2$

Der Radius wird verdoppelt: 2r

Berechnung der Oberfläche bei verdoppeltem Radius:

$O_{neu} = 4 \cdot \pi \cdot (2r)^2$

$O_{neu} = 4 \cdot \pi \cdot 4r^2$

$O_{neu} = 4 \cdot (4 \cdot \pi \cdot r^2)$

$O_{neu} = 4 \cdot O_{alt}$

Sina hat nicht recht, die Oberfläche vervierfacht sich.

Berechne die Oberfläche bei verdoppeltem Radius und vergleiche.

Setze den verdoppelten Radius 2r in die Formel ein und vergleiche mit der vorherigen Formel.

Aufgabe 4

1. Lösungsmöglichkeit (Additionsverfahren):

I $3x + 4y = 22$

II $5x - 4y = -6$

Additionsverfahren:

$8x = 16 \quad |:2$

$x = 2$

Einsetzen von $x = 2$ in Gleichung I:

$3 \cdot 2 + 4y = 22 \quad |-6$

$4y = 16 \quad |:4$

$y = 4$

Alle linearen Gleichungssysteme lassen sich mit dem Additionsverfahren, dem Einsetzungsverfahren und dem Gleichsetzungsverfahren lösen. Im vorliegenden Fall bietet sich besonders das Additionsverfahren an, da es sich direkt (d. h. ohne vorherige Umformung) anwenden lässt.

Alternativ kann $x = 2$ auch in Gleichung II eingesetzt werden, um y zu berechnen.

Zur Überprüfung der Rechnung kann eine Probe gemacht werden.

Hinweise und Tipps

Lösungsmenge des Gleichungssystems:
$\mathbb{L} = \{(2|4)\}$

Probe: Einsetzen von $x = 2$ und $y = 4$:
I $3 \cdot \mathbf{2} + 4 \cdot \mathbf{4} = 22$ (wahr)
II $5 \cdot \mathbf{2} - 4 \cdot \mathbf{4} = -6$ (wahr)

2. Lösungsmöglichkeit (Einsetzungsverfahren):

Löse Gleichung I nach y auf und setze sie dann in Gleichung II ein.

$$\begin{array}{ll} \text{I} & 3x + 4y = 22 \quad |-3x \\ \text{II} & 5x - 4y = -6 \\ \hline \text{I'} & 4y = 22 - 3x \quad |:4 \\ \text{II} & 5x - 4y = -6 \\ \hline \text{I''} & y = \frac{22}{4} - \frac{3x}{4} \\ \text{II} & 5x - 4y = -6 \\ \hline \end{array}$$

Einsetzungsverfahren mit I'' in II:

$$\begin{aligned} 5x - 4\left(\frac{22}{4} - \frac{3x}{4}\right) &= -6 \quad |\text{ Klammer auflösen} \\ 5x - 22 + 3x &= -6 \quad |+22 \\ 8x &= 16 \quad |:8 \\ x &= 2 \end{aligned}$$

Ab hier wie beim Additionsverfahren die Variable y bestimmen.

3. Lösungsmöglichkeit (Gleichsetzungsverfahren):

Löse beide Gleichungen nach 4y auf und setze sie dann gleich.

$$\begin{array}{ll} \text{I} & 3x + 4y = 22 \quad |-3x \\ \text{II} & 5x - 4y = -6 \quad |-5x \\ \hline \text{I'} & 4y = 22 - 3x \\ \text{II'} & -4y = -6 - 5x \quad |\cdot(-1) \\ \hline \text{I'} & 4y = 22 - 3x \\ \text{II''} & 4y = 6 + 5x \\ \hline \end{array}$$

Gleichsetzungsverfahren:

$$\begin{aligned} 22 - 3x &= 6 + 5x \quad |+3x - 6 \\ 16 &= 8x \quad |:8 \\ x &= 2 \end{aligned}$$

Ab hier wie beim Additionsverfahren die Variable y bestimmen.

Aufgabe 5

a) Da b dem y-Achsenabschnitt des Graphen entspricht und der Graph die y-Achse bei $y = 3$ schneidet, gilt $b = 3$.

Der Graph gehört zu einer linearen Funktion. Der Wert b ist der y-Achsenabschnitt, der der y-Koordinate des Schnittpunkts $(0|b)$ von g mit der y-Achse entspricht.

b)

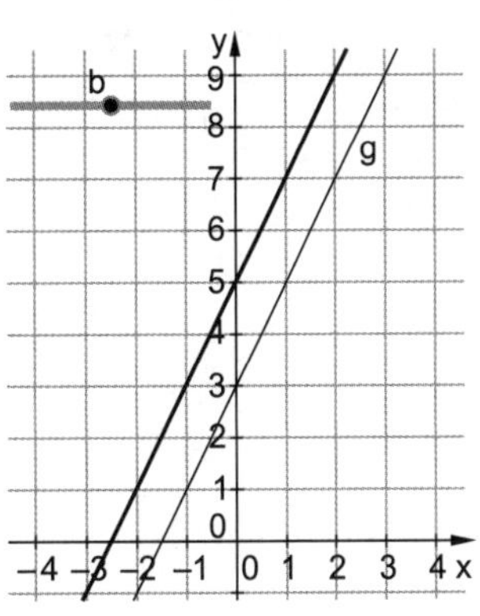

Der Graph wird parallel so verschoben, dass er die y-Achse bei $y = 5$ schneidet.
Der Schieberegler verändert nur die Lage des Graphen, die Steigung m bleibt unverändert.

Hinweise und Tipps

Prüfungsteil 2

Aufgabe 1: Fuldatalbrücke

a) Gegeben: Fußweg: s = 2,4 km

Geschwindigkeit: $v = 4\,\frac{km}{h}$

Gesucht: Zeit in Minuten: t

Rechnung:

$$v = \frac{s}{t} \quad \Big| \cdot \frac{t}{v}$$

$$t = \frac{s}{v}$$

$$t = \frac{2{,}4\text{ km}}{4\,\frac{\text{km}}{\text{h}}}$$

$$t = 0{,}6\text{ h}$$

$$t = 0{,}6 \cdot 60\text{ min} = 36\text{ min}$$

Beachte, dass die Zeit in Minuten gesucht ist.
Es gilt: 1 h = 60 min

b) Auf dem Teilstück von Gießen nach Marburg hat der Zug die größte Durchschnittsgeschwindigkeit.
Begründung:
Alle Teilabschnitte lassen sich als lineare Funktionen vom Typ $y = m \cdot x + t$ beschreiben. Da auf dem Teilabschnitt von Gießen nach Marburg die Steigung am größten ist, ist dort auch die Geschwindigkeit am größten.

Je größer die Steigung, desto größer ist auch die Geschwindigkeit.

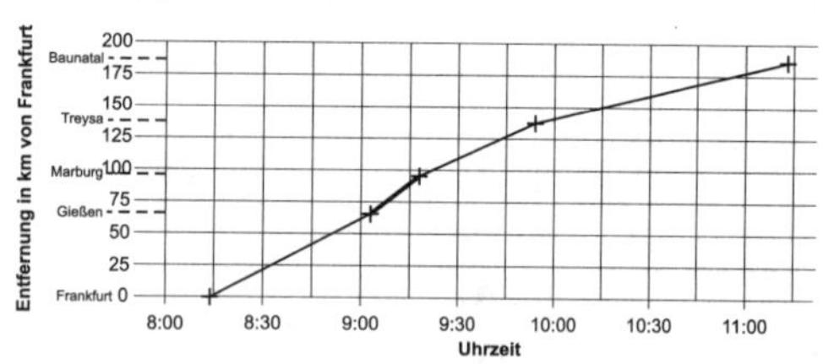

c)

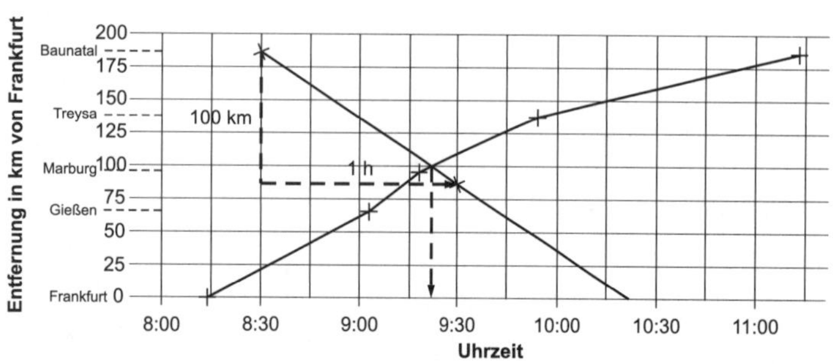

Die Züge begegnen sich auf der Strecke zwischen Treysa und Marburg gegen 9:20 Uhr.

Beachte die Abfahrtszeit in Baunatal um 8:30 Uhr. So erhältst du den Startpunkt der Fahrt. Achte außerdem auf die umgekehrte Fahrtrichtung von Baunatal nach Frankfurt und verwende die angegebene Geschwindigkeit von 100 km/h, um ausgehend vom Startpunkt einen weiteren Punkt zu bestimmen.

d) Gegeben: Neigungswinkel der Gleise: $\alpha = 7{,}1°$

Spurweite (Hypotenuse): 1 435 mm

Gesucht: Höhenunterschied der Gleise (Gegenkathete): u

Rechnung:

Für das rechtwinklige Dreieck gilt:

$$\sin\alpha = \frac{\text{Gegenkathete}}{\text{Hypotenuse}}$$

$$\sin 7{,}1° = \frac{u}{1\,435\text{ mm}} \quad \big| \cdot 1\,435\text{ mm}$$

$$1\,435\text{ mm} \cdot \sin 7{,}1° = u$$

Beachte, dass das Dreieck in der Skizze rechtwinklig ist und die Gegenkathete u zum Winkel α gesucht ist.

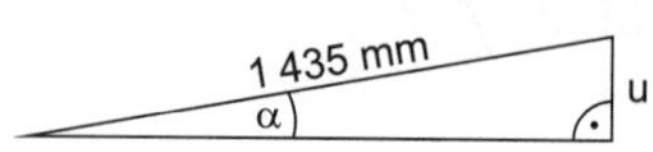

Hinweise und Tipps

$u = 1\,435 \text{ mm} \cdot \sin 7{,}1°$
$u \approx 177{,}37 \text{ mm}$
$u = 17{,}737 \text{ cm}$
$u \approx 17{,}7 \text{ cm}$

Wandle das Ergebnis in cm um.

Antwort: Max hat mit seiner Behauptung recht. Der Höhenunterschied beträgt ca. 17,7 cm.

Alternative Lösungsmöglichkeit:

Gegeben: Höhenunterschied (Gegenkathete): u = 17,7 cm = 177 mm
Spurweite (Hypotenuse): 1 435 mm
Gesucht: α

Die Behauptung von Max kann auch dadurch überprüft werden, dass untersucht wird, ob bei einem Höhenunterschied von 17,7 cm der Neigungswinkel α in dem rechtwinkligen Dreieck etwa 7,1° beträgt.

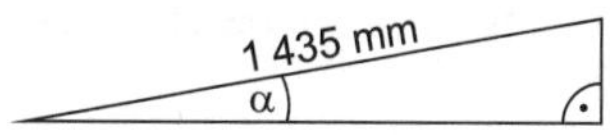

Rechnung:
Für das rechtwinklige Dreieck gilt:

$$\sin\alpha = \frac{\text{Gegenkathete}}{\text{Hypotenuse}}$$

$$\sin\alpha = \frac{177 \text{ mm}}{1\,435 \text{ mm}}$$

$$\alpha \approx 7{,}1°$$

Antwort: Bei einem Höhenunterschied von 17,7 cm beträgt der Neigungswinkel ca. 7,1°. Also gilt auch die Umkehrung und Max hat recht mit seiner Behauptung.

e) Es ist zu zeigen, dass für d, e und f in der Gleichung
$g(x) = d \cdot (x - e)^2 + f$ gilt: $d = -0{,}008$, $e = 50$ und $f = 20$.

Der höchste Punkt einer Parabel ist der Scheitelpunkt. Die gegebene Funktionsgleichung $g(x) = d \cdot (x - e)^2 + f$ des Brückenbogens ist die Scheitelform einer allgemeinen quadratischen Funktion.
Bestimme zunächst mithilfe des Scheitelpunkts die Werte für e und f, dann den Wert von Faktor d vor der Klammer.

1. Schritt:
Aus der Grafik lässt sich der Scheitelpunkt der Parabel ablesen: $S(50\,|\,20)$. Eine Parabel der Form $g(x) = d \cdot (x - e)^2 + f$ hat ihren Scheitelpunkt bei $S(e\,|\,f)$, also gilt $e = 50$ und $f = 20$.
Daraus folgt $g(x) = d \cdot (x - 50)^2 + 20$

2. Schritt:
Aus dem Diagramm lässt sich ein Wertepaar ablesen, das in die Funktionsgleichung $g(x) = d \cdot (x - 50)^2 + 20$ eingesetzt werden kann, sodass d bestimmt werden kann:

$$\begin{aligned} g(x) &= d \cdot (x - 50)^2 + 20 && |\, P_1(0\,|\,0) \\ 0 &= d \cdot (0 - 50)^2 + 20 && \\ 0 &= d \cdot (-50)^2 + 20 && |-20 \\ -20 &= 2\,500 \cdot d && |:2\,500 \\ d &= \frac{-20}{2\,500} && \\ d &= -0{,}008 && \end{aligned}$$

Der Scheitelpunkt $S(50\,|\,20)$ sollte hier nicht eingesetzt werden, da dies zu keinem Ergebnis für d führt.

alternativ:

$$\begin{aligned} g(x) &= d \cdot (x - 50)^2 + 20 && |\, P_2(100\,|\,0) \\ 0 &= d \cdot (100 - 50)^2 + 20 && \\ 0 &= d \cdot 50^2 + 20 && |-20 \\ -20 &= 2\,500 \cdot d && |:2\,500 \\ d &= \frac{-20}{2\,500} && \\ d &= -0{,}008 && \end{aligned}$$

Die gegebene Funktionsgleichung $g(x) = -0{,}008 \cdot (x - 50)^2 + 20$ ist somit geeignet, um den Brückenbogen zu beschreiben.

Hinweise und Tipps

Alternative Lösungsmöglichkeit:

Punktproben für die gekennzeichneten Punkte in Abbildung 4:

Für (0 | 0) gilt:

$g(0) = -0,008 \cdot (0-50)^2 + 20 = -20 + 20 = 0$ (passt)

Für S(50 | 20) gilt:

$g(50) = -0,008 \cdot (50-50)^2 + 20 = 20$ (passt)

Für (100 | 0) gilt:

$g(100) = -0,008 \cdot (100-50)^2 + 20 = -20 + 20 = 0$ (passt)

Für alle drei bekannten Punkte der Funktion passt die angegebene Funktionsgleichung g(x). Sie beschreibt damit den Verlauf des Brückenbogens.

Führe mit den in Abbildung 4 gekennzeichneten drei Punkten eine Punktprobe an der Funktionsgleichung g(x) durch.

f) Durch die Veränderung des Koordinatensystems liegt der Scheitelpunkt der Parabel g nun im Ursprung (0 | 0), somit ändern sich die Werte von e und f zu e = 0 und f = 0. Da sich an der Stauchung der Parabel nichts ändert, bleibt der Wert d = –0,008 unverändert. Aus der Funktionsgleichung $g(x) = -0,008 \cdot (x-50)^2 + 20$ wird dann die Funktionsgleichung $g_{neu}(x) = -0,008x^2$.

Eine Verschiebung des Koordinatensystems hat zur Folge, dass der Scheitelpunkt der Parabel g neue Koordinaten hat. An der Form bzw. Stauchung der Parabel ändert sich nichts.

Aufgabe 2: Kaffee

a) Gegeben: Grundwert: $G = 165\ \ell$
Prozentsatz: $p\,\% = 5\,\%$

Gesucht: Prozentwert: P (Kaffeemenge, die im Durchschnitt pro Jahr und Person aus Pappbechern getrunken wird)

Rechnung:

$$P = \frac{G \cdot p}{100} = \frac{165\ \ell \cdot 5}{100} = 8,25\ \ell$$

b) Gegeben: Anzahl der jährl. benutzten Pappbecher pro Person: 34
Anzahl der Einwohner in Deutschland: 82 000 000

Gesucht: Benutzte (weggeworfene) Becher pro Stunde

Rechnung:

Berechnung aller benutzten Becher pro Jahr:
$34 \cdot 82\,000\,000 = 2\,788\,000\,000$

Berechnung aller Stunden eines Jahres:
$24\ \text{h} \cdot 365 = 8\,760\ \text{h}$

Berechnung der benutzten Becher pro Stunde:

$$\frac{\text{benutzte Becher pro Jahr}}{\text{Stunden pro Jahr}} = \frac{2\,788\,000\,000}{8\,760} \approx 318\,265$$

Antwort: Karin hat recht, denn pro Stunde werden ca. $318\,265 \approx 320\,000$ Pappbecher in Deutschland weggeworfen.

Es gibt verschiedene Lösungsansätze.
So kann etwa die Anzahl der stündlich weggeworfenen Becher direkt berechnet werden.
Alternativ kann ausgehend von Karins Behauptung auch die Anzahl der jährlich benötigten Pappbecher pro Person berechnet werden und diese dann mit der gegebenen Anzahl von 34 Pappbechern pro Person und Jahr verglichen werden.

✎ Hinweise und Tipps

Alternative Lösungsmöglichkeit:

Gegeben: Anzahl der pro Stunde benutzten Pappbecher: 320 000
Anzahl der Einwohner in Deutschland: 82 000 000

Gesucht: Anzahl benutzter Pappbecher pro Person und Jahr

Rechnung:
Berechnung der benutzten Pappbecher pro Jahr in Deutschland:
$320\,000 \cdot 24 \cdot 365 = 2\,803\,200\,000$

Berechnung der benutzten Pappbecher pro Einwohner:
$\frac{2\,803\,200\,000}{82\,000\,000} \approx 34,2$

Antwort: Karin hat mit ihrer Behauptung recht, denn es ergibt sich bei stündlich 320 000 weggeworfenen Bechern ein Bedarf von ca. 34 Pappbechern pro Person.

c) Gegeben: Durchmesser eines Pappbechers: 7 cm
Breite der Sporthalle: 27 m = 2 700 cm
Länge der Sporthalle: 45 m = 4 500 cm

Gesucht: Anzahl der Becher, die in der Sporthalle aufgestellt werden können

Rechnung:
Berechnung der Anzahl der Becher, die in der Breite nebeneinanderstehen können:
$2\,700\text{ cm} : 7\text{ cm} = 385,71 \approx 385$

Bedenke, dass nur ganze Becher aufgestellt werden können. Deshalb muss hier abgerundet werden.

Berechnung der Anzahl der Becher, die in der Länge nebeneinanderstehen können:
$4\,500\text{ cm} : 7\text{ cm} = 642,85\ldots \approx 642$

Berechnung der Anzahl der Becher, die maximal in der Halle aufgestellt werden können:
$385 \cdot 642 = 247\,170$

Die Größe der Halle reicht nicht aus, um 320 000 Becher aufzustellen.

Alternative Lösungsmöglichkeit:

Werden die Pappbecher wie in Abbildung 1 aufgestellt, so hat ein Pappbecher aufgrund der Zwischenräume einen Platzbedarf von:

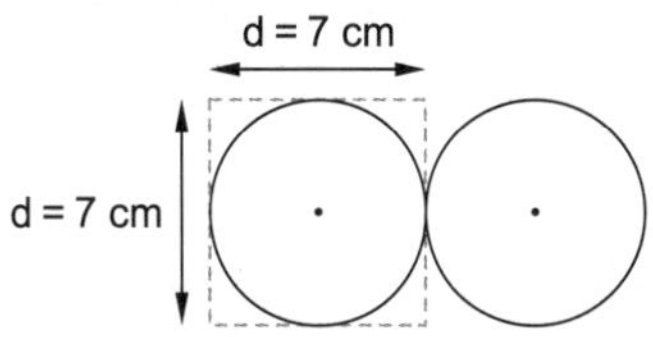

$A_{Becher} = (7\text{ cm})^2 = 49\text{ cm}^2$

Benötigter Platz für alle 320 000 Becher:

$A_{Becher\ gesamt} = 320\,000 \cdot 49\text{ cm}^2 = 15\,680\,000\text{ cm}^2$

In der gesamten Halle (27 m Breite und 45 m Länge) steht folgender Platz zur Verfügung:

$A_{Halle} = 2\,700\text{ cm} \cdot 4\,500\text{ cm} = 12\,150\,000\text{ cm}^2$

Man erhält:

$A_{Becher\ gesamt} = 15\,680\,000\text{ cm}^2 > 12\,150\,000\text{ cm}^2 = A_{Halle}$

Die Größe der Halle reicht nicht aus, um 320 000 Becher aufzustellen.

✎ Hinweise und Tipps

Alternative Lösungsmöglichkeit:

Gegeben: Durchmesser der Pappbecher: d = 7 cm
Radius der Pappbecher: r = 3,5 cm
Breite der Sporthalle: 27 m = 2 700 cm
Länge der Sporthalle: 45 m = 4 500 cm
Gesucht: Gesamtfläche der 320 000 Pappbecher
Gesamtfläche der Sporthalle

Rechnung:
Berechnung des Platzbedarfs (ohne Zwischenräume) eines Pappbechers:

$A_{Becher} = \pi \cdot r^2$

$A_{Becher} = \pi \cdot (3{,}5\text{ cm})^2 \approx 38{,}5\text{ cm}^2$

Berechnung des Platzbedarfs (ohne Zwischenräume) aller Pappbecher:

$A_{Becher\ gesamt} = 320\,000 \cdot 38{,}5\text{ cm}^2 = 12\,320\,000\text{ cm}^2 = 1\,232\text{ m}^2$

Berechnung der Hallenfläche:

$A_{Halle} = 27\text{ m} \cdot 45\text{ m} = 1\,215\text{ m}^2$

Die gesamte Hallenfläche ist zu klein (1 215 m^2), um die 320 000 Becher (1 232 m^2) aufzustellen, vor allem wenn man bedenkt, dass zwischen den Bechern noch Zwischenräume sind und somit deutlich mehr Platz als die berechneten 1 232 m^2 benötigt wird.

d) Einsetzen der gegebenen Werte in die Formel für den Kegelstumpf:

$V = (r_1{}^2 + r_1 \cdot r_2 + r_1{}^2) \cdot \frac{\pi \cdot h}{3}$

$V = [(3\text{ cm})^2 + 3\text{ cm} \cdot 3{,}5\text{ cm} + (3{,}5\text{ cm})^2] \cdot \frac{\pi \cdot 8{,}5\text{ cm}}{3}$

$V \approx 282{,}61\text{ cm}^3$

Das Volumen des Pappbechers beträgt ca. 282,61 cm^3, also ungefähr 280 $m\ell$.

Der Pappbecher ist mathematisch annähernd ein Kegelstumpf (Kegel, von dem die Spitze „abgeschnitten" wird). Setze die gegebenen Maße in die Formel ein.

Beachte: 1 cm^3 = 1 $m\ell$

e) Gegeben: $r_1 = 3\text{ cm}$, $r_2 = 3{,}5\text{ cm}$ und $h = 8{,}5\text{ cm}$
Gesucht:
- Mittelwert der Radien r_1 und r_2: r_Z
- Volumen des Zylinders: V_Z

Rechnung:
Berechnung des Mittelwerts der beiden Radien:

$r_Z = \frac{r_1 + r_2}{2}$

$r_Z = \frac{3\text{ cm} + 3{,}5\text{ cm}}{2}$

$r_Z = 3{,}25\text{ cm}$

Berechnung des Zylindervolumens:

$V_Z = \pi \cdot r_Z{}^2 \cdot h$

$V_Z = \pi \cdot (3{,}25\text{ cm})^2 \cdot 8{,}5\text{ cm}$

$V_Z \approx 282{,}06\text{ cm}^3$

Achte hier auf die genaue Aufgabenstellung. Es wird eine rechnerische Begründung erwartet.

✐ Hinweise und Tipps

Berechnung der prozentualen Abweichung:

Gegeben: Prozentwert (Volumen Zylinder): $P = 282{,}06\ cm^3$
Grundwert (Volumen Kegelstumpf): $G = 282{,}61\ cm^3$

Gesucht: Prozentualer Anteil des Zylindervolumens am Volumen des Kegelstumpfes: p

Rechnung:

$$p = \frac{P \cdot 100}{G}$$

$$p = \frac{282{,}06\ cm^3 \cdot 100}{282{,}61\ cm^3}$$

$$p \approx 99{,}81$$

$$p\ \% = 99{,}81\ \%$$

Berechnung der prozentualen Abweichung:
$100\ \% - 99{,}81\ \% = 0{,}19\ \%$

Antwort: Karin hat recht, denn das berechnete Volumen des Zylinders weicht um weniger als 1 % (um 0,19 %) vom Volumen des Kegelstumpfes ab.

Alternative Möglichkeit zur Berechnung der prozentualen Abweichung:

Alternativ kann die Abweichung auch direkt aus der Volumendifferenz berechnet werden.

Gegeben: Volumen Zylinder: $V_Z = 282{,}06\ cm^3$
Volumen Kegelstumpf (Grundwert): $V_K = 282{,}61\ cm^3$

Gesucht:
- Volumendifferenz (Prozentwert): V_{Diff}
- Prozentuale Abweichung des Zylindervolumens vom Volumen des Kegelstumpfes: p

Rechnung:

Berechnung der Volumendifferenz:

$$V_{Diff} = V_K - V_Z$$

$$V_{Diff} = 282{,}61\ cm^3 - 282{,}06\ cm^3$$

$$V_{Diff} = 0{,}55\ cm^3$$

Berechnung der prozentualen Abweichung:

$$p = \frac{P \cdot 100}{G}$$

$$p = \frac{0{,}55\ cm^3 \cdot 100}{282{,}61\ cm^3}$$

$$p \approx 0{,}19$$

$$p\ \% = 0{,}19\ \%$$

Antwort: Karin hat recht, denn das berechnete Volumen des Zylinders weicht um weniger als 1 % (um 0,19 %) vom Volumen des Kegelstumpfes ab.

f) Aus dem Graphen kann man ablesen, dass er die y-Achse im Punkt $(0|80)$ schneidet und im Stil einer exponentiellen Abnahme kontinuierlich fällt.
Eine passende Funktionsgleichung muss dementsprechend zwei Eigenschaften zugleich aufweisen:

- Für den Anfangswert c gilt $c = 80$.
- Für den Wachstumsfaktor a gilt $a < 1$.

Für die Anfangswerte bzw. Wachstumsfaktoren von T_1, T_2 und T_3 gilt:

T_1: $c_1 = 80$ (passt); $a_1 = 0{,}94$ (< 1 passt)
T_2: $c_2 = 1$ (passt nicht); $a_2 = 0{,}94$ (< 1 passt)
T_3: $c_3 = 80$ (passt); $a_3 = 1{,}8$ (> 1 passt nicht)

Also passt nur $T_1(t) = 80 \cdot 0{,}94^t$ zum Graphen.

Alternative Lösungsmöglichkeit:
Die dargestellten Messwerte $(t|T)$ können der Abbildung entnommen und in die Funktionsgleichungen eingesetzt werden, um den Verlauf des Graphen zu verifizieren.
Für T_1:
Anfangswert (0|80):
$T_1(0) = 80 \cdot 0{,}94^0 = 80$ (passt)
Messwert 1 (2,5|75):
$T_1(0) = 80 \cdot 0{,}94^{2,5} \approx 69$ (passt, Graph liegt auch unter Messwert)
Messwert 2 (5|59):
$T_1(5) = 80 \cdot 0{,}94^5 \approx 59$ (passt)
Messwert 3 (10|46):
$T_1(10) = 80 \cdot 0{,}94^{10} \approx 43$ (passt, Graph liegt auch unter Messwert)
Messwert 4 (20|25):
$T_1(20) = 80 \cdot 0{,}94^{20} \approx 23$ (passt, Graph liegt auch unter Messwert)
Messwert 5 (30|10):
$T_1(30) = 80 \cdot 0{,}94^{30} \approx 13$ (passt, Graph liegt auch über Messwert)
Messwert 6 (40|8):
$T_1(40) = 80 \cdot 0{,}94^{40} \approx 7$ (passt, Graph liegt auch unter Messwert)

Die zu den Messzeitpunkten gehörigen Funktionswerte von T_1 liegen zu den Messwerten wie der abgebildete Graph, sodass die Funktionsgleichung passend ist.

Setzt man nun die Messwerte in die beiden anderen Funktionsgleichungen ein, z. B. den Messwert 2 (5|59), wird schnell deutlich, dass diese Funktionen nicht geeignet sind, um den Verlauf des Graphen darzustellen:

$T_2(5) = 0{,}94^5 + 80 \approx 80{,}7$ (passt nicht)

$T_3(5) = 80 \cdot 1{,}8^5 \approx 1\,512$ (passt nicht)

✎ Hinweise und Tipps

Bei den drei Funktionsgleichungen handelt es sich um Exponentialfunktionen (die abhängige Variable t steht im Exponenten).
Exponentialfunktionen haben die Form: $y = c \cdot a^x$
(Der Graph verläuft immer durch den Punkt $(0|c)$; c heißt Anfangswert; a heißt Wachstumsfaktor.)
Bedenke:
$a > 1 \rightarrow$ exponentielle Zunahme
$0 < a < 1 \rightarrow$ exponentielle Abnahme

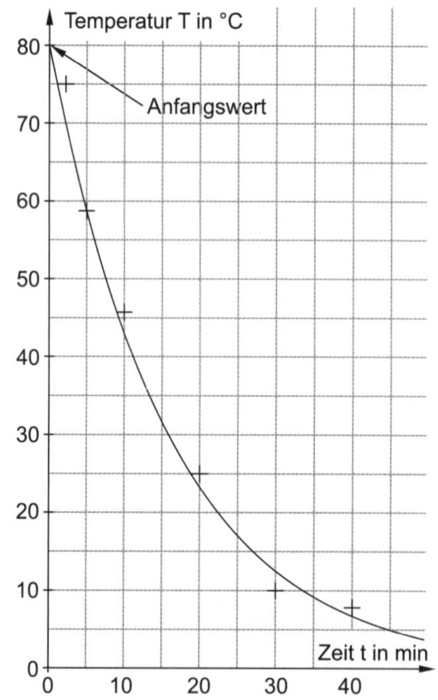

Es genügt je ein Gegenbeispiel, um die anderen Funktionsgleichungen auszuschließen.

Hinweise und Tipps

Aufgabe 3: Sierpinski-Dreiecke

a) Gegeben: Seitenlänge des Dreiecks: $g = 10$ cm

Gesucht: • Höhe h des Dreiecks
• Flächeninhalt A des Dreiecks

Berechnung der Dreieckshöhe h mit dem Satz des Pythagoras in einem der rechtwinkligen Teildreiecke:

$$h^2 + (5\text{ cm})^2 = (10\text{ cm})^2 \qquad |-(5\text{ cm})^2$$
$$h^2 = (10\text{ cm})^2 - (5\text{ cm})^2 \qquad |\sqrt{}$$
$$h = \sqrt{(10\text{ cm})^2 - (5\text{ cm})^2}$$
$$h \approx 8{,}66\text{ cm}$$

Berechnung des Flächeninhalts des Dreiecks:

$$A = \frac{g \cdot h}{2} = \frac{10\text{ cm} \cdot 8{,}66\text{ cm}}{2} = 43{,}3\text{ cm}^2$$

Beachte, dass es sich um ein gleichseitiges Dreieck handelt.
Um den Flächeninhalt zu berechnen, wird zunächst die Höhe h benötigt. Diese halbiert im gleichseitigen Dreieck die Grundseite.

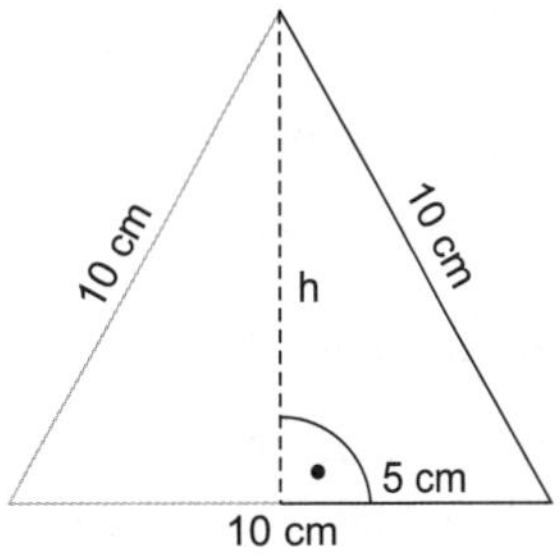

b) Bei Sierpinski-Dreiecken werden aus jedem schwarzen Dreieck der vorherigen Figur in der neuen Figur vier gleich große, gleichseitige Dreiecke, von denen eines weiß und drei schwarz gefärbt sind.
Also ist der Flächeninhalt aller schwarzen Dreiecke in jeder Folgefigur genau $\frac{3}{4}$ der vorherigen schwarzen Fläche.

Alternative Lösungsmöglichkeit:
Jede neue Figur entsteht aus der vorherigen durch Aneinanderlegen von 3 um die Hälfte verkleinerten Vorgängerfiguren. Beim Verkleinern mit dem Faktor $\frac{1}{2}$ verringert sich der Flächeninhalt um $\left(\frac{1}{2}\right)^2 = \frac{1}{4}$. Der Flächeninhalt der schwarzen Dreiecke hat sich also um den Faktor $3 \cdot \frac{1}{4} = \frac{3}{4}$ verringert.

Untersuche, in wie viele weiße und schwarze Dreiecke ein schwarzes Dreieck aus der vorherigen Figur zerfällt.

Figur 0

Figur 0 ist vollständig schwarz.

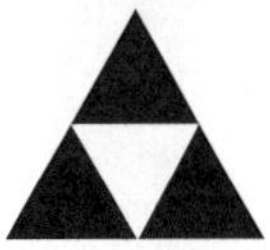
Figur 1

In Figur 1 sind 3 von 4 gleich großen Dreiecken schwarz, demzufolge sind $\frac{3}{4}$ der neuen Figur schwarz.

Figur 2 (zerlegt)

In Figur 2 sind 9 von 16 gleich großen Dreiecken schwarz. Jedes schwarze Dreieck aus Figur 1 zerfällt in Figur 2 in 4 gleich große Dreiecke, von denen 3 schwarz sind.

usw.

c) Gegeben:
Formel für den Flächeninhalt (in cm^2) der schwarzen Dreiecke in Figur n: $A_n = 43,3 \cdot 0,75^n$

Gesucht:
Figur n, bei der für den Flächeninhalt A_n der schwarzen Dreiecke erstmals $A_n < 4$ gilt.

Lösung durch Probieren:

$n=1$: $A_1 = 43,3 \cdot 0,75^1 \approx 32,48\ cm^2$

$n=2$: $A_2 = 43,3 \cdot 0,75^2 \approx 24,36\ cm^2$

...

$n=8$: $A_8 = 43,3 \cdot 0,75^8 \approx 4,33\ cm^2$

$n=9$: $A_9 = 43,3 \cdot 0,75^9 \approx 3,25\ cm^2$

Bei der 9. Figur ist der Flächeninhalt der schwarzen Dreiecke erstmals kleiner als 4 cm^2.

Alternative Lösungsmöglichkeit:
Lösung mithilfe des Logarithmus:

$$\begin{aligned} A_n &< 4 \\ 43,3 \cdot 0,75^n &< 4 \quad &&|:43,3 \\ 0,75^n &< \frac{4}{43,3} \quad &&|\lg \\ n \cdot \lg 0,75 &< \lg\frac{4}{43,3} \quad &&|:\lg 0,75 \\ n &> \frac{\lg\frac{4}{43,3}}{\lg 0,75} \\ n &> 8,28 \\ \Rightarrow \quad n &= 9 \end{aligned}$$

Bei der 9. Figur ist der Flächeninhalt der schwarzen Dreiecke erstmals kleiner als 4 cm^2.

d) Der Wert in Zelle E5 berechnet sich wie folgt:

$$E5 = \frac{\text{Fläche aller schwarzen Dreiecke}}{\text{Gesamtfläche (Figur 0)}} = \frac{18,267\ cm^2}{43,300\ cm^2} \approx 0,422$$

Alternative Lösungsmöglichkeit:

$E5 = 0,75^3 \approx 0,422$

e) Mit der Formel $A_n = 43,3 \cdot 0,75^n$ aus Teilaufgabe c mit $n=1$ gilt:
D3 = 43,3 · 0,75^A3 oder **D3 = C2 · 0,75^A3**

Alternative Lösungsmöglichkeit:

- In der Zelle D3 wird der Flächeninhalt aller schwarzen Dreiecke in Figur 1 angegeben.
- In der Zelle B3 wird die Anzahl der schwarzen Dreiecke in Figur 1 angegeben, in der Zelle C3 der Flächeninhalt eines dieser Dreiecke.

Der Flächeninhalt aller schwarzen Dreiecke dieser Figur kann durch Multiplikation der beiden Zellen berechnet werden:
D3 = B3 · C3

✐ Hinweise und Tipps

Beachte, dass die Variable n eine natürliche Zahl ist und hier für die Figurennummer steht.
$n=0 \rightarrow$ Figur 0
$n=1 \rightarrow$ Figur 1
usw.

Beachte: Bei Division durch eine negative Zahl ($\lg 0,75 \approx -0,0125$) kehrt sich das Ungleichheitszeichen um.

Die Gesamtfläche entspricht der Fläche des schwarzen Dreiecks in Figur 0.
Beachte die Rundung auf 3 Dezimalen.

Der Anteil der schwarzen Dreiecke an der Gesamtfläche in Figur n entspricht dem 2. Faktor im Term $43,3 \cdot 0,75^n$ aus Teilaufgabe c.

Bedenke, dass eine Formel immer Bezug zu mindestens einer anderen Zelle nimmt. Ohne die genaue Struktur eines Tabellenkalkulationsblattes zu kennen, können häufig verschiedene Formeln für eine Zelle sinnvoll sein.

Hinweise und Tipps

Alternative Lösungsmöglichkeit:
Da sich die Fläche aller schwarzen Dreiecke einer Figur aus dem Produkt der Fläche der Vorgängerfigur und $\frac{3}{4}$ ergibt, könnte die Formel in Zelle D3 auch lauten:
D3 = D2 · 0,75

Alternative Lösungsmöglichkeit:
Die Fläche aller schwarzen Dreiecke in Spalte D kann auch durch das Produkt aus der Gesamtfläche (43,3 cm^2 bzw. Zelle C2) und dem Anteil an der Gesamtfläche (Spalte E) berechnet werden. Somit würde die Formel in Zelle D3 lauten:
D3 = 43,3 · E3 oder **D3 = C2 · E3**

f) Bei der Betrachtung der Figuren 0–4 fällt auf, dass der gesamte Flächeninhalt der schwarzen Dreiecke immer weiter abnimmt, während der Flächeninhalt der weißen Dreiecke stetig zunimmt. Mithilfe der Formel $A_n = 43{,}3 \cdot 0{,}75^n$ lässt sich das auch zeigen: Während bei Figur 6 der Flächeninhalt der schwarzen Dreiecke bei ca. 7,706 cm^2 liegt (siehe Tabellenzelle D5), kann mithilfe der Formel der Flächeninhalt weiterer Figuren bestimmt werden.
Beispiele:
Figur n = 10: $A_{10} = 43{,}3 \cdot 0{,}75^{10} \approx 2{,}44\ cm^2$
Figur n = 20: $A_{20} = 43{,}3 \cdot 0{,}75^{20} \approx 0{,}14\ cm^2$
Figur n = 25: $A_{25} = 43{,}3 \cdot 0{,}75^{25} \approx 0{,}03\ cm^2$
…

Der Flächeninhalt der schwarzen Dreiecke wird sich immer weiter dem Wert 0 nähern, ihn aber nie erreichen, da in jeder neuen Figur immer (kleinere) schwarze Dreiecke vorhanden sind.
Entsprechend wird der Flächeninhalt der weißen Dreiecke immer größer und nähert sich 43,3 cm^2 an.

Alternative Lösungsmöglichkeit:

Die Formel $A_n = 43{,}3 \cdot 0{,}75^n$ für den Flächeninhalt A_n aller schwarzen Dreiecke in Figur n modelliert eine exponentielle Abnahme. Für größer werdendes n geht A_n demzufolge gegen 0 cm^2. Entsprechend nähert sich für größer werdendes n der Flächeninhalt der weißen Dreiecke 43,3 cm^2 an.

Zur Lösung dieser Teilaufgabe sollten die Abbildung 1 (Figuren 0–4), die Formel $A_n = 43{,}3 \cdot 0{,}75^n$ und das Tabellenkalkulationsblatt betrachtet werden.

Zentrale Prüfung 2019

✐ Hinweise und Tipps

Prüfungsteil 1

Aufgabe 1

Mögliche Nebenrechnungen:

$\frac{6}{10} = 0{,}6;\quad -0{,}626;\quad -6{,}26;\quad \frac{1}{6} = 0{,}166\ldots$

Lösung:

$-6{,}26 < -0{,}626 < \frac{1}{6} < \frac{6}{10}$

Wandle die Brüche in Dezimalzahlen um und beachte beim Vergleichen die Vorzeichen. Veranschauliche die Zahlen zur besseren Vorstellung ggf. auf einer Zahlengeraden.

Aufgabe 2

a) Nach Pythagoras gilt:

$d^2 = a^2 + b^2$

$d^2 = (5\text{ cm})^2 + (3\text{ cm})^2 \quad |\sqrt{}$

$d = \sqrt{25\text{ cm}^2 + 9\text{ cm}^2}$

$d \approx 5{,}83\text{ cm}$

Die Diagonale teilt das Rechteck in zwei rechtwinklige Dreiecke.

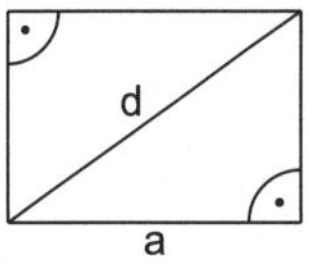

b) Für das Ausgangsrechteck gilt:

$A_{alt} = 5\text{ cm} \cdot 3\text{ cm} = 15\text{ cm}^2$

Für das Rechteck mit doppelten Seitenlängen gilt:

$A_{neu} = (5\text{ cm} \cdot 2) \cdot (3\text{ cm} \cdot 2) = 60\text{ cm}^2$

Verhältnis der Flächeninhalte:

$\frac{A_{neu}}{A_{alt}} = \frac{60\text{ cm}^2}{15\text{ cm}^2} = 4$

Verdoppelt man die Seitenlängen a und b, dann vervierfacht sich der Flächeninhalt.

Alternative Lösungsmöglichkeit:

$A_{alt} = a \cdot b$

$A_{neu} = 2a \cdot 2b = 4 \cdot a \cdot b = 4 \cdot A_{alt}$

Bestimme die Fläche mit den ursprünglichen und den veränderten Seitenlängen und vergleiche.

Setze die verdoppelten Seitenlängen in die Formel ein und vergleiche mit der vorherigen Formel.

c) $a = 1\text{ cm}$ und $b = 24\text{ cm} \rightarrow A = 1\text{ cm} \cdot 24\text{ cm} = 24\text{ cm}^2$

$a = 2\text{ cm}$ und $b = 12\text{ cm} \rightarrow A = 2\text{ cm} \cdot 12\text{ cm} = 24\text{ cm}^2$

Weitere Möglichkeiten:

$a = 3\text{ cm}$ und $b = 24\text{ cm}^2 : 3\text{ cm} = 8\text{ cm}$

$a = 4\text{ cm}$ und $b = 24\text{ cm}^2 : 4\text{ cm} = 6\text{ cm}$

$a = 5\text{ cm}$ und $b = 24\text{ cm}^2 : 5\text{ cm} = 4{,}8\text{ cm}$

usw.

Bestimme Seitenlängen a und b, deren Produkt 24 cm^2 beträgt, indem du für ein frei gewähltes a den Wert von b durch Division berechnest:

$b = 24\text{ cm}^2 : a$

Aufgabe 3

a) Der Wert von c entspricht der y-Koordinate des Scheitelpunkts der Parabel. Somit gilt $c = 3$.

Die Form der Funktionsgleichung zeigt, dass es sich um eine um den Betrag von c nach oben/unten verschobene Normalparabel handelt. Der Wert von c entspricht dabei der y-Koordinate des Scheitelpunkts.

b) Der Graph f verläuft vollständig oberhalb der x-Achse, wenn der Wert für c positiv ist, also für $c > 0$.

✎ Hinweise und Tipps

Der Scheitelpunkt der verschobenen, nach oben geöffneten Parabel ist ihr tiefster Punkt. Liegt also der Scheitelpunkt oberhalb der x-Achse, dann liegen sämtliche Parabelpunkte über ihr. Der Wert c der y-Koordinate des Scheitelpunkts muss also größer als null sein.

Beachte den Unterschied zwischen $c \geq$ und $c > 0$:
Ist $c = 0$, liegt der Graph der Funktion nicht vollständig oberhalb der x-Achse, der Scheitelpunkt liegt dann auf der x-Achse.

Aufgabe 4

a)

Formel	geeignet	nicht geeignet
= B5 / 3	☐	☒
= B8 * B2	☒	☐
= C10 – (C5 + C6 + C7)	☐	☒

Beachte die Fragestellung und die entsprechenden Zellbezüge in den angegebenen Formeln. (Eine Begründung für die Entscheidung ist nicht verlangt.)

Begründung (nicht verlangt):
In der Zelle C8 steht der Wert für die Tourismussteuer für alle Urlaubstage.

1. Formel: **= B5 /3**
Diese Formel ist nicht geeignet. Der Wert in Zelle B5 steht für den Preis einer Übernachtung. Teilt man diesen Wert durch 3, so ergibt diese Formel keinen sinnvollen Bezug zur Urlaubsplanung.

2. Formel: **= B8 * B2**
Diese Formel stimmt, da in der Zelle B8 die Tourismussteuer für 1 Tag und in der Zelle B2 die Anzahl der Nächte steht. Diese Formel berechnet die Tourismussteuer für alle Übernachtungen.

3. Formel: **= C10 – (C5 + C6 + C7)**
Der Wert in Zelle C10 wird von Tarek mithilfe der Tabellenkalkulation bestimmt und ergibt sich als Summe der Werte in den Zellen C5, C6, C7 und C8. Die angegebene Formel würde den Wert für Zelle C8 also richtig berechnen, wenn der Wert von Zelle C10 im Voraus bekannt wäre. Im gegebenen Zusammenhang ist der Wert in Zelle C10 aber gerade nicht bekannt, sondern zu bestimmen und somit ist die Formel im gegebenen Zusammenhang nicht sinnvoll.

b) Gegeben: Grundwert: $G = 202{,}30\ €$
Prozentwert: $P = 42\ €$

Gesucht: Prozentsatz: p

Rechnung:

$$p = \frac{P \cdot 100}{G}$$

$$p = \frac{42\ € \cdot 100}{202{,}30\ €}$$

$$p \approx 20{,}76$$

$$p\ \% \approx 21\ \%$$

Ohne Abendessen spart Tarek ca. 21 %.

✎ Hinweise und Tipps

Aufgabe 5

1. Lösungsmöglichkeit (Additionsverfahren):

$$\begin{array}{ll} \text{I} & 4x+y=16 \\ \text{II} & -2x-2y=4 \quad |\cdot 2 \\ \hline \text{I} & 4x+y=16 \\ \text{II'} & -4x-4y=8 \end{array}$$

Alle linearen Gleichungssysteme lassen sich mit dem Additionsverfahren, dem Einsetzungsverfahren und dem Gleichsetzungsverfahren lösen.

Additionsverfahren:

$$\begin{aligned} -3y &= 24 \quad |:(-3) \\ y &= -8 \end{aligned}$$

Einsetzen von $y=-8$ in Gleichung I:

$$\begin{aligned} 4x+(-8) &= 16 \quad |+8 \\ 4x &= 24 \quad |:4 \\ x &= 6 \end{aligned}$$

Lösungsmenge des Gleichungssystems:

$\mathbb{L}=\{(6|-8)\}$

Alternativ kann $y=-8$ auch in Gleichung II eingesetzt werden, um x zu berechnen.

Zur Überprüfung der Rechnung kann eine Probe gemacht werden.

Probe: Einsetzen von $x=6$ und $y=-8$:

I $4\cdot\mathbf{6}+(\mathbf{-8})=16$ (wahr)

II $-2\cdot\mathbf{6}-2\cdot(\mathbf{-8})=4$ (wahr)

2. Lösungsmöglichkeit (Einsetzungsverfahren):

$$\begin{array}{ll} \text{I} & 4x+y=16 \quad |-4x \\ \text{II} & -2x-2y=4 \\ \hline \text{I'} & y=16-4x \\ \text{II} & -2x-2y=4 \end{array}$$

Löse Gleichung I nach y auf und setze sie dann in Gleichung II ein.

Einsetzungsverfahren mit I' in II:

$$\begin{aligned} -2x-2\cdot(16-4x) &= 4 \quad |\text{Klammer auflösen} \\ -2x-32+8x &= 4 \quad |+32 \\ 6x &= 36 \quad |:6 \\ x &= 6 \end{aligned}$$

Einsetzen von $x=6$ in Gleichung I':

$y=16-4\cdot 6$

$y=-8$

Lösungsmenge des Gleichungssystems:

$\mathbb{L}=\{(6|-8)\}$

3. Lösungsmöglichkeit (Gleichsetzungsverfahren):

$$\begin{array}{ll} \text{I} & 4x+y=16 \\ \text{II} & -2x-2y=4 \quad |\cdot(-2) \\ \hline \text{I} & 4x+y=16 \quad |-y \\ \text{II'} & 4x+4y=-8 \quad |-4y \\ \hline \text{I'} & 4x=16-y \\ \text{II''} & 4x=-8-4y \end{array}$$

Löse beide Gleichungen nach 4x auf und setze sie dann gleich.

Gleichsetzungsverfahren:

$$\begin{aligned} 16-y &= -8-4y \quad |+4y-16 \\ 3y &= -24 \quad |:3 \\ y &= -8 \end{aligned}$$

Ab hier wie beim Additionsverfahren die Variable x bestimmen.

Hinweise und Tipps

Prüfungsteil 2

Aufgabe 1: Kaugummiautomat

a) Gegeben: Durchmesser: $d = 14\ mm = 1{,}4\ cm$
Radius: $r = d : 2 = 0{,}7\ cm$

Gesucht: Volumen: V

Rechnung:

$$V = \frac{4}{3} \cdot \pi \cdot r^3$$

$$V = \frac{4}{3} \cdot \pi \cdot (0{,}7\ cm)^3$$

$V = 1{,}436\ldots\ cm^3$
$V \approx 1{,}44\ cm^3$

Das Volumen einer Kaugummikugel beträgt ca. $1{,}44\ cm^3$.

Alternative Lösungsmöglichkeit:

Gegeben: Volumen: $V = 1{,}44\ cm^3$

Gesucht: Durchmesser: d

Rechnung:
Berechnung des Radius:

$$V = \frac{4}{3} \cdot \pi \cdot r^3$$

$$1{,}44\ cm^3 = \frac{4}{3} \cdot \pi \cdot r^3 \qquad \left| \cdot \frac{3}{4} \right.$$

$$\frac{1{,}44\ cm^3 \cdot 3}{4} = \pi \cdot r^3 \qquad |:\pi$$

$$r^3 = \frac{1{,}44\ cm^3 \cdot 3}{4 \cdot \pi} \qquad |\sqrt[3]{\ }$$

$$r = \sqrt[3]{\frac{1{,}44\ cm^3 \cdot 3}{4 \cdot \pi}}$$

$$r \approx 0{,}70\ cm$$

Berechnung des Durchmessers:
$d = 2 \cdot r$
$d = 2 \cdot 0{,}70\ cm = 1{,}4\ cm = 14\ mm$

Eine Kaugummikugel mit einem Volumen von $1{,}44\ cm^3$ hat einen Durchmesser von 14 mm.

Beachte, dass das Volumen in cm^3 anzugeben ist.

Bestätige durch Rechnung, dass eine Kaugummikugel mit einem Volumen von $1{,}44\ cm^3$ einen Durchmesser von 14 mm hat.

b) Berechnung der Masse einer Kaugummikugel:
Gegeben: Volumen: $V = 1{,}44\ cm^3$
Dichte (Masse pro Volumen): $\rho = 0{,}82\ \frac{g}{cm^3}$

Gesucht: Masse: m

Rechnung:

$$m = \rho \cdot V = 0{,}82\ \frac{g}{cm^3} \cdot 1{,}44\ cm^3 = 1{,}1808\ g$$

Berechnung der Anzahl Kaugummikugeln in einer 300-Gramm-Packung:
$300\ g : 1{,}1808\ g = 254{,}06\ldots \approx 254$

In einer 300-Gramm-Packung sind 254 Kaugummikugeln.

Berechne zunächst die Masse einer Kaugummikugel mithilfe ihres aus Teilaufgabe a bekannten Volumens.

Die Masse eines Stoffs (hier: Kaugummi) ergibt sich aus dem Produkt der Dichte und des Volumens:
Masse = Dichte · Volumen

Hier muss abgerundet werden, da nur ganze Kugeln enthalten sind.

Hinweise und Tipps

c) Gegeben: Die Maße des Kaugummibehälters:
Breite: 16,5 cm
Tiefe: 16,5 cm
Höhe: 42,5 cm

Erklärung der Rechnung:
$(16{,}5\text{ cm} \cdot 16{,}5\text{ cm} \cdot 42{,}5\text{ cm}) : 1{,}44\text{ cm}^3 \approx 8\,035$

Steffi berechnet das Volumen des Behälters und teilt es durch das Volumen einer Kaugummikugel.

Beurteilung der Rechnung:
Steffi berücksichtigt bei ihrer Rechnung nicht die Form der Kaugummikugeln. Zwischen den Kugeln im Behälter verbleiben Zwischenräume, die nicht mit Kaugummi gefüllt sind. Also kann nicht das komplette Behältervolumen ausgeschöpft werden und die Anzahl der Kaugummikugeln, die maximal in den Behälter passen, ist kleiner als die von Steffi errechnete Anzahl.

Beachte den Umstand, dass sich Kugeln nicht lückenlos verpacken lassen.

d) Da 8 von 20 Kaugummikugeln rot sind, gilt für die Wahrscheinlichkeit, beim ersten Drehen eine rote Kaugummikugel zu erhalten:

$$P(\text{rot}) = \frac{8}{20} = \frac{2}{5}$$

e)

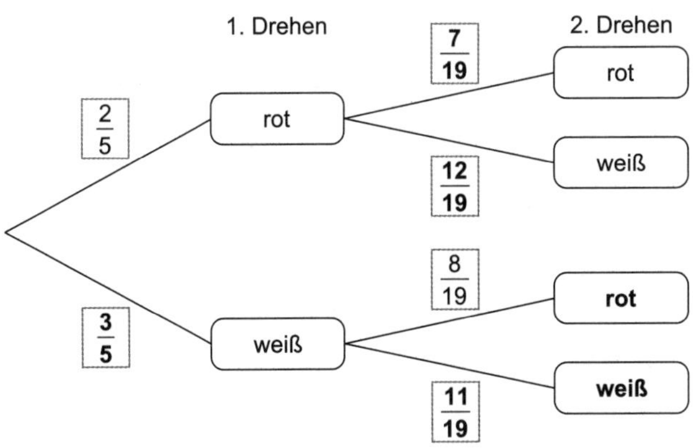

Wahrscheinlichkeit, beim ersten Drehen eine weiße Kaugummikugel zu erhalten:
$P(\text{weiß}) = 1 - P(\text{rot}) = 1 - \frac{2}{5} = \frac{3}{5}$

Nach der ersten Drehung sind noch 19 Kugeln im Behälter. Wurde in der ersten Drehung eine rote Kugel gezogen, sind davon 7 rot und 12 weiß.

Wurde in der ersten Drehung eine weiße Kugel gezogen, sind davon 8 rot und 11 weiß.

f)
$$\begin{aligned} P(\text{verschiedenfarbig}) &= P(r; w) + P(w; r) \\ &= \frac{2}{5} \cdot \frac{12}{19} + \frac{3}{5} \cdot \frac{8}{19} \\ &= \frac{24}{95} + \frac{24}{95} \\ &= \frac{48}{95} \\ &\approx 0{,}5053 = 50{,}53\,\% > 50\,\% \end{aligned}$$

Steffis Bruder hat nicht recht, die Wahrscheinlichkeit, zwei verschiedenfarbige Kaugummikugeln zu erhalten, ist etwas größer als 50 %.

Günstig für das Eintreten des Ereignisses „zwei verschiedenfarbige Kugeln“ sind die Ergebnisse (r; w) und (w; r).

Bestimme die Wahrscheinlichkeit mithilfe der Summenregel.

Aufgabe 2: Schwimmbecken

a) Gegeben: Höhe des Schwimmbeckens: $h = 1{,}50$ m
Volumen des Schwimmbeckens: $V = 14{,}43$ m^3

Gesucht: Grundfläche: G

Rechnung:

$$V = G \cdot h$$

$$14{,}43 \text{ m}^3 = G \cdot 1{,}50 \text{ m} \quad |:1{,}50 \text{ m}$$

$$G = \frac{14{,}43 \text{ m}^3}{1{,}50 \text{ m}}$$

$$G = 9{,}62 \text{ m}^2$$

Ein Schwimmbecken mit den gegebenen Maßen hat eine Grundfläche von 9,62 m^2.

Alternative Lösungsmöglichkeit:

Gegeben: Höhe des Schwimmbeckens: $h = 1{,}50$ m
Grundfläche des Schwimmbeckens: $G = 9{,}62$ m^2

Gesucht: Volumen: V

Rechnung:

$$V = G \cdot h$$

$$V = 9{,}62 \text{ m}^2 \cdot 1{,}50 \text{ m}$$

$$V = 14{,}43 \text{ m}^3$$

Ein Schwimmbecken mit einer Höhe von 1,50 m und einer Grundfläche von 9,62 m^2 hat genau das passende Volumen.

b) Gegeben: Beckenhöhe: $h = 1{,}50$ m
Grundfläche: $G = 9{,}62$ m^2
Abstand zum Rand: $a = 20 \text{ cm} = 0{,}2$ m

Gesucht: Füllhöhe: h'
Volumen: V' (in Litern)

Rechnung:
Die Füllhöhe h' des Beckens beträgt:
$h' = h - a = 1{,}50 \text{ m} - 0{,}20 \text{ m} = 1{,}30$ m

Das Volumen einer Wasserfüllung beträgt:
$V' = G \cdot h'$
$V' = 9{,}62 \text{ m}^2 \cdot 1{,}30 \text{ m}$
$V' = 12{,}506 \text{ m}^3$
$V' = 12\,506 \text{ dm}^3$
$V' = 12\,506\ \ell$

In das Becken werden 12 506 Liter gefüllt.

c) Gegeben: Grundfläche: $G = 9{,}62$ m^2
Abstand: $e = 80 \text{ cm} = 0{,}80$ m

Gesucht: Radius der Grundfläche: r
Seitenlänge der Terrasse: a

✎ Hinweise und Tipps

Das Schwimmbecken hat die Form eines Zylinders. Vernachlässigt man die Wandstärke des Beckens, gibt es verschiedene Lösungsansätze, um die Größe der Grundfläche zu bestätigen.

Bei diesem Lösungsweg zeigst du, dass ein Becken mit einer Grundfläche von 9,62 m^2 und einer Höhe von 1,50 m ein Volumen von 14,43 m^3 hat. (Alternativ kann auch die passende Körperhöhe $h = 1{,}50$ m bestätigt werden.)

Beachte bei der Umwandlung in ℓ:
$1 \text{ m}^3 = 1\,000 \text{ dm}^3$
$1 \text{ dm}^3 = 1\ \ell$

Um die Maße der Terrasse zu berechnen, musst du zunächst den Radius und dann den Durchmesser der Grundfläche bestimmen.

Rechnung:
Berechnung des Radius der Grundfläche:

$$G = \pi \cdot r^2$$

$$9{,}62\ m^2 = \pi \cdot r^2 \qquad |:\pi$$

$$r^2 = \frac{9{,}62\ m^2}{\pi} \qquad |\sqrt{\ }$$

$$r = \sqrt{\frac{9{,}62\ m^2}{\pi}}$$

$$r \approx 1{,}75\ m$$

Berechnung des Durchmessers der Grundfläche:
$d = 2 \cdot r = 2 \cdot 1{,}75\ m = 3{,}50\ m$

Berechnung der Seitenlänge der Terrasse:
$a = d + e = 3{,}50\ m + 0{,}80\ m = 4{,}30\ m$

Die quadratische Terrasse hat eine Seitenlänge von 4,30 m.

Hinweise und Tipps

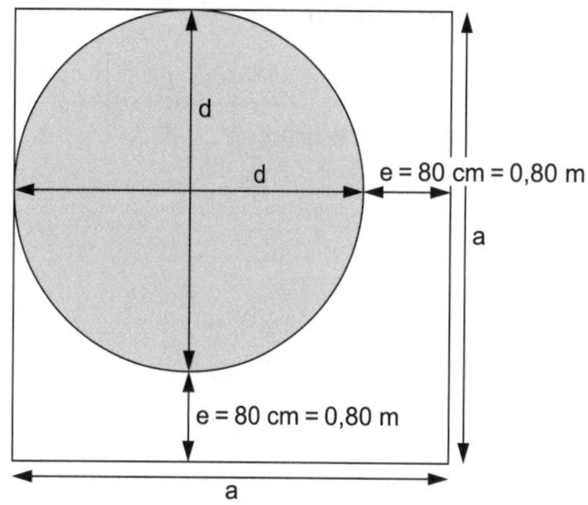

Die Terrasse ist quadratisch und hat demnach eine Seitenlänge, die um 80 cm größer ist als der Durchmesser des Beckens.

d) 0,5: Dies ist der Anfangswert c der Funktion, also die durch Algen bedeckte Fläche in m^2 am Abreisetag ($x = 0$).

1,2: Dies ist der Wachstumsfaktor a, der für eine Zunahme der Algenfläche von 20 % pro Tag steht.

f(x): Dies ist der Funktionswert zum Zeitpunkt x, also die durch Algen bedeckte Fläche am Tag x.

Hier wird eine Exponentialfunktion in der Form $f(x) = c \cdot a^x$ angegeben.

e) $f(6) = 0{,}5 \cdot 1{,}2^6$
$f(6) \approx 1{,}49$

Nach 6 Tagen sind etwa 1,5 m^2 des Schwimmbeckens mit Algen bedeckt.

Setze $x = 6$ in die Funktionsgleichung $f(x) = 0{,}5 \cdot 1{,}2^x$ ein.

f) Die Exponentialfunktion $f(x) = 0{,}5 \cdot 1{,}2^x$ hat zunächst keine Begrenzung, d. h., für x könnten beliebige Werte eingesetzt werden.

Die Größe des Schwimmbeckens bzw. der Wasseroberfläche ist allerdings begrenzt und somit auch der mögliche Funktionswert f(x) mit maximal 9,62 m^2.

Somit kann das Algenwachstum mithilfe der Funktion höchstens bis zu dem Tag bestimmt werden, an dem die Algenfläche 9,62 m^2 nicht überschreitet.

Wegen
$f(16) = 0{,}5 \cdot 1{,}2^{16} \approx 9{,}24$
$f(17) = 0{,}5 \cdot 1{,}2^{17} \approx 11{,}09$
liefert die Funktionsgleichung nur bis zum 16. Tag eine zutreffende Darstellung.

Die Funktionsgleichung beschreibt das Algenwachstum ohne Berücksichtigung der begrenzten Fläche, die im Becken zur Verfügung steht.

✎ Hinweise und Tipps

Aufgabe 3: Würfel

a)

Figur	1	2	3	4
Anzahl der Würfel	3	8	15	**24**

Du kannst die Figur 4 aufzeichnen und die Würfel abzählen. Figur 4 sieht so aus:

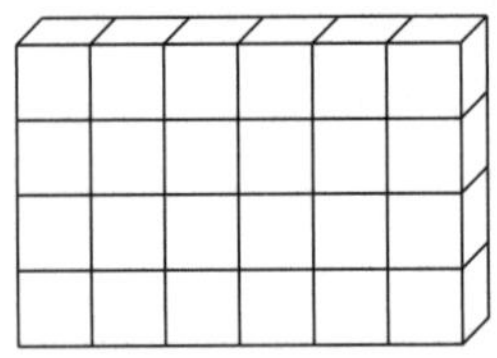

Alternativ kannst du die Anzahl auch berechnen:
Figur 1: $3 \cdot 1 = 3$ Würfel
Figur 2: $4 \cdot 2 = 8$ Würfel
Figur 3: $5 \cdot 3 = 15$ Würfel
Figur 4: $6 \cdot 4 = 24$ Würfel

Mit Vorgriff auf den Term $n \cdot (n+2)$ aus Teilaufgabe b kann die Anzahl auch bestimmt werden mit:
$4 \cdot (4+2) = 4 \cdot 6 = 24$

b) Einsetzen von $n = 8$ in $n \cdot (n+2)$:
$8 \cdot (8+2) = 80$

Für die Figur 8 benötigt man 80 Würfel.

c) Die Figur 1 ist 1 Würfel hoch und 3 Würfel breit.
Die Figur 2 ist 2 Würfel hoch und 4 Würfel breit.
Die Figur 3 ist 3 Würfel hoch und 5 Würfel breit.

Allgemein ist jede Figur n genau n Würfel hoch und $n+2$ Würfel breit. Die Würfelanzahl kann man, da die Würfel rechteckig angeordnet sind, als Produkt aus Höhe und Breite berechnen.

Für die Figur n gilt dann:
Gesamtzahl der Würfel $= n \cdot (n+2)$

Alternative Begründung:

Jede Würfelfigur n besteht aus n^2 Würfeln, die quadratisch angeordnet sind, und aus 2 Reihen mit je n Würfeln, was folgende Zeichnung verdeutlicht:

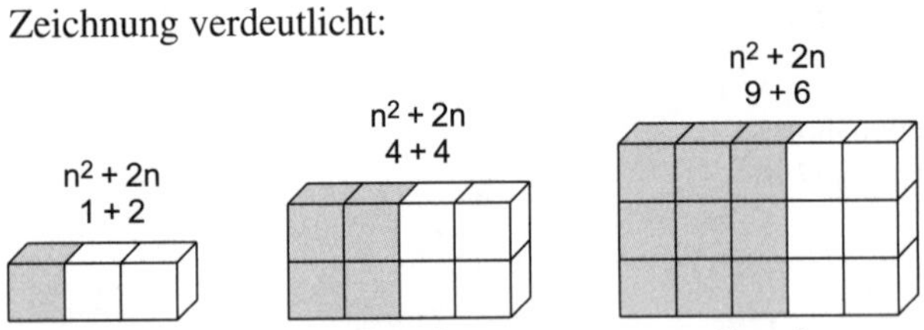

Figur 1 Figur 2 Figur 3

Die Figur n besteht also aus $n^2 + 2n = (n+2) \cdot n$ Würfeln.

d)

Hier soll das Ergebnis berechnet werden! Auch ein systematisches Probierverfahren ist möglich. Die Angabe der richtigen Figur n allein reicht nicht aus.
Stelle die passende Gleichung auf.
Da es sich um eine quadratische Gleichung handelt, bringe die Gleichung in die Normalform und verwende die p-q-Formel zur Lösung.

$$n \cdot (n+2) = 224$$
$$n^2 + 2n = 224 \quad | -224$$
$$n^2 + 2n - 224 = 0 \quad (p = 2; q = -224)$$

Hinweise und Tipps

$$n_{1/2} = -\frac{2}{2} \pm \sqrt{\left(\frac{2}{2}\right)^2 - (-224)}$$

$$n_{1/2} = -1 \pm \sqrt{225}$$

$$n_{1/2} = -1 \pm 15$$

$n_1 = 14;\ n_2 = -16$ (nicht sinnvoll)

Die Lösung für n muss im Bereich der natürlichen Zahlen liegen.

Für die Figur 14 werden 224 Würfel benötigt.

Alternative Lösungsmöglichkeit (durch systematisches Probieren):

Figur 10: $10 \cdot (10+2) = 120$ Figur 10 ist zu „klein“.
Figur 20: $20 \cdot (20+2) = 440$ Figur 20 ist zu „groß“.
Figur 15: $15 \cdot (15+2) = 255$ Figur 15 ist zu „groß“.
Figur 13: $13 \cdot (13+2) = 195$ Figur 13 ist zu „klein“.
Figur 14: $14 \cdot (14+2) = 224$ Figur 14 passt.

Figur 14 besteht aus genau 224 Würfeln.

Beim systematischen Probieren wählst du zunächst eine beliebige Zahl für n. Ist das Ergebnis zu klein, wählst du eine (deutlich) höhere Zahl für n. Ist das Ergebnis nun zu groß, musst du wieder eine kleinere Zahl für n wählen usw., bis du die passende Zahl gefunden hast. So näherst du dich systematisch und schrittweise dem tatsächlichen Ergebnis.

e) Gezeigt wird durch Termumformungen, dass die beiden Terme (I) und (II) gleichwertig sind.

(I) $n \cdot (n+2) = n^2 + 2n$

(II) $(n+1)^2 - 1 = n^2 + 2n + 1 - 1 = n^2 + 2n$

Die Terme (I) und (II) sind gleichwertig.

Hier soll die allgemeine Gleichwertigkeit der beiden Terme gezeigt werden. Dazu reicht es nicht, die Gleichwertigkeit der Terme für ein Beispiel zu zeigen, z. B. für $n = 7$.

Wende die 1. binomische Formel an.

f) Lösung durch systematisches Probieren:
Figur $n = 17$: $17 \cdot (17+2) = 323$
Figur $n = 20$: $20 \cdot (20+2) = 440$
Figur $n = 21$: $21 \cdot (21+2) = 483$
Figur $n = 22$: $22 \cdot (22+2) = 528$

Paul und Monya können höchstens die Figur 21 legen, dazu benötigen sie 483 Würfel. Für die nächste Figur, Figur 22, benötigen sie 528 Würfel, somit fehlen ihnen 28 Würfel.

Hier soll die Figur bestimmt werden, also darfst du auch durch systematisches Probieren zu einer Lösung kommen.

Alternative Lösungsmöglichkeit:

$$n \cdot (n+2) \le 500$$

$$n^2 + 2n \le 500 \quad | -500$$

$$n^2 + 2n - 500 \le 0 \quad (p = 2;\ q = -500)$$

$$n_{1/2} \le -\frac{2}{2} \pm \sqrt{\left(\frac{2}{2}\right)^2 - (500)}$$

$$n_{1/2} \le -1 \pm \sqrt{501}$$

$$n_{1/2} \le -1 \pm 22{,}38...$$

$n_1 \le 21{,}38...;\ n_2 \le -23{,}38...$ (nicht sinnvoll)

Stelle die passende Ungleichung auf und bringe sie in die Normalform. Nutze dann die p-q-Formel.

Die negative Lösung für n_2 ist nicht sinnvoll.

Paul und Monya können höchstens die Figur 21 legen. Für die nächste Figur, Figur 22, benötigen sie $22 \cdot (22+2) = 528$ Würfel, somit fehlen ihnen 28 Würfel.

Zentrale Prüfung 2021

Prüfungsteil 1 – Wahlmöglichkeit 1

✎ Hinweise und Tipps

Aufgabe 1

In der obersten Reihe liegen 20 Röhrchen, in der untersten Reihe liegen 19 Röhrchen nebeneinander. Zählt man die Röhrchen auf der linken Seite, sind es 17 Röhrchen übereinander, zählt man rechts, sind es 18 Röhrchen übereinander.

Der markierte Teil des Insektenhotels entspricht einem Rechteck. Gehe davon aus, dass die Röhrchen durchschnittlich gleich groß sind.

Die Anzahl der Röhrchen dürfte somit zwischen $17 \cdot 19 = 323$ und $18 \cdot 20 = 360$ liegen.

Alternative Lösungsmöglichkeit:
Das Insektenhotel wird in vier etwa gleich große Rechtecke unterteilt:

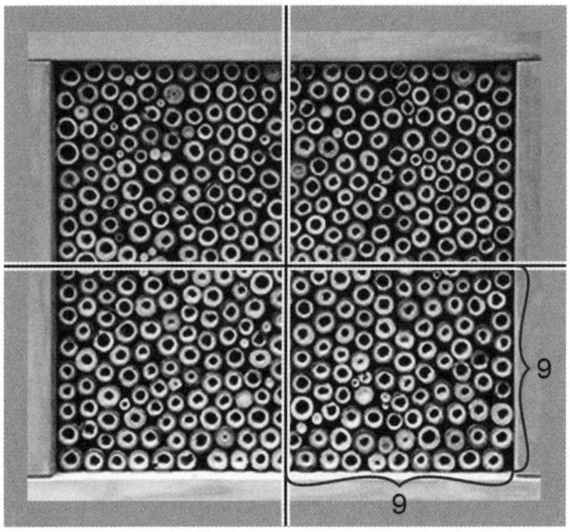

Die Anzahl der Röhrchen in einem dieser Rechtecke kann bestimmt werden, indem die Röhrchen pro Reihe und die Anzahl der Reihen gezählt werden.

Für das Rechteck unten rechts gilt:
9 Röhrchen pro Reihe und 9 Reihen
$\Rightarrow \; 9 \cdot 9 = 81$ Röhrchen

Da es vier dieser Rechtecke gibt, folgt:
$4 \cdot 81 = 324$ Röhrchen

Im markierten Teil des Insektenhotels sind etwa 330 Röhrchen zu sehen.

Aufgabe 2

$2{,}5\text{ h} = 2{,}5 \cdot 60\text{ min} = 150\text{ min} \;\Rightarrow\; 150\text{ min} = 150 \cdot 60\text{ s} = 9\,000\text{ s}$
Also: 2,5 h = 9 000 Sekunden

Zeit: Umrechnungszahl von h in min sowie von min in s ist 60.

$1\,296\text{ cm} = 1\,296 : 100\text{ m} = 12{,}96\text{ m}$
Also: 1 296 cm = 12,96 Meter

Länge: Umrechnungszahl von cm in m ist 100.

$50\text{ g} = 50 : 1\,000\text{ kg} = 0{,}05\text{ kg}$
Also: 50 g = 0,05 Kilogramm

Masse/Gewicht: Umrechnungszahl von g in kg ist 1 000.

Aufgabe 3

Gegeben: Grundseite der quadratischen Pyramide: $a = 15$ cm
Höhe der quadratischen Pyramide: $h = 24$ cm
Dichte von Holz: $\rho = 0{,}8\,\frac{g}{cm^3}$

Gesucht:
- Volumen V der quadratischen Pyramide
- Gewicht m der quadratischen Pyramide

Rechnungen:
- Das Volumen wird berechnet:

$$V = \frac{1}{3} \cdot a^2 \cdot h$$

$$V = \frac{1}{3} \cdot (15\text{ cm})^2 \cdot 24\text{ cm}$$

$$V = 1\,800\text{ cm}^3$$

- Das Gewicht wird berechnet:

$$m = \rho \cdot V$$

$$m = 0{,}8\,\frac{g}{cm^3} \cdot 1\,800\text{ cm}^3 = 1\,440\text{ g}$$

Die Pyramide hat ein Volumen von 1 800 cm^3 und das Gewicht beträgt 1 440 g.

Hinweise und Tipps

Entnimm dem Text die relevanten Daten zur Berechnung des Volumens der Pyramide.

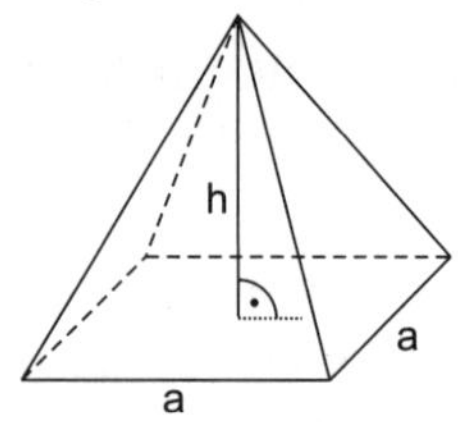

Berechne das Gewicht/die Masse der Pyramide mithilfe der angegebenen Dichte:
Masse = Dichte · Volumen
Beachte die angegebenen Einheiten.

Aufgabe 4

a) Gegeben sind die Funktionsgraphen von f, g und h:

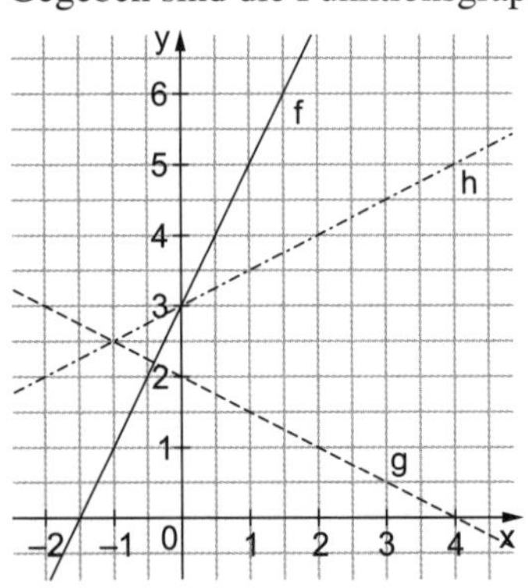

Die Zuordnung der Funktionen lautet:

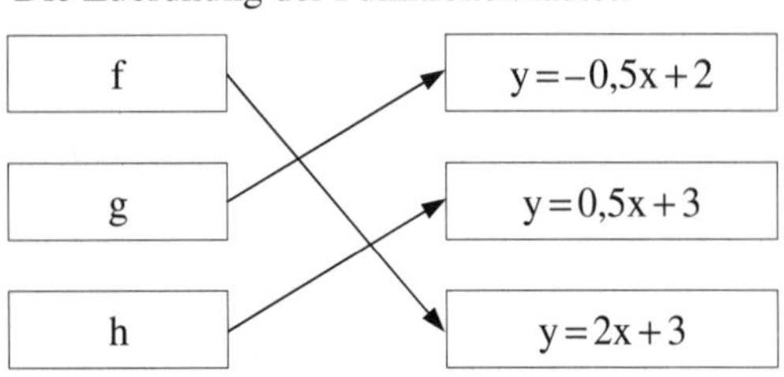

Begründungen:
g: Der Graph fällt mit $m = -0{,}5$ und schneidet die y-Achse bei $t = 2$.
h: Der Graph steigt mit $m = 0{,}5$ und schneidet die y-Achse bei $t = 3$.
f: Der Graph steigt mit $m = 2$ und schneidet die y-Achse bei $t = 3$. Der Graph von f verläuft steiler als der Graph von h.

Es sind drei lineare Funktionen vom Typ $y = m \cdot x + t$ gegeben.
Beachte: Der Wert t gibt den Schnittpunkt mit der y-Achse an, der Wert m gibt die Steigung des Graphen an. Ist der Wert m negativ, fällt der Graph, ist der Wert m positiv, steigt der Graph – je größer m, desto steiler steigt der Graph.

Begründungen für die Zuordnung sind in der Aufgabe nicht verlangt.

b) Gegeben: Wertetabelle einer linearen Funktion:

x	0	1	2
y	2	3,5	5

Gesucht: Funktionsgleichung vom Typ $y = m \cdot x + t$

Rechnung:

1. Schritt: t wird bestimmt

Einsetzen des Wertepaares $P_1(0|2)$ in die allgemeine Funktionsgleichung $y = m \cdot x + t$:

$2 = m \cdot 0 + t$

$t = 2$

2. Schritt: m wird bestimmt

Einsetzen eines der beiden Wertepaare $P_2(1|3{,}5)$ oder $P_3(2|5)$ und $t = 2$ in die allgemeine Funktionsgleichung; hier $P_3(2|5)$:

$5 = m \cdot 2 + 2 \quad |-2$

$3 = m \cdot 2 \quad |:2$

$m = 1{,}5$

Die gesuchte Funktionsgleichung lautet: $y = 1{,}5 \cdot x + 2$

Alternative Lösungsmöglichkeit:

1. Schritt: Steigung m wird über die Zwei-Punkte-Form bestimmt

$$m = \frac{y_2 - y_1}{x_2 - x_1}$$

$$m = \frac{3{,}5 - 2}{1 - 0}$$

$m = 1{,}5$

2. Schritt: t wird bestimmt

Einsetzen eines der Wertepaare $P_1(0|2)$, $P_2(1|3{,}5)$ oder $P_3(2|5)$ und $m = 1{,}5$ in die allgemeine Funktionsgleichung; hier $P_3(2|5)$:

$5 = 1{,}5 \cdot 2 + t \quad |-3$

$2 = t$

Die gesuchte Funktionsgleichung lautet: $y = 1{,}5 \cdot x + 2$

Alternative Lösungsmöglichkeit:

Eine weitere Möglichkeit ist, die Funktionsgleichung über einen Graphen zu bestimmen: Die Steigung m und der Schnittpunkt mit der y-Achse werden aus dem Graphen abgelesen.

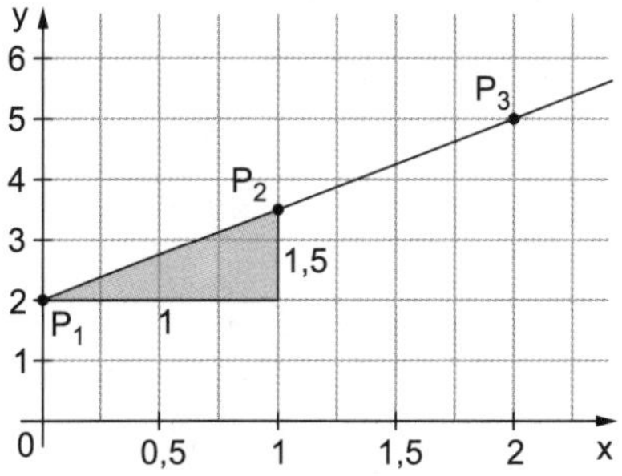

Mithilfe des Steigungsdreiecks liest man $m = 1{,}5$ ab und aus dem Schnittpunkt mit der y-Achse ergibt sich $t = 2$.

Die gesuchte Funktionsgleichung lautet: $y = 1{,}5 \cdot x + 2$

Hinweise und Tipps

Für eine lineare Funktion gilt allgemein:
$y = m \cdot x + t$
Es gibt verschiedene Lösungswege.

✎ Hinweise und Tipps

Aufgabe 5

a) Ergänzte Tabelle:

	A	B	C	D	E
1	**Produkt**	**Preis ohne MwSt.**	**Preis mit 19 % MwSt.**	**Preis mit 16 % MwSt.**	**Ersparnis in €**
2	T-Shirt	7,52	8,95	8,72	0,23
3	Pullover	11,72	13,95	13,60	0,35
4	Kapuzenpullover	33,57	**39,95**	**38,94**	1,01

Rechnung mit 19 % MwSt.: $33{,}57\text{ €} \cdot 1{,}19 \approx 39{,}95\text{ €}$
Rechnung mit 16 % MwSt.: $33{,}57\text{ €} \cdot 1{,}16 \approx 38{,}94\text{ €}$

b) Der Wert der Zelle E3 wird mit der Formel
= B3 * 1,19 – B3 * 1,16 berechnet.
Damit wird der Wert der Ersparnis berechnet.

c) Gegeben: Die Ersparnis beim Pullover beträgt 0,35 € (Zelle E3).
Prozentwert $P = 0{,}35$ € (Ersparnis)
Grundwert $G = 13{,}95$ € (Preis mit 19 % MwSt.)

Du kannst auch mit den Werten des T-Shirts oder des Kapuzenpullovers rechnen.

Gesucht: Prozentsatz p

Rechnung:

$$p = \frac{P}{G}$$

$$p = \frac{0{,}35\text{ €}}{13{,}95\text{ €}}$$

$$p \approx 0{,}025$$

$$p\,\% \approx 2{,}5\,\%$$

Die tatsächliche Ersparnis betrug 2,5 %, also weniger als 3 %.
Die Aussage von Herrn Meyer trifft also zu.

Alternative Lösungsmöglichkeit:
Gegeben: alter Preis T-Shirt mit 19 % MwSt.: 8,95 €
neuer Preis T-Shirt mit 16 % MwSt.: 8,72 €

Hier kann auch mit den Werten des Pullovers oder des Kapuzenpullovers gerechnet werden.

Gesucht: Prozentsatz q des verminderten Grundwertes

Rechnung:

$$q = \frac{\text{neuer Preis}}{\text{alter Preis}}$$

$$q = \frac{8{,}72\text{ €}}{8{,}95\text{ €}}$$

$$q \approx 0{,}974 = 97{,}4\,\%$$

Der neue Preis beträgt 97,4 % des alten Preises.

Somit wurde der Preis um (100 % – 97,4 % =) 2,6 % vermindert, also um weniger als 3 %.

✒ Hinweise und Tipps

Prüfungsteil 1 – Wahlmöglichkeit 2

Aufgabe 1

siehe Lösung zu Aufgabe 1 in Wahlmöglichkeit 1

Aufgabe 2

Gegeben: $\frac{2}{10}$; 0,15; 10^{-1}; 0,05

Mögliche Nebenrechnungen:

$\frac{2}{10} = 0{,}2$; 0,15; $10^{-1} = \frac{1}{10^1} = 0{,}1$; 0,05

Wandle alle Zahlen in Dezimalbrüche um.

Somit: $0{,}05 < 10^{-1} < 0{,}15 < \frac{2}{10}$

Achte auf die gefragte Reihenfolge.

Aufgabe 3

a) Gegeben: Maße des quaderförmigen Laderaums:
Länge a = 2,88 m; Breite b = 1,94 m; Höhe c = 0,40 m

Gesucht: Volumen V des quaderförmigen Laderaums

Rechnung:

$V = a \cdot b \cdot c$

$V = 2{,}88\text{ m} \cdot 1{,}94\text{ m} \cdot 0{,}40\text{ m}$

$V = 2{,}23488\text{ m}^3$

Der Laderaum des Lkw hat ein Volumen von ca. 2,23 m^3.

Entnimm der Abbildung die relevanten Daten zur Berechnung des Volumens des quaderförmigen Laderaums.
Beachte die angegebenen Einheiten.

b) Lackierkosten: 39 € pro angefangenen Quadratmeter

Die zu lackierende Fläche A wird berechnet:

$A = a \cdot b + 2 \cdot (a \cdot c) + 2 \cdot (b \cdot c)$

$A = 2{,}88\text{ m} \cdot 1{,}94\text{ m} + 2 \cdot (2{,}88\text{ m} \cdot 0{,}40\text{ m}) + 2 \cdot (1{,}94\text{ m} \cdot 0{,}40\text{ m})$

$A = 5{,}5872\text{ m}^2 + 2{,}304\text{ m}^2 + 1{,}552\text{ m}^2 = 9{,}4432\text{ m}^2$

Da pro angefangenen Quadratmeter 39 € Lackierkosten anfallen, entstehen Kosten für 10 m^2, also 390 €.

Beachte die zu streichenden Teilflächen und die genaue Fragestellung.

Aufgabe 4

a) *1. Lösungsmöglichkeit (Additionsverfahren):*

I $6x - 4y = -26$

II $2x + 4y = 2$

Additionsverfahren:

$8x = -24 \quad |:8$

$x = -3$

Es gibt verschiedene Lösungsstrategien zum Lösen von Gleichungssystemen.
Im vorliegenden Fall bietet sich besonders das Additionsverfahren an, da es sich direkt (d. h. ohne vorherige Umformung) anwenden lässt.

Einsetzen von x = –3 in Gleichung I und Bestimmen von y:

$6 \cdot (-3) - 4y = -26 \quad |+18$

$-4y = -8 \quad |:(-4)$

$y = 2$

Lösungsmenge des Gleichungssystems:

$\mathbb{L} = \{(-3 \mid 2)\}$

Alternativ kann x = –3 auch in Gleichung II eingesetzt werden, um y zu berechnen.

Zur Überprüfung der Rechnung kann eine Probe gemacht werden.

Probe: Einsetzen von x = –3 und y = 2:

I $6 \cdot \mathbf{(-3)} - 4 \cdot \mathbf{2} = -26$ (wahr)

II $2 \cdot \mathbf{(-3)} + 4 \cdot \mathbf{2} = 2$ (wahr)

2. Lösungsmöglichkeit (Einsetzungsverfahren):

$$\begin{array}{lrl} \text{I} & 6x-4y=-26 & \mid -6x \\ \text{II} & 2x+4y=2 & \\ \hline \text{I'} & -4y=-26-6x & \mid \cdot(-1) \\ \text{II} & 2x+4y=2 & \\ \hline \text{I''} & 4y=26+6x & \\ \text{II} & 2x+4y=2 & \end{array}$$

Einsetzungsverfahren mit I'' in II:

$$\begin{array}{rl} 2x+(26+6x)=2 & \mid \text{Klammer auflösen} \\ 2x+26+6x=2 & \mid -26 \mid \text{zusammenfassen} \\ 8x=-24 & \mid :8 \\ x=-3 & \end{array}$$

Ab hier wie beim Additionsverfahren die Variable y bestimmen.

3. Lösungsmöglichkeit (Gleichsetzungsverfahren):

$$\begin{array}{lrl} \text{I} & 6x-4y=-26 & \mid \cdot(-1) \\ \text{II} & 2x+4y=2 & \\ \hline \text{I'} & -6x+4y=26 & \mid +6x \\ \text{II} & 2x+4y=2 & \mid -2x \\ \hline \text{I''} & 4y=26+6x & \\ \text{II'} & 4y=2-2x & \end{array}$$

Gleichsetzungsverfahren I'' = II':

$$\begin{array}{rl} 26+6x=2-2x & \mid +2x \mid -26 \\ 8x=-24 & \mid :8 \\ x=-3 & \end{array}$$

Ab hier wie beim Additionsverfahren die Variable y bestimmen.

b) Gegeben: Gleichungssystem

I $y = \_\_\_\_ x - 7$

II $y = 3x + 5$

Gesucht: Steigung m in Gleichung I, sodass es keine Lösung gibt

Antwort: Der gesuchte Wert muss 3 sein.

Begründung:
Die Steigungen der Geraden in Gleichung I und Gleichung II müssen gleich sein, da es bei unterschiedlicher Steigung immer einen Schnittpunkt der zugehörigen Geraden gibt. Die Steigung in Gleichung II ist 3, somit muss auch die Steigung in Gleichung I gleich 3 sein.
Da der 1. Graph die y-Achse bei –7 und der 2. Graph die y-Achse bei +5 schneidet, verlaufen die Geraden parallel, sodass es tatsächlich keine Lösung gibt.

Aufgabe 5

siehe Lösung zu Aufgabe 5 in Wahlmöglichkeit 1

Hinweise und Tipps

Löse Gleichung I nach 4y auf und setze sie dann in Gleichung II ein.

Löse beide Gleichungen nach 4y auf und setze sie dann gleich.

Denke daran, dass die linearen Gleichungen jeweils eine Gerade beschreiben.

Beachte, dass nur lineare Funktionen mit gleicher Steigung sich nicht in einem Punkt schneiden.

Beachte jeweils den Schnittpunkt mit der y-Achse; er gibt an, ob es keine oder unendlich viele Lösungen geben kann.

✐ Hinweise und Tipps

Prüfungsteil 2

Aufgabe 1: Glaskugel

a) Gegeben: Durchmesser einer Glaskugel
$d = 8\text{ cm} \Rightarrow r = 4\text{ cm}$

Beachte, dass der Durchmesser der Glaskugel gegeben ist: $d = 2r$

Gesucht: Volumen einer Glaskugel

Rechnung:

$V_{Kugel} = \frac{4}{3} \cdot \pi \cdot r^3$

Nutze die Formel zur Volumenberechnung einer Kugel.

$V = \frac{4}{3} \cdot \pi \cdot (4\text{ cm})^3$

$V = 268{,}08\ldots\text{ cm}^3$

$V \approx 268\text{ cm}^3$

Das Volumen einer Glaskugel beträgt ca. 268 cm^3.

b) Gegeben: 1 Liter Farbe reicht für 12 m^2.
Radius r der Glaskugel: $r = 4\text{ cm}$

Entnimm dem Text die notwendigen Informationen. Beachte die unterschiedlichen Maßeinheiten.

Gesucht: Wie viele Kugeln lassen sich mit 1 Liter Farbe lackieren?

Rechnung:
Berechnet wird zuerst die Oberfläche einer Glaskugel:

$O_{Kugel} = 4 \cdot \pi \cdot r^2$

Nutze die Formel zur Oberflächenberechnung einer Kugel.

$O = 4 \cdot \pi \cdot (4\text{ cm})^2$

$O = 201{,}06\ldots\text{ cm}^2$

$O \approx 201\text{ cm}^2$

Es gilt: $1\text{ m}^2 = 10\,000\text{ cm}^2$, also: $12\text{ m}^2 = 120\,000\text{ cm}^2$

Anzahl der Glaskugeln $= 120\,000\text{ cm}^2 : 201{,}06\ldots\text{ cm}^2 = 596{,}83\ldots$

Es können 596 Glaskugeln mit 1 Liter Farbe lackiert werden.

Beachte bei der Antwort die Fragestellung.

c) Behauptung: „Für eine Glaskugel mit doppeltem Durchmesser benötigt man auch doppelt so viel Farbe."

Betrachte die Oberflächenformel einer Kugel. Beachte die Abhängigkeit der Oberfläche vom Radius.

Für die Oberfläche einer Kugel gilt:

$O_1 = 4 \cdot \pi \cdot r^2$

Verdoppelt man den Durchmesser, verdoppelt sich auch der Radius; dann gilt für die Oberfläche:

$O_2 = 4 \cdot \pi \cdot (2r)^2 = 4 \cdot \pi \cdot 4r^2 = 4 \cdot (4 \cdot \pi \cdot r^2) = 4 \cdot O_1$

Beurteilung der Behauptung: Die Behauptung ist falsch; der Praktikant hat also nicht recht. Man benötigt die vierfache Menge an Farbe, wenn der Durchmesser verdoppelt wird.

Weitere Lösungsmöglichkeit:

$O_1 = 4 \cdot \pi \cdot (4\text{ cm})^2$

$O_1 = 201{,}06\ldots\text{ cm}^2$

Verdoppelung des Radius:

$O_2 = 4 \cdot \pi \cdot (8\text{ cm})^2$

$O_2 = 804{,}24\ldots\text{ cm}^2$

Man sieht: $O_1 \cdot 4 = O_2$

Beurteilung der Behauptung: Die Behauptung ist falsch; der Praktikant hat also nicht recht. Man benötigt die vierfache Menge an Farbe, wenn der Durchmesser verdoppelt wird.

d) Vervollständigtes Baumdiagramm:

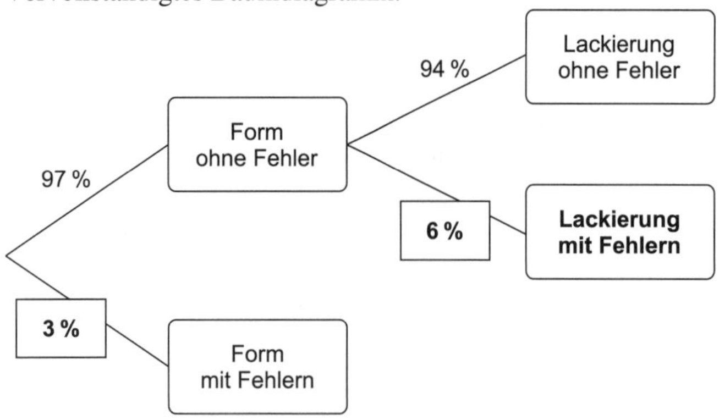

Hinweise und Tipps

Beachte: Die Summe der Wahrscheinlichkeiten auf den Zweigen, die von einem Verzweigungspunkt ausgehen, ist stets 1 (oder 100 %).
100 % – 97 % = 3 % der Kugeln haben bei der Produktion Formfehler; 100 % – 94 % = 6 % der lackierten Kugeln haben Lackierungsfehler.

e) Der untere Ast des Baumdiagramms wird nicht fortgeführt, da die Kugeln mit Formfehlern bei der Formkontrolle bereits aussortiert werden und somit erst gar nicht lackiert werden.

f) Gegeben: Kontrolle von 2 000 Glaskugeln; 97 % ohne Formfehler und davon 94 % ohne Lackierungsfehler

Gesucht: Anzahl der fehlerfreien Glaskugeln

Entnimm dem Baumdiagramm die notwendigen Informationen.

Nach der Produktregel gilt für die Wahrscheinlichkeit, eine fehlerfreie Glaskugel zu erhalten:
P(ohne Fehler) = 97 % · 94 % = 91,18 % $\quad (0{,}97 \cdot 0{,}94 = 0{,}9118)$

Beachte die Pfadregeln in Baumdiagrammen.
Die Wahrscheinlichkeit, eine fehlerfreie Glaskugel zu erhalten, berechnet sich nach der Produktregel.

Da 2 000 Glaskugeln kontrolliert werden, folgt:
$2\,000 \cdot 0{,}9118 = 1\,823{,}6$

Bei der Kontrolle von 2 000 Glaskugeln sind 1 823 (bzw. 1 824) fehlerfreie Glaskugeln zu erwarten.

✐ Hinweise und Tipps

Aufgabe 2: Blobbing

a) Die Werte aus der Tabelle (Tabelle 1) werden in das gegebene Koordinatensystem (Abbildung 3) eingetragen:

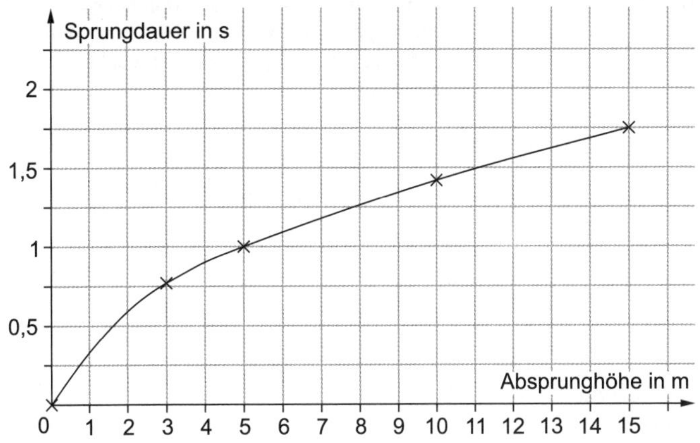

Achte beim Erstellen des Graphen auf die Einteilung der Achsen und trage die Messwerte so genau wie möglich ein.

b) Begründung:
Von 0 m auf 5 m Absprunghöhe nimmt die Sprungdauer um 1 s zu. Bei einem linearen Zusammenhang müsste die Sprungdauer um eine weitere Sekunde zunehmen, wenn sich die Absprunghöhe von 5 m auf 10 m ändert. Die Messwerte der Tabelle zeigen aber, dass die Zeit nur um 0,42 s (auf 1,42 s) zunimmt. Ändert sich die Sprunghöhe von 10 m auf 15 m, nimmt die Sprungdauer nur noch um 0,33 s (auf 1,75 s) zu.
Es besteht also kein linearer Zusammenhang zwischen der Absprunghöhe und der Sprungdauer.

Alternative Begründung:
Der Graph in Teilaufgabe a zeigt eine kurvenartige Form. Bei einem linearen Zusammenhang liegen die Messwerte immer auf einer Geraden. Also besteht kein linearer Zusammenhang.

Begründe, dass es einen oder keinen linearen Zusammenhang zwischen Absprunghöhe und Sprungdauer gibt.

c) Gegeben: Funktionsgleichung: $f(x) = a \cdot (x-5)^2 + 6$ mit $a < 0$
Graph (Abbildung 4)

Begründung:
Die Funktionsgleichung ist in der Scheitelform $y = a \cdot (x-m)^2 + n$ gegeben. Daraus kann man die Koordinaten des Scheitelpunktes $S(m \mid n)$ direkt ablesen.
Für die gegebene Funktion $f(x) = a \cdot (x-5)^2 + 6$ (hier ist $m = 5$ und $n = 6$) ergibt sich somit der Scheitelpunkt $S(5 \mid 6)$.
Für negative Werte von a (hier ist $a < 0$) muss die Parabel nach unten geöffnet sein.
Bei der Betrachtung des Graphen (Abbildung 4) erkennt man, dass der Scheitelpunkt bei $S(5 \mid 6)$ liegt und die Parabel nach unten geöffnet ist. Also passen die Funktionsgleichung und der abgebildete Graph zueinander, sodass die Funktion die Flugbahn des Blobbers A gut modelliert.

Zeige, dass die Funktionsgleichung f(x) zur Modellierung der Flugbahn geeignet ist, das bedeutet, dass f(x) und der Graph zusammenpassen.

d) Gegeben: Funktionsgleichung: $f(x) = a \cdot (x-5)^2 + 6$
Punkt auf dem Graphen: P(0 | 1)

Gesucht: Streckfaktor a

Die Koordinaten von P(0 | 1) werden in die Funktionsgleichung eingesetzt:

$$\begin{aligned} y &= a \cdot (x-5)^2 + 6 && \mid \text{P einsetzen } (x = 0;\ y = 1) \\ 1 &= a \cdot (0-5)^2 + 6 \\ 1 &= a \cdot (-5)^2 + 6 \\ 1 &= a \cdot 25 + 6 && \mid -6 \\ -5 &= a \cdot 25 && \mid :25 \\ -0,2 &= a \end{aligned}$$

Der Streckfaktor beträgt a = –0,2.

Alternative Lösungsmöglichkeit:
Angenommen, der Streckfaktor ist a = –0,2. Die x-Koordinate von Punkt P(0 | 1) wird in die Funktionsgleichung eingesetzt:

$$\begin{aligned} y &= a \cdot (x-5)^2 + 6 && \mid a = -0,2 \text{ und } x = 0 \text{ einsetzen} \\ y &= -0,2 \cdot (0-5)^2 + 6 \\ y &= -0,2 \cdot (-5)^2 + 6 \\ y &= -0,2 \cdot 25 + 6 \\ y &= -5 + 6 \\ y &= 1 \end{aligned}$$

Damit ist gezeigt, dass bei einem Streckfaktor von a = –0,2 der Punkt P(0 | 1) zum Verlauf des Graphen gehört.

e) Gegeben:
$f(x) = -0,2 \cdot (x-5)^2 + 6$ (Funktionsgleichung in Scheitelform)
$g(x) = -0,2x^2 + 2x + 1$ (Funktionsgleichung in allgemeiner Form)

Die Funktionsgleichung f(x) in der Scheitelform wird zur allgemeinen Form umgeformt:

$$\begin{aligned} f(x) &= -0,2 \cdot (x-5)^2 + 6 && \mid \text{2. binomische Formel anwenden} \\ f(x) &= -0,2 \cdot (x^2 - 10x + 25) + 6 && \mid \text{Klammer auflösen} \\ f(x) &= -0,2x^2 + 2x - 5 + 6 && \mid \text{zusammenfassen} \\ f(x) &= -0,2x^2 + 2x + 1 \end{aligned}$$

Die umgeformte Funktionsgleichung f(x) ist identisch mit der Funktionsgleichung g(x), somit ist gezeigt, dass beide Funktionen die gleiche Flugbahn (Parabel) beschreiben.

Alternative Lösungsmöglichkeit:
Die Funktionsgleichung g(x) wird mithilfe quadratischer Ergänzung in die Scheitelform gebracht:

$g(x) = -0,2x^2 + 2x + 1$

$$\begin{aligned} y &= -0,2x^2 + 2x + 1 && \mid -0,2 \text{ ausklammern} \\ y &= -0,2 \cdot (x^2 - 10x - 5) && \mid \text{quadratische Ergänzung} \\ y &= -0,2 \cdot \left(x^2 - 10x + \left(\frac{10}{2}\right)^2 - 5 - \left(\frac{10}{2}\right)^2 \right) \\ y &= -0,2 \cdot (x^2 - 10x + 25 - 5 - 25) && \mid \text{binomische Formel} \\ y &= -0,2 \cdot ((x-5)^2 - 30) && \mid \text{ausmultiplizieren} \\ y &= -0,2 \cdot (x-5)^2 + 6 \end{aligned}$$

Hinweise und Tipps

In Teilaufgabe c war lediglich angegeben, dass der Streckfaktor a negativ ist. Hier soll gezeigt werden, dass der genaue Wert für a = –0,2 ist.

Der Punkt P ist als Absprungpunkt auf dem Luftkissen in Abbildung 4 eingezeichnet. Man könnte auch andere, ungenauere Wertepaare aus dem Graphen entnehmen, was aber nicht zu einer exakten Lösung führen würde.

Es muss gezeigt werden, dass die beiden Funktionsgleichungen f(x) und g(x) gleichwertig sind.

Hinweise und Tipps

Oder:

$y = -0{,}2x^2 + 2x + 1 \quad |:(-0{,}2)$

$-5y = x^2 - 10x - 5 \quad |$ quadratische Ergänzung

$-5y = x^2 - 10x + \left(\frac{10}{2}\right)^2 - 5 - \left(\frac{10}{2}\right)^2$

$-5y = x^2 - 10x + 25 - 5 - 25 \quad |$ binomische Formel

$-5y = (x-5)^2 - 30 \quad |:(-5)$

$y = -\frac{1}{5} \cdot ((x-5)^2 - 30) \quad |$ ausmultiplizieren

$y = -0{,}2 \cdot (x-5)^2 + 6$

Beachte: $0{,}2 = \frac{1}{5}$

Die umgeformte Funktionsgleichung g(x) ist identisch mit der Funktionsgleichung f(x), somit ist gezeigt, dass beide Funktionen die gleiche Flugbahn beschreiben.

f) Gegeben: Funktionsgleichung $g(x) = -0{,}2x^2 + 2x + 1$

Gesucht: Schnittpunkt mit der x-Achse (Nullstelle der Funktion)

Um die Nullstelle zu bestimmen, muss der Funktionsterm gleich null gesetzt werden. Zur Lösung muss eine quadratische Gleichung gelöst werden, z. B. mithilfe der p-q-Formel.

Der Flug von Blobber A endet auf der x-Achse. Dort kann dann die Flugweite als Nullstelle der Funktion abgelesen werden.

Setze $g(x) = 0$:

$-0{,}2x^2 + 2x + 1 = 0 \quad |\cdot(-5) \quad \text{oder} \quad |:(-0{,}2)$

$x^2 - 10x - 5 = 0$

Bringe die Gleichung in die Normalform.

Bestimme p und q für die p-q-Formel.

$p = -10$ und $q = -5$

$x_{1/2} = -\frac{p}{2} \pm \sqrt{\left(\frac{p}{2}\right)^2 - q}$

$x_{1/2} = -\frac{-10}{2} \pm \sqrt{\left(\frac{-10}{2}\right)^2 - (-5)}$

Setze p und q in die Formel ein.

$x_{1/2} = 5 \pm \sqrt{(-5)^2 + 5}$

$x_{1/2} = 5 \pm \sqrt{30}$

$x_1 = 5 + \sqrt{30} \approx 10{,}48 \qquad x_2 = 5 - \sqrt{30} \approx -0{,}48$

Die Lösung $x_1 \approx 10{,}48$ (die positive Nullstelle) gibt die Flugweite des Blobbers A an, der somit etwa 10,5 m weit fliegt.

Die Lösung x_2 ist eine weitere Nullstelle der Funktion im negativen Bereich, gibt somit aber nicht die Flugweite des Blobbers an.

g) Gegeben: $f(x) = -0{,}2 \cdot (x-5)^2 + 6$ Blobber A

$h(x) = -0{,}28 \cdot (x-5)^2 + 8$ Blobber B

Beachte, dass sich die Funktion h(x) in einigen Parametern von der Funktion f(x) unterscheidet.

Gemeinsamkeiten der Flugbahn:

Beachte: Es ist jeweils nur eine Nennung verlangt.

- Beide Flugbahnen sind Parabeln, die nach unten geöffnet sind (a ist jeweils negativ).
- Die größte Höhe wird nach jeweils 5 m Flugweite erreicht. Das kann aus der Scheitelform $y = a \cdot (x-m)^2 + n$ durch den Wert für m entnommen werden.

Unterschiede der Flugbahn:

- Aus der Scheitelform $y = a \cdot (x-m)^2 + n$ kann der Wert n für die maximale Flughöhe entnommen werden.
  Blobber A erreicht eine maximale Höhe von 6 m und Blobber B eine maximale Höhe von 8 m.
- Der Streckfaktor a ist unterschiedlich. Die Flugbahn für Blobber B (a = −0,28) verläuft zunächst etwas „steiler" als die Flugbahn von Blobber A (a = −0,2).

✐ Hinweise und Tipps

Aufgabe 3: Muster

a) Gegeben: Länge der beiden Katheten $a = b = 3\text{ cm}$

Gesucht: Länge der Hypotenuse c

Im rechtwinkligen Dreieck gilt der Satz des Pythagoras. Hier sind die Katheten gleich lang ($a = b$), also gilt:

$$a^2 + a^2 = c^2$$
$$2 \cdot a^2 = c^2$$
$$2 \cdot (3\text{ cm})^2 = c^2$$
$$2 \cdot 9\text{ cm}^2 = c^2$$
$$c^2 = 18\text{ cm}^2 \qquad |\sqrt{}$$
$$c = \sqrt{18\text{ cm}^2}$$
$$c \approx 4{,}243\text{ cm}$$

Die Länge der Hypotenuse beträgt ca. $c \approx 4{,}243$ cm.

Beachte, dass es sich um ein rechtwinkliges und gleichschenkliges Dreieck handelt. Der Satz des Pythagoras kann angewendet werden.

Entnimm die Längen der Katheten aus Abbildung 1.

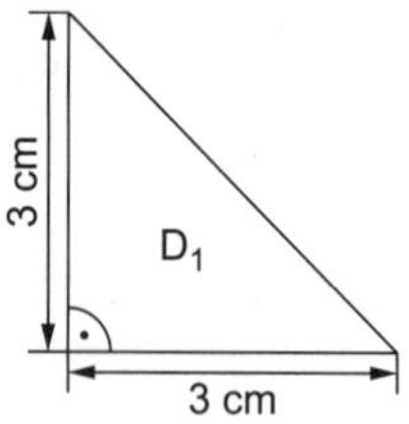

Die negative Lösung $c = -\sqrt{18\text{ cm}^2} \approx -4{,}243\text{ cm}$ fällt hier weg.

b) Mögliche Beschreibung:
Ich ergänze das Muster um das Dreieck D_4, indem ich die lange Seite (Hypotenuse) von D_3 nehme und am oberen Ende einen rechten Winkel einzeichne. Die Längen der beiden dem rechten Winkel anliegenden Seiten (Katheten) von D_4 müssen gleich sein (ca. 8,49 cm). Nun verbinde ich die beiden Endpunkte miteinander und erhalte die Hypotenuse von D_4 mit einer Länge von 12 cm.

Setze das Muster um das Dreieck D_4 fort. Beachte dabei, dass D_4 ein rechtwinkliges und gleichschenkliges Dreieck ist; die Basiswinkel sind also jeweils 45° groß. Die Hypotenuse von D_3 muss der Kathete von D_4 entsprechen.

Zeichnung:

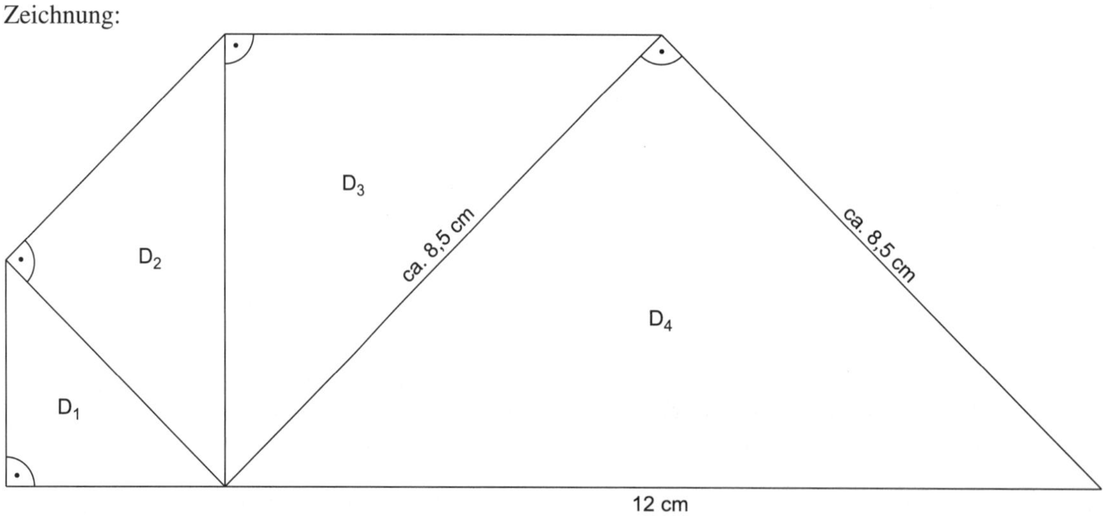

c) Bei der Fortführung des Musters um weitere Dreiecke stoßen die Basiswinkel von jeweils 45° aneinander. Nach acht gezeichneten Dreiecken ergibt sich mit $8 \cdot 45° = 360°$ insgesamt ein voller Kreis. Bei weiteren hinzugefügten Dreiecken würde es deshalb zu einer Überschneidung kommen.

Beachte, dass bei allen Dreiecken dieses Musters ein Winkel rechtwinklig (90°) ist und die beiden anderen Basiswinkel somit eine Größe von jeweils 45° haben.

Skizze:

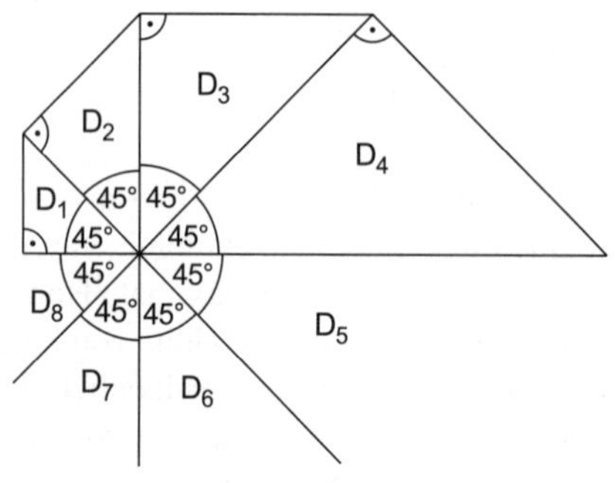

d) Gegeben: D_1: Länge der Katheten $a_1 = 3\text{ cm}$
Länge der Hypotenuse $c_1 = \sqrt{2} \cdot 3\text{ cm} \approx 4{,}243\text{ cm}$
D_2: Länge der Katheten $a_2 = \sqrt{2} \cdot 3\text{ cm} \approx 4{,}243\text{ cm}$
Länge der Hypotenuse $c_2 = \sqrt{2} \cdot \sqrt{2} \cdot 3\text{ cm} = 6\text{ cm}$

Gesucht: Flächeninhalte der Dreiecke D_1 und D_2

Für den Flächeninhalt von Dreieck D_1 gilt:

$$A_1 = \frac{a_1 \cdot a_1}{2}$$
$$A_1 = \frac{3\text{ cm} \cdot 3\text{ cm}}{2}$$
$$A_1 = \frac{9\text{ cm}^2}{2}$$
$$A_1 = 4{,}5\text{ cm}^2$$

Für den Flächeninhalt von Dreieck D_2 gilt:

$$A_2 = \frac{a_2 \cdot a_2}{2}$$
$$A_2 = \frac{\sqrt{2} \cdot 3\text{ cm} \cdot \sqrt{2} \cdot 3\text{ cm}}{2}$$
$$A_2 = \frac{2 \cdot 9\text{ cm}^2}{2}$$
$$A_2 = 9\text{ cm}^2$$

Der Flächeninhalt von Dreieck D_2 (9 cm^2) ist somit doppelt so groß wie der Flächeninhalt von Dreieck D_1 ($4{,}5\text{ cm}^2$).

Hinweise und Tipps

Beachte, dass man den Flächeninhalt eines rechtwinkligen Dreiecks durch Multiplikation der beiden Katheten geteilt durch 2 bestimmen kann. Da die Dreiecke zudem gleichschenklig sind, kann man sich diese auch als halbes Quadrat vorstellen. Die Hypotenuse ist dann die Diagonale des Quadrats (vgl. Skizze).
Damit gilt für die Länge der Hypotenuse (Diagonale des Quadrats) der Zusammenhang:
$c^2 = 2 \cdot a^2$ und damit $c = \sqrt{2} \cdot a$

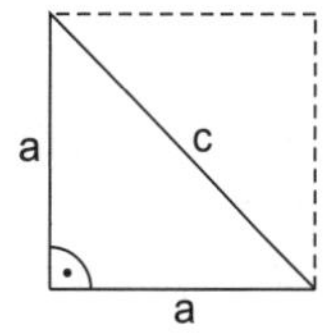

e) Wenn man die Werte in der Tabelle fortsetzt, ergibt sich:

Dreieck	D_1	D_2	D_3	D_4	D_5	$\mathbf{D_6}$	$\mathbf{D_7}$	$\mathbf{D_8}$
Flächeninhalt (in cm^2)	4,5	9	18	36	72	**144**	**288**	**576**

Von einem Dreieck zum nächsten Dreieck verdoppelt sich der Flächeninhalt immer. Keines der folgenden Dreiecke hat somit einen Flächeninhalt von genau 250 cm^2.

Beachte: Das Quadrat über der Hypotenuse bei einem gleichschenkligen rechtwinkligen Dreieck ist immer 2-mal so groß wie ein Kathetenquadrat: $c^2 = 2 \cdot a^2$

f) Gegeben: Maße eines DIN-A4-Blatts:
Länge $a = 29{,}7\text{ cm}$; Breite $b = 21\text{ cm}$

Begründung:
Der Flächeninhalt eines rechteckigen DIN-A4-Blatts beträgt:
$$A_{\text{DIN-A4}} = a \cdot b$$
$$A_{\text{DIN-A4}} = 29{,}7\text{ cm} \cdot 21\text{ cm}$$
$$A_{\text{DIN-A4}} = 623{,}7\text{ cm}^2$$

Schneidet man ein rechtwinkliges gleichschenkliges Dreieck aus einem DIN-A4-Blatt aus, bleibt immer mehr als die Hälfte Abfall:

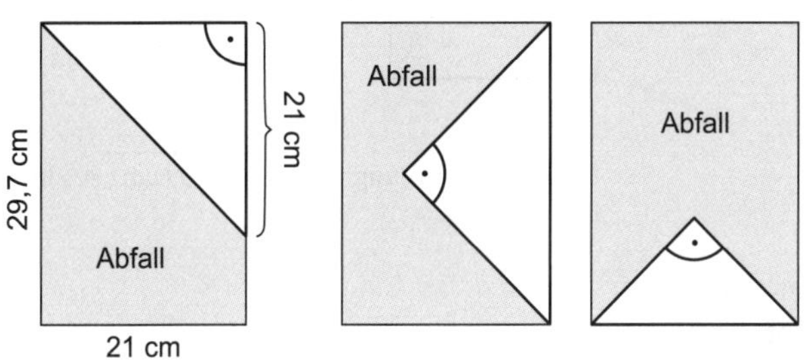

Begründe, ob es möglich ist oder eben nicht, das Dreieck D_8 aus einem einzigen DIN-A4-Blatt auszuschneiden.

Hinweise und Tipps

Somit kann ein Dreieck, das man aus einem DIN-A4-Blatt ausschneidet, höchstens halb so groß sein wie das Blatt, also:

$A(\text{halbes DIN-A4-Blatt}) = \frac{623{,}7\ \text{cm}^2}{2} = 311{,}85\ \text{cm}^2$

Der Flächeninhalt des Dreiecks D_8 beträgt $A_{D_8} = 576\ \text{cm}^2$.

Der Wert kann aus Teilaufgabe e bzw. der Tabelle am Ende der Lösung entnommen werden.

Das Dreieck D_8 mit $A_{D_8} = 576\ \text{cm}^2$ lässt sich also nicht aus einem einzigen DIN-A4-Blatt ausschneiden.

Alternative Begründungen:
Variante 1:
Da ein rechtwinkliges Dreieck ausgeschnitten werden soll, kann die anliegende Seite (Kathete) maximal 21 cm lang sein, also gilt für den Flächeninhalt des größtmöglichen solchen Dreiecks:

$A_{\text{maximal}} = \frac{21\ \text{cm} \cdot 21\ \text{cm}}{2}$

$A_{\text{maximal}} = \frac{441\ \text{cm}^2}{2}$

$A_{\text{maximal}} = 220{,}5\ \text{cm}^2$

Die maximale Fläche eines Dreiecks beträgt 220,50 cm², um es aus einem DIN-A4-Blatt ausschneiden zu können. Da die Fläche von Dreieck D_8 aber 576 cm² ist, kann man dieses Dreieck nicht aus einem DIN-A4-Blatt ausschneiden.

Variante 2:
Der Flächeninhalt von D_8 ist 576 cm². Da D_8 ein rechtwinkliges und gleichschenkliges Dreieck ist, gilt für den Flächeninhalt:

$A_{D_8} = \frac{\text{Kathete} \cdot \text{Kathete}}{2}$ (Kathete ist a)

$576\ \text{cm}^2 = \frac{a^2}{2}$ $\quad | \cdot 2$

$1152\ \text{cm}^2 = a^2$ $\quad | \sqrt{\ }$

$a \approx 33{,}94\ \text{cm}$

Bei einem rechtwinkligen gleichschenkligen Dreieck mit dem Flächeninhalt 576 cm² sind die Katheten ca. 33,94 cm lang, also länger als die Seitenlängen des DIN-A4-Blattes. Damit lässt sich so ein Dreieck nicht aus einem DIN-A4-Blatt ausschneiden.

Variante 3:
Die längste Seite des Dreiecks D_8 (Hypotenuse) ist 48 cm lang.

siehe Werte in der Tabelle am Ende der Lösung

Die längste Seite eines Dreiecks, das man aus einem DIN-A4-Blatt ausschneiden kann, ist die Diagonale des Blattes.

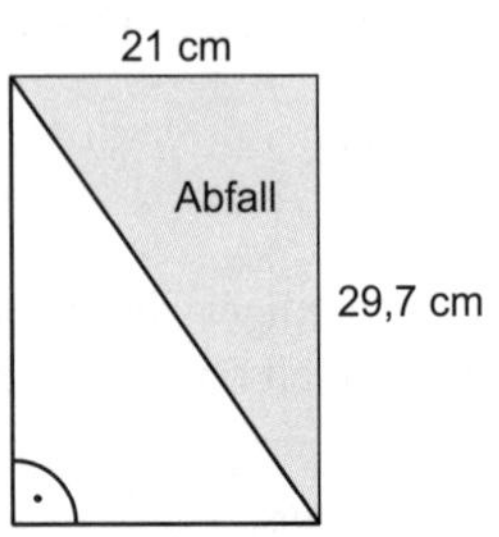

Die Länge der Diagonale eines DIN-A4-Blatts kann mithilfe des Satzes von Pythagoras berechnet werden:

$a^2 + b^2 = c^2$

Die Maße eines DIN-A4-Blatts werden eingesetzt
(Länge a = 29,7 cm; Breite b = 21 cm):

$c^2 = (29{,}7\ \text{cm})^2 + (21\ \text{cm})^2$

$c^2 = 882{,}09\ \text{cm}^2 + 441\ \text{cm}^2$

$c^2 = 1\,323{,}09\ \text{cm}^2$ $\quad | \sqrt{\ }$

$c = \sqrt{1\,323{,}09\ \text{cm}^2}$

$c \approx 36{,}4\ \text{cm}$

Die negative Lösung $c = -\sqrt{1\,323{,}09\ \text{cm}^2} \approx -36{,}4\ \text{cm}$ fällt hier weg.

Die Länge der Diagonale bei einem DIN-A4-Blatt beträgt also $c \approx 36{,}4$ cm. Somit lässt sich Dreieck D_8 (Länge der Hypotenuse $c = 48$ cm) nicht aus einem solchen Blatt ausschneiden.

✎ Hinweise und Tipps

Übersicht über Seitenlängen und Flächeninhalte der Dreiecke:

Dreieck	D_1	D_2	D_3	D_4	D_5	D_6	D_7	D_8
Länge der Katheten	3 cm	$\sqrt{2}\cdot 3$ cm $\approx 4{,}243$ cm	6 cm	$\sqrt{2}\cdot 6$ cm $\approx 8{,}49$ cm	12 cm	$\sqrt{2}\cdot 12$ cm $\approx 16{,}97$ cm	24 cm	$\sqrt{2}\cdot 24$ cm $\approx 33{,}94$ cm
Länge der Hypotenuse	$\sqrt{2}\cdot 3$ cm $\approx 4{,}243$ cm	$\sqrt{2}\cdot\sqrt{2}\cdot 3$ cm $= 6$ cm	$\sqrt{2}\cdot 6$ cm $\approx 8{,}49$ cm	$\sqrt{2}\cdot\sqrt{2}\cdot 6$ cm $= 12$ cm	$\sqrt{2}\cdot 12$ cm $\approx 16{,}97$ cm	$\sqrt{2}\cdot\sqrt{2}\cdot 12$ cm $= 24$ cm	$\sqrt{2}\cdot 24$ cm $\approx 33{,}94$ cm	$\sqrt{2}\cdot\sqrt{2}\cdot 24$ cm $= 48$ cm
Flächeninhalt (in cm^2)	4,5	9	18	36	72	144	288	576

Zentrale Prüfung 2022

Um dir die Lösungen zur Prüfung 2022 schnellstmöglich zur Verfügung stellen zu können, bringen wir sie in digitaler Form heraus.

Sobald die Original-Prüfungsaufgaben 2022 freigegeben sind, können die dazugehörigen Lösungen als PDF auf der Plattform MyStark heruntergeladen werden (Zugangscode vgl. Umschlaginnenseite).

Prüfung 2022

www.stark-verlag.de/mystark